国际电气工程先进技术译丛

电力电缆中的电磁暂态

Electromagnetic Transients in Power Cables

[丹麦] 菲利普·范瑞·德·席尔瓦 (Filipe Faria da Silva)
克劳斯·莱特·芭克(Claus Leth Bak) 著
孙伟卿 戴澍雯 张 松 王承民 译

机 械 工 业 出 版 社

从基本概念到复杂模型，本书深入讲解了电力电缆电磁暂态和地下电力电缆的相关知识。从简单的集中参数电路，到复杂的电缆高压网络，本书对不同电磁暂态现象进行了解释和证明，并讲解了电力电缆的建模方法。

为了加深读者对书中内容的理解，本书每章都给出了练习、结论和示例，并辅以大量的图表、电路和仿真结果；还介绍了电缆网络中的谐波分析和电缆网络的精确建模，并提供了一些“窍门”和解决方法，以帮助缺乏经验的工程师更加有效地开展仿真和分析工作。

本书对新接触这一领域的学生和工程师是非常宝贵的资源，对于富有经验的业内人员也是有益的参考。

图书在版编目（CIP）数据

电力电缆中的电磁暂态/(丹) 菲利普·范瑞·德·席尔瓦等著；孙伟卿等译．—北京：机械工业出版社，2019.4
(国际电气工程先进技术译丛)
书名原文：Electromagnetic Transients in Power Cables
ISBN 978-7-111-62496-7

Ⅰ.①电…　Ⅱ.①菲…　②孙…　Ⅲ.①电力电缆-暂态特性　Ⅳ.①TM247

中国版本图书馆 CIP 数据核字（2019）第 070518 号

机械工业出版社（北京市百万庄大街 22 号　邮政编码 100037）
策划编辑：赵玲丽　责任编辑：赵玲丽
责任校对：樊钟英　封面设计：马精明
责任印制：张　博
三河市国英印务有限公司印刷
2019 年 6 月第 1 版第 1 次印刷
169mm×239mm・12.75 印张・243 千字
0 001—1 600 册
标准书号：ISBN 978-7-111-62496-7
定价：89.00 元

电话服务
客服电话：010-88361066
010-88379833
010-68326294
封底无防伪标均为盗版

网络服务
机　工　官　网：www.cmpbook.com
机　工　官　博：weibo.com/cmp1952
金　书　网：www.golden-book.com
机工教育服务网：www.cmpedu.com

译 者 序

伴随城市电网建设的不断升级，越来越多的架空线路被电力电缆所取代。近年来，离岸风电场等应用场景的大量出现，使得电网对长距离高压交流电缆的需求急剧增加。这种情况是前所未有的，高压交流电缆在运行过程中可能发生的一些电磁暂态现象也成为广大电力工作者关心的热点。国内现有专著、译著大多针对电缆工艺与原理、选型与敷设、运行与维护、老化诊断与修复等主题，未见专门针对电缆电磁暂态现象开展研究的著作。

从基本概念到复杂模型，本书深入讲解了电力电缆电磁暂态现象的相关知识。从简单的集中参数电路，到复杂的电缆高压网络，本书讲解了不同应用场合下电缆电磁暂态分析的建模方法，并辅以大量的图表、电路和仿真结果，帮助读者加深理解。无论是对初步接触这一领域的学生、工程师，还是富有经验的从业人员，本书都是宝贵的资源和有益的参考。

本书由上海理工大学孙伟卿副教授、上海立信会计金融学院戴澍雯老师、国网山东省电力公司张松高工、上海交通大学王承民教授翻译成稿，上海理工大学硕士研究生向威、裴亮、孟仕雨、吕佳倍、刘晓楠等做了书稿整理工作，在此表示衷心的感谢。

译者在翻译过程中力求准确、严谨，但是鉴于翻译时间仓促及水平有限，书中难免存在错误和疏漏之处，恳请广大读者谅解并批评指正。

译者

2019 年 1 月

原书前言

一个多世纪以来，架空线已经成为各电压等级下传输电能的最常用技术，尤其是在最高电压等级下。然而近年来，在丹麦、日本和英国等国的输电网中，高压交流电缆应用的数量和长度都有所增加。与此同时，以高压交流电缆与陆地相连的离岸风电场的建设也呈指数级增长。

随着高压交流电缆应用数量的增加，与其运行相关的电磁现象，尤其是在电磁暂态方面的研究兴趣也在增加。自电力系统诞生以来，人们便开始了对于暂态现象的研究，最初仅局限于对较为基本的现象开展分析，但是随着计算工具变得更加强大，分析的范围开始扩大到更为复杂的现象。

电磁瞬变并非新现象，许多文献都讨论了这方面的内容，如至今仍在使用的经典著作格林伍德的《Electric Transients in Power Systems（电力系统中的电暂态)》，已经出版超过40年。然而，大多数文献往往忽略了高压交流电缆。这不难理解，因为长距离高压交流电缆的应用在此前并不常见。

本书旨在阐明在高压交流电缆运行于电力网络时可能发生的一些暂态现象。本书是作为教材编写的，试图对不同的现象进行全面的解释，并着重描述不同的场景。作者认为，这种方法可以帮助读者更好地理解物理原理，并能在处理有关高压交流电缆的不同情况时对其开展相应分析。

本书未涉及的一项重要主题是测量协议/方法。在电缆上进行测量时所使用的协议取决于测量的对象、可用的设备和可访问性。我们建议对此方面有兴趣的读者可在有关这方面内容博士学位与学术论文中搜索相关信息。

本书不仅为学生而写，也希望能够帮助该领域的工程师了解他们所面临的问题及挑战，或者学习建立仿真模型。

第1章“组件描述”首先说明了电缆的几个层面及其功能，解释了如何计算电缆的不同电气参数，如电阻值、电感值、电容值，以及如何使用这些值计算正序和零序阻抗，包括如何调整这些数据值以获得更准确的计算结果。然后介绍了通常用于电缆屏蔽层的不同连接结构（两端连接和交叉互联），还介绍了用于估算不同类型环境中电缆最大电流的方法，即热计算。最后介绍了并联电抗器。它能就地消耗电缆产生的无功功率，因而是电缆网络中的一个重要构成部分。

第2章“简单开关暂态”回顾了拉普拉斯变换原理，并用它来研究简单的开关暂态及交流和直流电源的 *RC－RL－RLC* 负载。换言之，本章演示了如何进行简单系统的分析。这些原理将在后面的章节中用于研究更复杂的场景。

第3章“行波”首先回顾了电报方程，以及如何计算电缆在不同频率下的回路、串联阻抗矩阵和并联导纳矩阵。然后介绍了电缆的不同模态、如何计算其阻抗和速度，以及它们的频率依赖性。在电缆暂态的研究中，模态理论知识至关重要。的确，在许多情况下是用软件进行仿真的，读者可能会觉得只有设计软件的人才需要知道如何使用模态理论。然而，要理解某些现象需要对该理论有最低限度的了解。因此，本书提供了关于这一主题的详细解释。本章最后研究了不同连接结构电缆的频谱。

第4章“暂态现象”首先描述了高压交流电缆中可能发生的几种电磁现象。本章首先解释了两端连接和交联互连情况下单根电缆的供电，展示了不同场景下的波形，并演示了如何使用模态理论来解释暂态波形；然后介绍了其他现象，如并联电缆供电、缺零、瞬态恢复电压和重燃。然后考虑了混合电缆—架空线，并且演示了在某些结构下的过电压可能相当高，以及连接结构对过电压幅度的影响；分析了高容性的电缆与高感性的变压器之间的相互作用，并解释了一些可能的谐振及铁磁谐振场景。最后研究了电缆短路。由于屏蔽层回流的存在，这与架空线短路完全不同。屏蔽层的不同连接结构也会影响短路电流的大小和瞬态恢复电压的大小。

第5章“系统建模与谐波”首先提出了一种方法，可在供电/重燃仿真中决定建立多少网络模型，也指出了该方法可能受到的限制。接着分析了由于电缆电容较大而具有较低谐振频率的电缆网络频谱，并提出了一种可在绘制网络频谱时节省时间的技术。结尾提出了一项研究线路绝缘配合的系统方法，以及研究不同类型暂变的建模要求，包括了设备的建模深度和建模细节，附以分步通用示范。

致　谢

若非一些人的贡献，本书绝无可能诞生。他们的名字没有出现在封面，但应致以谢意。

本书基本以 Filipe Faria da Silva 的博士论文作为初稿。该论文是在丹麦 TSO（Energinet. dk）的支持下完成的，TSO 承担了所有相关费用，并提供了所有必要数据。因此，我们要感谢共同监督此项目的 Wojciech Wiechowski 和 Per Balle Holst，以及规划和输电部门的全体员工。

我们还要感谢 Manitoba 高压直流研究中心的支持，因其允许免费分享其 PSCAD 中的几个案例，并帮助解决了所有软件相关问题，无论那些问题有多陌生。

Christian Flytkjær Jensen 对短路部分的贡献同样需要肯定，同时非常感谢他阅读了该部分两次，并且两次都提供了非常好的意见和建议。

我们都是 CIGRE WG C4. 502 的成员。该工作组研究的是长距离高压交流电缆系统。该工作组内的良好讨论及研究成果极大加强了我们对该主题的理解。因此，我们要感谢所有成员间接为本书做出的贡献。

感谢德国 Springer 出版社编辑人员的支持，尤其是 Grace Quinn。

最后，我们想要感谢各自的女友 Aida 和 Tine。感谢 Aida 在漫长写作过程中给予的支持，以及 Tine 为全书进行的全面审校。

目　　录

译者序

原书前言

致谢

第1章　组件描述 …… 1

1.1　电缆 …… 1

1.1.1　电气参数 …… 3

1.1.2　序阻抗 …… 5

1.1.3　实例 …… 6

1.1.4　其他损耗 …… 9

1.2　连接技术 …… 9

1.3　电缆热性能 …… 10

1.3.1　内部热阻 …… 11

1.3.2　外部热阻 …… 12

1.3.3　载流量计算 …… 13

1.3.4　实例 …… 14

1.4　并联电抗器 …… 15

1.5　习题 …… 18

参考资料与扩展阅读 …… 19

第2章　简单开关暂态 …… 20

2.1　拉普拉斯变换 …… 20

2.2　*RL* 电路的开断（或并联电抗器） …… 21

2.2.1　直流电源 …… 21

2.2.2　交流电源 …… 23

2.2.3　小结 …… 26

2.3　*RC* 电路的开断（或电容器组） …… 27

2.3.1　交流电源 …… 27

2.3.2　时间步长的重要性 …… 31

2.3.3　小结 …… 31

2.4　*RLC* 电路的开断 …… 31

2.4.1　直流电源 …… 32

2.4.2　交流电源 …… 33

2.4.3　小结 …… 37

2.5 习题 …… 37
参考资料与扩展阅读 …… 37

第3章 行波 …… 38

3.1 引言 …… 38
3.2 电报方程 …… 38
3.2.1 时域 …… 38
3.2.2 频域 …… 39
3.3 电缆的阻抗和导纳矩阵 …… 41
3.3.1 两端接地电缆 …… 41
3.3.2 交叉互联电缆 …… 54
3.3.3 三芯电缆（管式） …… 55
3.3.4 小结 …… 64
3.4 模态分析 …… 64
3.4.1 方法 …… 65
3.4.2 模态速度 …… 71
3.4.3 模态衰减 …… 73
3.4.4 小结 …… 75
3.5 电缆频谱 …… 75
3.5.1 零序 …… 79
3.5.2 小结 …… 80
3.6 行波的反射和折射 …… 81
3.6.1 线路终端 …… 83
3.7 本章小结 …… 83
3.8 习题 …… 84
参考资料与扩展阅读 …… 84

第4章 暂态现象 …… 86

4.1 引言 …… 86
4.2 不同类型的过电压 …… 86
4.3 操作过电压 …… 86
4.3.1 单芯电缆 …… 87
4.3.2 三相电缆 …… 89
4.3.3 电源建模 …… 90
4.3.4 连接方式的影响 …… 92
4.4 并联电缆的通电 …… 101
4.4.1 估算公式 …… 102
4.4.2 高频率下电感的调整 …… 106
4.5 缺零现象 …… 108
4.5.1 对策 …… 111

4.6　电缆的断电 …… 115
4.7　暂态恢复电压和再通电 …… 119
4.7.1　连接方式的示例和影响 …… 122
4.7.2　电缆和并联电抗器 …… 124
4.8　混合电缆—架空线 …… 124
4.8.1　通电和再通电 …… 124
4.8.2　小结 …… 128
4.9　电缆和变压器之间的相互作用 …… 129
4.9.1　串联谐振 …… 129
4.9.2　并联谐振 …… 132
4.9.3　铁磁谐振 …… 133
4.10　故障 …… 138
4.10.1　单相 …… 138
4.10.2　三相电缆 …… 144
4.10.3　连接了并联电抗器的电缆 …… 154
4.10.4　其他网络设备短路的影响 …… 156
4.10.5　总结 …… 159
参考资料与扩展阅读 …… 160

第5章　系统建模与谐波 …… 161

5.1　引言 …… 161
5.2　开断分析的建模深度 …… 162
5.2.1　理论背景 …… 162
5.2.2　建模深度的计算 …… 164
5.2.3　交叉互联换位段的建模 …… 167
5.2.4　可能的误差 …… 169
5.2.5　扩展法和误差最小化 …… 172
5.2.6　等效网络 …… 173
5.2.7　包含电缆和架空线的系统 …… 173
5.3　电缆系统的谐波 …… 174
5.3.1　引言 …… 174
5.3.2　频谱估计 …… 175
5.3.3　频谱和电磁暂态 …… 177
5.3.4　灵敏度分析 …… 178
5.3.5　结论 …… 179
5.4　研究不同现象的电缆模型的类型 …… 179
5.5　开关暂态仿真的系统方法 …… 181
5.5.1　示例 …… 184
参考资料与扩展阅读 …… 191

第1章　组件描述

1.1　电缆

电力电缆技术的发明可以追溯到1830年，然而直到50年后的1880年，第一条地下电缆才在德国柏林安装。这么久才实际应用是由于需要先找到能够承受导体热量和强电场的介质材料。费兰蒂（Ferranti）在1880年发明的以重叠纸带制成的多层介质终于满足了要求。1917年，埃马努埃利（Emanueli）将纸质介质在永久压力下浸渍低黏度绝缘油（充油电缆），从而改进了这项技术。这提高了电缆的热稳定性，并首次使其可以承受高于100kV的电压。

电缆技术的下一个重大进展发生在20世纪60年代。人们开始使用交联聚乙烯（XLPE）作为介质，将作业温度提高到约90℃。另一种常见的电缆技术是高压充气（HPGF）管式电缆，通常使用六氟化硫（SF_6）气体。管式电缆长度相对较短（小于3000m），不及XLPE电缆常见。其中导体为外铝管中的刚性内铝管；导体和外管之间充斥着加压的SF_6气体。为了提高电气强度，气体压强为300～500kPa。

高压/超高压电缆的基本设计在20世纪没有改变。主要电缆组件包括导体、绝缘层和金属屏蔽层（见图1.1）。

导体

导体通常由铜或铝制成，主要功能是输送电流。导体的尺寸由流过其中的电流决定，横截面与电流成正比；也由介质决定，目前主要是XLPE。

铜具有比铝更高的拉伸强度和更低的电阻系数，因而电流相同时横截面更小。然而，铝比铜的密度低，因此，铝电缆大约是相同载流量的铜电缆的重量的1/3，这在运输安装长电缆时非常有利。总而言之，选择铜还是铝取决于价格。

绝缘层

绝缘层是最重要的电缆组件之一，用于隔开导体和电缆屏蔽层，并保持均匀的发散电场。因此，无论是在稳态还是在瞬态条件下，绝缘层都必须能够承受电缆的电场。

历史上曾用油浸纸作为绝缘层，但由于环境原因，这种材料近年来已不常用，并被压制聚合物取代。最常见的聚合物是XLPE，目前生产的大部分高压电缆都用它。XLPE绝缘层的最高稳态运行温度能够达到90℃，相较于60℃的纸质绝缘层，可以让同一导体传输更大的功率。

屏蔽层

金属屏蔽层/护套的主要功能是消除电缆外部的电场，为充电电流提供回路，并将故障电流传导到大地。使用金属屏蔽层的其他优点包括对电缆进行机械保护，以防发生意外接触，以及尽可能减小邻近效应。金属屏蔽层的尺寸，取决于必须经由电缆流出的零序短路电流的大小。

高压电缆的金属屏蔽层通常（但不一定）由铜线与铝箔组成。

半导体层

在导体和绝缘层之间以及绝缘层和金属屏蔽层之间使用半导体层的目的是，确保电场为圆柱形，并避免在导体、屏蔽层、金属护套之间形成空隙，从而防止局部放电。

为了避免形成间隙，半导体层所使用材料必须与绝缘层之一类似。因此，通常使用具有高导电性的改良可挤压聚合物来制造 XLPE 绝缘电缆的半导体层。

当电缆安装在严酷的环境中时，可添加护套或铠装层以进行机械保护。它们还提供屏蔽层和地面之间的绝缘。

管式电缆

管式电缆有三根类似上述单芯电缆的内芯，装在普通的铠装层或管道内。有些文献将装在铠装或管道内的三芯电缆区分开来，并使用不同的名称。铠装电缆中的填料用于固定电缆的位置（通常位于中心）。管道电缆中使用气体或油作为绝缘，电缆可能处于管道底部。本书使用“管式电缆”这一术语称呼两者，必要时再进行区分。

在某些情况下（主要在配电网中），三相共用一个屏蔽层，而不是每相一个，这说明绝缘层也是三相共用。此时，各相之间会发生电容耦合。

图 1.1 所示为典型的单芯 XLPE 电缆和典型的管式电缆。

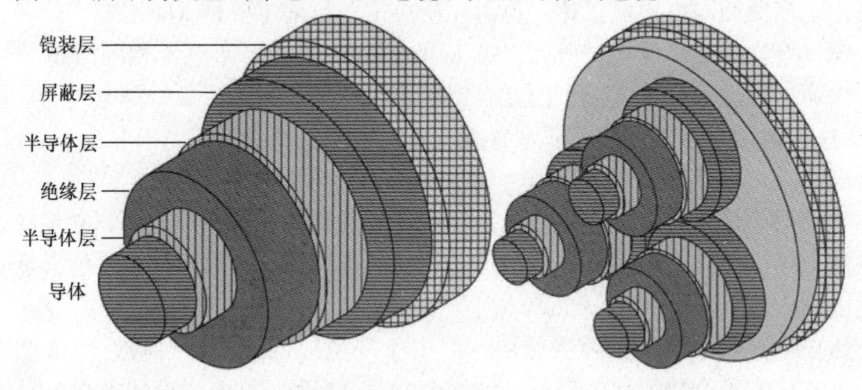

图 1.1　典型的单芯 XLPE 电缆和典型的管式电缆

1.1.1 电气参数

在进入暂态研究之前，应该花些时间学习如何对稳态条件进行计算。在仅研究系统潮流分布的规划阶段，没有必要使用分析暂态现象的复杂方程。

下面提出的内容认为许多读者已经了解架空线的经典理论。接着解释了电参数的计算存在的差异，但是通常可以继续使用 π 模型，并以相同方式继续应用长线修正方法。

电阻

导体的直流电阻取决于材料、横截面积和温度。单位长度电阻用式（1.1）计算。式中，ρ 为电阻率；S 为横截面积。然而，由于电阻率通常为20℃时的取值，因此需要根据温度进行调整［见式（1.2）］。式（1.2）中，α_T 为温度系数。表1.1给出了用于制作电缆导体的两种材料——铜和铝的电阻率和温度系数。

$$R_{DC}=\frac{\rho}{S}[\Omega\cdot m^{-1}] \tag{1.1}$$

$$R_{DC}(T)=R_{20^\circ}[1+\alpha_T(T-20)][\Omega\cdot m^{-1}] \tag{1.2}$$

式（1.1）用于计算导体在直流条件下的电阻。然而，由于趋肤效应和邻近效应，导体电阻在交流电流下比在直流电流下更大。

表1.1　铜和铝的电阻率和温度系数[11]

	电阻率/(Ω·m)	温度系数/K(20℃)
铜	1.724×10^{-8}	3.93×10^{-3}
铝	2.286×10^{-8}	4.03×10^{-3}

趋肤效应是交流电流不能均匀分布在导体上所导致的。由于电磁感应导致频率升高，电流倾向于集中在导体的表面。电流向导体表面集中，就相当于导体截面积减小，因此电阻随着频率的升高而升高。

邻近效应发生在两根或多根导体彼此临近，且其中至少有一根带交流电流的情况下。该交流电流将引起与原始电流相反的涡流，从而影响另一导体中的电流分布。与趋肤效应相似，邻近效应增加了电阻，并且是与频率正相关的。

因此，必须将这两个因素包括在电阻的计算中［见式（1.3）］。式中，y_s 和 y_p 分别为趋肤效应系数和邻近效应系数。对于管式电缆，公式变为式（1.4）。

$$R=R_{DC}(1+y_s+y_p)[\Omega\cdot m^{-1}] \tag{1.3}$$

$$R=R_{DC}[1+1.5(y_s+y_p)][\Omega\cdot m^{-1}] \tag{1.4}$$

分别使用经验公式（1.5）和式（1.7）计算趋肤效应系数和邻近效应系数。

$$y_s=\frac{x_s^4}{192+0.8x_s^4} \tag{1.5}$$

$$x_s^2 = \frac{8\pi f}{R_1}10^{-7}k_s \tag{1.6}$$

$$y_p = \frac{x_p^4}{192 + 0.8x_p^4}\left(\frac{d_c}{s}\right)^2\left[0.312\left(\frac{d_c}{s}\right)^2 + \frac{1.18}{\frac{x_p^4}{192 + 0.8x_p^4} + 0.27}\right] \tag{1.7}$$

$$x_p^2 = \frac{8\pi f}{R_1}10^{-7}k_p \tag{1.8}$$

系数 k_s 和 k_p 为由导体材料和形状决定的实验值。表 1.2 给出了根据最新标准[11]应使用的值㊀。

表 1.2 趋肤效应系数和邻近效应系数 k_s 和 k_p 的实验值

导体类型		k_s	k_p
铜	圆形，实心	1	1
	圆形，绞合	1	1
铝	圆形，实心	1	1
	圆形，绞合	1	0.8

横截面较大的电缆通常不使用实心导体，因其趋肤效应和邻近效应很高。相反，分段或绞合导体能够尽量减少趋肤效应和接近效应，因而可以拥有更大的横截面积。

因为绞合/分段导线之间有空隙，导体的横截面会小于 πR_1^2，且需要校正电阻率［见式（1.9）］，再用校正后的值计算导体电阻。

$$\rho = \rho_{Sol}\frac{\pi R_1}{S}[\Omega \cdot m] \tag{1.9}$$

电容

单位长度同轴电缆的电容值计算见经典公式（1.10）。式中，ε 为绝缘体的介电常数；R_2 为包含半导体层的绝缘体层半径；R_1 为导体半径。

$$C = \frac{2\pi\varepsilon}{\ln\left(\frac{R_2}{R_1}\right)}[F \cdot m^{-1}] \tag{1.10}$$

半导体层安装在导体与绝缘层之间，以及绝缘层与屏蔽层之间。因此，导体和屏蔽层之间的电容值等于在外半导体层、绝缘层和内半导体层中电容值的串联耦合。

因此，半导体层被认为是绝缘层的一部分，其介电常数根据式（1.11）校

㊀ 该表仅显示了部分值，全表请参考本章参考文献［11］给出的标准。所提供的值来自尚未发布通过的版本，最终版本的值可能略有不同。

正。式中，$\varepsilon_{\mathrm{Ins}}$为绝缘介电常数，通常数值为 2.3 ~ 2.5；$b$ 为绝缘层外半径；a 为绝缘层内半径。

$$\varepsilon = \varepsilon_{\mathrm{Ins}} \frac{\ln\left(\frac{R_2}{R_1}\right)}{\ln\left(\frac{b}{a}\right)} [\mathrm{F} \cdot \mathrm{m}^{-1}] \tag{1.11}$$

电感

单位长度导体电抗通常使用经典公式（1.12）来计算。式中，μ 为导体磁导率，通常为真空磁导率；D_{e} 为地中电流穿透深度；GMR 为导体的几何平均半径，通常为 $R_1 \mathrm{e}^{-1/4}$。

$$L = \frac{\mu}{2\pi} \ln\left(\frac{D_{\mathrm{e}}}{GMR}\right) [\mathrm{H} \cdot \mathrm{m}^{-1}] \tag{1.12}$$

使用式（1.13）计算地中电流穿透深度，ρ_{earth}为地面电阻率。

$$D_{\mathrm{e}} = 659 \sqrt{\frac{\rho_{\mathrm{earth}}}{f}} [\Omega \cdot \mathrm{m}] \tag{1.13}$$

1.1.2　序阻抗

正序阻抗取决于电缆中使用的连接类型（见 1.2 节）；而零序阻抗与连接方式无关，除了单点连接（通常不用于高压电缆）。

交叉互联电缆的正序阻抗使用式（1.14）计算，两端连接电缆使用式（1.15）计算；两种连接结构的零序阻抗都使用式（1.16）计算。

$$Z_{\mathrm{Cross}}^{+} = (Z_{\mathrm{Self}} - Z_{\mathrm{M}}) \tag{1.14}$$

$$Z_{\mathrm{Both-ends}}^{+} = (Z_{\mathrm{Self}} - Z_{\mathrm{M}}) - \frac{(Z_{\mathrm{M,S}} - Z_{\mathrm{M}})^2}{Z_{\mathrm{Self,S}} - Z_{\mathrm{M}}} \tag{1.15}$$

$$Z^{0} = Z_{\mathrm{Self}} + 2Z_{\mathrm{M}} - \frac{(Z_{\mathrm{M,S}} + 2Z_{\mathrm{M}})^2}{Z_{\mathrm{Self,S}} + 2Z_{\mathrm{M}}} \tag{1.16}$$

式中　Z_{Self}——导体的自阻抗，按式（1.17）计算；

$Z_{\mathrm{Self,S}}$——屏蔽层的自阻抗，按式（1.18）计算；

Z_{M}——电缆之间的互阻抗，按式（1.19）计算，式中 s 为相间距离；

$Z_{\mathrm{M,S}}$——导体和屏蔽层之间的互阻抗，按式（1.20）计算。

$$Z_{\mathrm{Self}} = R_{50\mathrm{Hz}} + R_{\mathrm{e}} + \mathrm{j}X_{\mathrm{L}} \tag{1.17}$$

$$Z_{\mathrm{Self,S}} = R_{\mathrm{S}} + R_{\mathrm{e}} + \mathrm{j}X_{\mathrm{S}} \tag{1.18}$$

$$Z_{\mathrm{M}} = R_{\mathrm{e}} + \mathrm{j}\frac{\omega\mu}{2\pi} \ln\left(\frac{D_{\mathrm{e}}}{s}\right) \tag{1.19}$$

$$Z_{\mathrm{M,S}} = R_{\mathrm{e}} + \mathrm{j}\frac{\omega\mu}{2\pi} \ln\left(\frac{D_{\mathrm{e}}}{R_2}\right) \tag{1.20}$$

如果电缆平面安装，则需要计算相邻相（Z_{M_i}）和外部相（Z_{M_o}）之间的互感［见式（1.19）］，总互感平均值则由下式给出：

$$Z_M = \frac{2Z_{M\_i} + Z_{M\_o}}{3} \tag{1.21}$$

需要注意的是，由于屏蔽层厚度较小，通常不对其进行对导体电阻进行的频率校正。

1.1.3　实例

现在将使用之前提到的公式计算90℃和50Hz下工作的1200mm²品字形电缆的正序和零序阻抗。表1.3给出了电缆数据。

电缆内芯由紧凑型绞合铝线制成，因此需要校正磁芯的电阻率［见式（1.22）］，然后使用校正的电阻率计算导体电阻［见式（1.23）］。

表1.3　电缆数据

层	厚度/mm	材质
导体	41.5①	铝，圆形，压实
导体屏蔽层	1.5	半导体PE
绝缘	17	干燥固化XLPE
绝缘屏蔽层	1	半导体PE
纵向阻水层	0.6	膨胀胶带
铜线屏蔽层	95②	铜
纵向阻水层	0.6	膨胀胶带
径向阻水层	0.2	铝压板
外盖	4	高密度PE
完整电缆	95①	—

① 直径。
② 横截面。

$$\rho = \rho_{Sol}\frac{\pi R_1}{S} \Leftrightarrow \rho = 2.826\times10^{-8}\times\frac{\pi\times20.75^2}{1200}\Omega\cdot m = 3.186\times10^{-8}\Omega\cdot m \tag{1.22}$$

$$R_{DC} = \frac{\rho}{S} \Leftrightarrow R_{DC} = \frac{3.186\times10^{-8}}{\pi\times(20.75\times10^{-3})^2}\Omega\cdot m^{-1} = 23.55\times10^{-6}\Omega\cdot m^{-1} \tag{1.23}$$

然后校正电阻值至90℃状态［见式（1.24）］。

$$\begin{aligned} R_{DC,90^\circ} &= 23.55\times10^{-6}\times[1+4.03\times10^{-3}(90-20)] \\ &= 30.19\times10^{-6}\Omega\cdot m^{-1} \end{aligned} \tag{1.24}$$

最后考虑趋肤效应和邻近效应。频率为 50Hz 时，趋肤效应和邻近效应均较小。公式验证了这一点：趋肤效应系数为 0.133［见式（1.26）］，邻近效应系数为 0.018［见式（1.27）］。

$$x_s^2 = \frac{8\pi f}{R_{DC}} 10^{-7} k_s \Leftrightarrow x_s^2 = \frac{8\pi \times 50}{23.55 \times 10^{-6}} \times 10^{-7} \times 1 = 5.336 \tag{1.25}$$

$$y_s = \frac{x_s^4}{192 + 0.8x_s^4} = 0.133 \tag{1.26}$$

$$\begin{aligned} y_p &= \frac{x_p^4}{192 + 0.8x_p^4}\left(\frac{d_c}{s}\right)^2 \left[0.312\left(\frac{d_c}{s}\right)^2 + \frac{1.18}{\frac{x_p^4}{192 + 0.8x_p^4} + 0.27}\right] \\ &= \frac{5.336^2}{192 + 0.8 \times 5.336^2} \times \left(\frac{40.5}{2 \times 95}\right)^2 \times \left[0.312 \times \left(\frac{40.5}{2 \times 95}\right)^2 + \frac{1.18}{\frac{5.336^2}{192 + 0.8 \times 5.336^2} + 0.27}\right] \\ &= 0.018 \end{aligned} \tag{1.27}$$

因此，单位长度导体电阻等于：

$$R_{50Hz} = 30.19 \times 10^{-6}(1 + 0.133 + 0.018)\Omega \cdot m^{-1} = 34.75 \times 10^{-6}\Omega \cdot m^{-1} \tag{1.28}$$

单位长度导体电抗如式（1.30）所示。

$$D_e = 659\sqrt{\frac{100}{50}}m = 932m \tag{1.29}$$

$$X_L = 2\pi \times 50 \frac{\mu}{2\pi}\ln\left(\frac{932}{20.75 \times 10^{-3} e^{-\frac{1}{4}}}\right)\Omega \cdot m^{-1} = 6.9 \times 10^{-4}\Omega \cdot m^{-1} \tag{1.30}$$

计算与导体相关的所有参数后，开始计算与屏蔽层相关的参数。屏蔽层的电阻按式（1.31）和式（1.32）计算，电抗按式（1.33）计算。

$$\begin{aligned} R_S = \frac{\rho}{S} \Leftrightarrow R_S &= \frac{1.724 \times 10^{-8}}{\pi[(42.76 \times 10^{-3})^2 - (40.85 \times 10^{-3})^2]}\Omega \cdot m^{-1} \\ &= 3.44 \times 10^{-5}\Omega \cdot m^{-1} \end{aligned} \tag{1.31}$$

$$\begin{aligned} R_{S,90^\circ} &= R_S[1 + \alpha_T(T - 20)] = 3.44 \times 10^{-5}[1 + 3.98 \times 10^{-3}(90 - 20)]\Omega \cdot m^{-1} \\ &= 4.40 \times 10^{-5}\Omega \cdot m^{-1} \end{aligned} \tag{1.32}$$

$$\begin{aligned} X_S &= \frac{\omega\mu}{2\pi}\ln\left(\frac{D_e}{\frac{R_2 + R_3}{2}}\right) = 50\mu\ln\left(\frac{932}{41.085 \times 10^{-3}}\right)\Omega \cdot m^{-1} \\ &= 6.30 \times 10^{-4}\Omega \cdot m^{-1} \end{aligned} \tag{1.33}$$

自阻抗计算中唯一缺少的参数是接地阻抗，可以根据经典卡森公式（1.34）

计算。

然后由导体电阻、导体电抗和接地阻抗的和给出自阻抗［见式（1.35）］。屏蔽层的自阻抗计算是相似的，只不过导体的电阻和电抗被屏蔽层的对应数据所替代［见式（1.36）］。

$$R_e = 9.869 \times 10^{-7} f (\Omega \cdot m^{-1}) \tag{1.34}$$

$$Z_{Self} = R_{50Hz} + R_e + jX_L \Leftrightarrow Z_{Self} = (34.75 \times 10^{-6} + 49.35 \times 10^{-6} + j6.9 \times 10^{-4}) \Omega \cdot m^{-1}$$
$$= (84.10 \times 10^{-6} + j6.9 \times 10^{-4}) \Omega \cdot m^{-1} \tag{1.35}$$

$$Z_{Self,S} = R_S + R_e + jX_S \Leftrightarrow Z_{Self,S} = (44.0 \times 10^{-6} + 49.35 \times 10^{-6} + j6.3 \times 10^{-4}) \Omega \cdot m^{-1}$$
$$= (93.35 \times 10^{-6} + j6.3 \times 10^{-4}) \Omega \cdot m^{-1} \tag{1.36}$$

各相之间的互阻抗按经典公式式（1.37）计算，导体和屏蔽层之间的互阻抗则按式（1.38）计算。

$$Z_M = R_e + j\frac{\omega\mu}{2\pi}\ln\left(\frac{D_e}{s}\right) \Leftrightarrow Z_M = (49.35 \times 10^{-6} + j5.34 \times 10^{-4}) \Omega \cdot m^{-1} \tag{1.37}$$

$$Z_{M,S} = R_e + jX_S \Leftrightarrow Z_{M,S} = (49.35 \times 10^{-6} + j6.30 \times 10^{-4}) \Omega \cdot m^{-1} \tag{1.38}$$

交叉互联电缆的正序阻抗计算公式为式（1.39），直连电缆公式为式（1.40）。

$$Z^+ = Z_{Self} - Z_M = (34.75 \times 10^{-6} + j1.56 \times 10^{-4}) \Omega \cdot m^{-1} \tag{1.39}$$

$$Z^+ = (Z_{Self} - Z_M) - \frac{(Z_{M,S} - Z_M)^2}{Z_{Self,S} - Z_M} \tag{1.40}$$
$$= (36.25 \times 10^{-6} + j1.64 \times 10^{-4}) \Omega \cdot m^{-1}$$

两种连接结构的零序阻抗都按式（1.41）计算：

$$Z^0 = Z_{Self} + 2Z_M - \frac{(Z_{M,S} + 2Z_M)^2}{Z_{Self,S} + 2Z_M} \tag{1.41}$$
$$= (74.32 \times 10^{-6} + j2.47 \times 10^{-4}) \Omega \cdot m^{-1}$$

最后，计算电缆电容值，而在此之前需要调整介电常数［见式（1.42）］与电容值计算中使用的半径［见式（1.43）］。

$$\varepsilon = \varepsilon_{Ins}\frac{\ln\left(\frac{R_2}{R_1}\right)}{\ln\left(\frac{b}{a}\right)} = 2.5\frac{\ln\left(\frac{40.85}{20.75}\right)}{\ln\left(\frac{39.50}{22.25}\right)} \Leftrightarrow \varepsilon' = 2.95 \tag{1.42}$$

$$C = \frac{2\pi\varepsilon}{\ln\left(\frac{R_2}{R_1}\right)} = \frac{2\pi \times 2.95 \times 8.85 \times 10^{-12}}{\ln\left(\frac{40.85}{20.75}\right)} F \cdot m^{-1} = 2.42 \times 10^{-10} F \cdot m^{-1} \tag{1.43}$$

1.1.4　其他损耗

介质损耗

介质损耗通常不计入损耗计算，尤其是在配电层面。然而，在输电层面，这些损耗可能相当高，因为它们与电压的二次方成比例，必须被计及。

介质损耗与电压相关，也取决于电介质的电容，即绝缘、频率和损耗因子 $\tan\delta$[㊀]。

$$W_d = \omega C U_0^2 \tan\delta \tag{1.44}$$

环流损耗

见 1.2 节 连接技术中的相关内容。

1.2　连接技术

稳态条件下，电缆芯中循环的电流会在该电缆屏蔽层中产生电压。如果形成闭环，屏蔽层中将形成回路，并增加系统损耗。因此，需要尽可能降低屏蔽层中的电流。

三相电缆的屏蔽层通常用以下连接结构安装：

1）单点连接——仅在屏蔽层一端接地。

2）两端连接——屏蔽层两端接地。

3）交叉互联——屏蔽层两端接地，两端换位。

因为没有形成闭环，单点连接能够避免屏蔽层产生环流。然而，尽管这项技术能够降低环流损耗，却也会导致屏蔽层电压上升。屏蔽层的一端以零电位接地；另一端则具有电压，该电压的大小与电缆长度成正比。因此，这种技术通常仅限于小于 3km 的短电缆，此时屏蔽层上的电压仍在可接受范围内。

因两端电压本身几乎为零，两端连接结构可以将屏蔽层上的电压降到极低。然而，由于屏蔽层中存在闭合回路，因而损耗也会更大。在某些情况下，这些损耗可能与导体损耗一样高。

交叉互联是前述两种连接技术之间的折中项。它既不消除循环电流，也不消除感应电压，但将两者都降到较低水平。将电缆一分为三称为三个“小段”。屏蔽层在各段之间换位，并每隔三个小段接地，形成一个换位段。各小段应具有相似的长度，以保持系统尽可能平衡，且电缆拥有必要数量的换位段。图 1.2 给出了交叉互联电缆的一个换位段示例。

屏蔽层换位使每个屏蔽层都暴露于由每相产生的磁场中。假设一个平衡系

㊀ 高压 XLPE 电缆为 0.001。

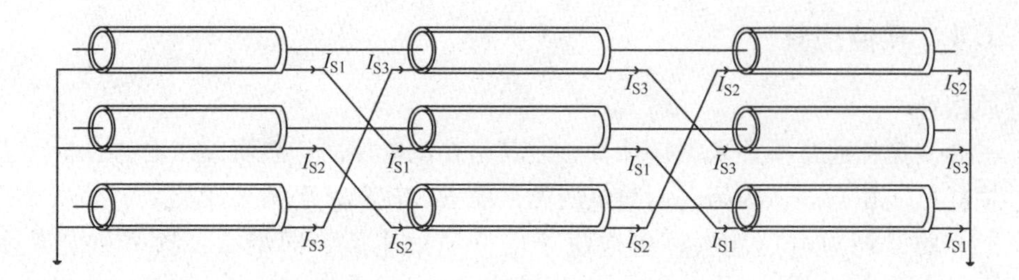

图 1.2 交叉互联电缆的一个换位段示例

统，即各相幅度相同、彼此之间相位差 120°，品字形安装，每个小段具有完全相同的长度，则感应电压将被消除，且循环电流为零。然而，现实中不可能具备这些完美的条件，因为各小段的长度和导体电流不可能完全相同，因此存在环流。此外，高压交流电缆通常是平面安装，导致了各相之间的不平衡互耦合。

由于上述原因，高压电缆通常使用交叉互联技术进行安装。在配电层面，也有使用两端连接技术安装的电缆。由于实际原因，可以按卷运输的地面电缆的长度通常限制在 3km 以内，因而小段的长度通常小于 3km㊀。

不以交叉互联安装的电缆中最典型的例子是海底电缆。海底电缆必须使用两端连接进行安装，这是因为无法在海洋中将屏蔽层换位。

1.3 电缆热性能

电缆传输的功率受到电缆最高工作温度的限制，现代电缆的通常为 90℃。因此，电缆的布局条件和安装路径的选择极为重要，对电缆的载流量有直接的影响。

本节将学习如何估计电缆的热阻，并用其估计电缆载流量。使用热阻这一术语是因为热阻可以并入符合欧姆热传导定律的热等效电路，其工作原理与欧姆电路定律相同。

换言之，可以使用相同的规则将热阻视为电阻处理。电缆的导体是热源，等效于电路中的电压或电流源，大气是散热器，等效于电路中的接地。导体与空气之间的温降相当于电源与地面之间的电压降，热流相当于电流。热阻与温降相关，正如电路中的电压降。

导体和空气之间的非导电层是热阻，分为内部和外部热阻。电缆的导电层（即金属部分）是良好的导热体，可视为等温的。

㊀ 假设为输电电压等级。

内部热阻通常为以下三种㊀：

1）T_1 为导体和屏蔽层之间的热阻；

2）T_2 为屏蔽层和铠装层或大地之间的热阻；

3）T_3 为铠装层和大地之间电缆外护套的热阻（仅当电缆有铠装层时才存在）。

外部热阻 T_4 由电缆周围的土壤形成。外部热阻是所有热阻中最重要的，并且它通常能导致数百安培数量级的电缆载流量差异。

单芯电缆及其等效电路中的热阻分布如图 1.3 所示。

在解释如何计算不同热阻之前，必须指出的是本书只研究单芯电缆和管式电缆，因这两者是最典型的高压结构。配电层面也存在本章未分析的可能及常见结构，如安装在管道或隧道中的电缆。对此感兴趣的读者可见本章参考文献［12］给出的标准。

1.3.1　内部热阻

以下罗列了用于计算不同热阻的公式㊁。

导体与屏蔽层之间的热阻 T_1 根据式（1.45）进行计算。式中，ρ_T 为绝缘体的热阻率（K · m/W）；R_1、R_2 为半径，如图 1.3 所示。

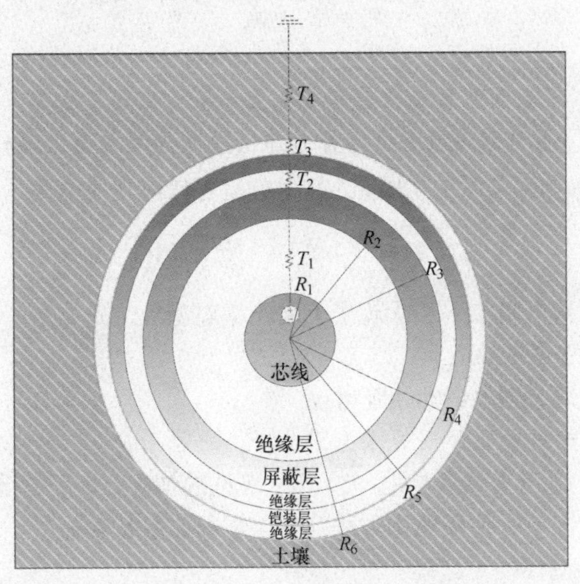

图 1.3　单芯电缆的热等效电路

㊀ 出于计算效果考虑，半导电层计入绝缘层。

㊁ 为保持一致性，某些变量与标准中使用的符号略有不同。

$$T_1 = \frac{\rho_T}{2\pi}\ln\left[1+\frac{2(R_2-R_1)}{2R_1}\right] \tag{1.45}$$

屏蔽层和铠装层之间的热阻 T_2 以及铠装层与大地之间 T_3 的热阻分别用式（1.46）和式（1.47）计算。应当记住的是，只有电缆有铠装层时才存在热阻 T_3。

$$T_2 = \frac{\rho_T}{2\pi}\ln\left[1+\frac{2(R_4-R_3)}{2R_4}\right] \tag{1.46}$$

$$T_3 = \frac{\rho_T}{2\pi}\ln\left[1+\frac{2(R_6-R_5)}{2R_6}\right] \tag{1.47}$$

前述公式适用于单芯电缆。对于管式电缆，我们需要改变一些参数。假设为传统的管式结构（电缆芯—屏蔽层—管道）：

1）T_1 保持不变，因为管道不会影响导体和屏蔽层之间的绝缘。

2）T_2 在这里为屏蔽层和管道之间的热阻。一个管道对应三个屏蔽层，因此公式需要更改。热阻由式（1.48）给出，其中含有一个几何因子，相关图示参见本章参考文献［10］。

3）T_3 在这里为管道和大地之间的热阻，使用相同的公式，但需要调整半径。

$$T_2 = \frac{\rho_T}{6\pi}\overline{G} \tag{1.48}$$

1.3.2 外部热阻

外部热阻 T_4 比内部热阻更难计算，并且极大程度上由土壤和安装条件决定。

首先分析埋在地下的单芯电缆，其附近没有任何其他电缆［见式（1.49）］。

$$T_4 = \frac{\rho_T}{2\pi}\ln\left(u+\sqrt{u^2-1}\right) \tag{1.49}$$

式中 ρ_T——土壤电阻率（极大程度上由土壤类型决定）；

u——等于 $2h/(2R_6)$；

h——从地表到电缆轴的距离；

R_6——电缆外层半径（见图 1.3）。

式（1.49）适用于单独的电缆，但最常见的情况是将三条或更多电缆放在一起。在这种情况下，使用图像方法（如果电缆没有接触）。

假设电缆类型相同，且具有相同负载[㊀]。

在这一情况下，因为有其他电缆的影响，式（1.49）略微变化为式（1.50）。对

㊀ 如果电缆具有不同负载，则单独计算每根电缆的 T_4 值，温度计算也需更改（请见本章参考文献［12］给出的标准）。

于三相单芯电缆的一相，使用式（1.51）所示的图像方法计算新项 F_B。

$$T_4 = \frac{\rho_T}{2\pi}\ln[(u + \sqrt{u^2 - 1})F_B] \tag{1.50}$$

$$F_B = \left(\frac{d'_{21}}{d_{21}}\right)\left(\frac{d'_{23}}{d_{23}}\right) \tag{1.51}$$

通过利用图像方法的式（1.52），上述公式可以进一步扩展至 N 个相位的情况：

$$T_4 = \frac{\rho_T}{2\pi}\ln\left\{(u + \sqrt{u^2 - 1})\left[\left(\frac{d'_{p1}}{d_{p1}}\right)\left(\frac{d'_{p2}}{d_{p2}}\right)\cdots\left(\frac{d'_{pN}}{d_{pN}}\right)\right]\right\} \tag{1.52}$$

如果电缆接触且结构对称（即品字形），则使用式（1.53）计算金属护套电缆热阻，式（1.54）计算非金属护套电缆的。

$$T_4 = \frac{1.5\rho_T}{\pi}[\ln(2u) - 0.630] \tag{1.53}$$

$$T_4 = \frac{\rho_T}{2\pi}[\ln(2u) + 2\ln(u)] \tag{1.54}$$

在外部热阻计算中，管式电缆类似单独存在的单芯电缆，使用式（1.49）进行计算。对于多条安装在一起的管式电缆，使用前述公式。

1.3.3　载流量计算

载流量是选择电缆时最重要的参数之一，因其定义了最大稳态电流。如果没有电流流过，电缆处于环境温度。随着电流增加，电缆内的温度也以式（1.55）给出的关系增加。

$$\Delta\theta = \left(I^2R + \frac{1}{2}W_d\right)T_1 + [I^2R(1 + \lambda_1) + W_d]nT_2 + [I^2R(1 + \lambda_1 + \lambda_2) + W_d]n(T_3 + T_4) \tag{1.55}$$

式中　$\Delta\theta$——导体温度与环境温度之间的差值（K 或℃）；

I——导体中的电流（A）；

R——最高工作温度下单位长度导体的交流电阻（$\Omega \cdot m^{-1}$）；

W_d——主绝缘材料单位长度的介质损耗（$W \cdot m^{-1}$）；

$T_1 \sim T_4$——热阻（$K \cdot m \cdot W^{-1}$）；

n——电缆中载流导体的数量；

λ_1——电缆中金属屏蔽层损耗与所有导体总损耗的比值；

λ_2——电缆中铠装损耗与所有导体总损耗的比值。

温度与电流之间的关系远非线性关系，而是依赖许多因素的。公式表明，正如预期一样，保持电阻和热阻尽可能低是相当重要的。

为了进行分析，将把公式分为三部分。

当电流在导体中流动时，热量通过焦耳损耗产生。同时，电缆介质（即绝缘）中存在电压差，就存在介质损耗，也会释放热量。介质损耗沿绝缘层均匀分布，但出于数值考虑，这些损耗被视为位于绝缘中心的无限小圆柱体。因此，绝缘中介质损耗释放的热量只有一半与 T_1 相关。

对应于主绝缘，将两种损耗乘以热阻 T_1 获得温度增加的精确延伸值。换言之，绝缘层的热阻率越低，温度越高。

接下来，关注屏蔽层和铠装层之间的热阻 T_2。焦耳损耗继续出现，但是需要将导体中的焦耳损耗加到屏蔽层中的焦耳损耗 λ_1 上。介质损耗也将继续出现，但不再取半值，因为热阻 T_2 位于绝缘层之外。导体数量取决于电缆结构，单芯电缆为 1 根，共用同一屏蔽层的三芯电缆为 3 根。

同样的原理也适用于热阻 T_3 和 T_4，加到铠装层中的焦耳损耗 λ_2 上。

基于式（1.55），可以获得允许的额定电流，见式（1.56）。$\Delta\theta$ 的值各地不同，因其具体数值由土壤的温度决定。但对于 XLPE 电缆，$\Delta\theta$ 的值通常为 65 ~ 80℃。

$$I = \left[\frac{\Delta\theta - W_{\mathrm{d}}[0.5T_1 + n(T_2 + T_3 + T_4)]}{RT_1 + nR(1+\lambda_1)T_2 + nR(1+\lambda_1+\lambda_2)(T_3+T_4)}\right]^{\frac{1}{2}} \tag{1.56}$$

1.3.4　实例

本节的目的是计算上一个实例（1.1.3 节）中使用的电缆的载流量。首先，从计算热阻开始。

热阻率如下：

1）绝缘（XLPE 和高密度 PE）　3.5K · m · W^{-1}。

2）土壤　0.9K · m · W^{-1}（典型安全值）。

这些值用于计算电缆热阻。T_1 和 T_2 分别直接用式（1.57）和式（1.58）计算，而 T_3 不存在，因为电缆没有铠装层。

$$\begin{aligned} T_1 &= \frac{\rho_{\mathrm{T}}}{2\pi}\ln\left[1 + \frac{2(R_2 - R_1)}{2R_1}\right] = \frac{3.5}{2\pi} \times \ln\left[1 + \frac{2(40.85 - 20.75)}{2 \times 20.75}\right]\mathrm{m^2K \cdot W^{-1}} \\ &= 0.377\mathrm{m^2K \cdot W^{-1}} \end{aligned} \tag{1.57}$$

$$\begin{aligned} T_2 &= \frac{\rho_{\mathrm{T}}}{2\pi}\ln\left(1 + \frac{2(R_4 - R_3)}{2R_4}\right) = \frac{3.5}{2\pi} \times \ln\left[1 + \frac{2 \times (47.5 - 42.76)}{2 \times 47.5}\right]\mathrm{m^2K \cdot W^{-1}} \\ &= 0.053\mathrm{m^2K \cdot W^{-1}} \end{aligned} \tag{1.58}$$

$$T_3 = 0\mathrm{m^2 \cdot K \cdot W^{-1}} \tag{1.59}$$

使用适用于品字形金属护套（铝箔）电缆的式（1.60）计算热阻 T_4。顶部电缆安装在深 1.1m 处，以此计算地表到电缆轴的距离。

$$T_4 = \frac{1.5\rho_T}{\pi}(\ln(2u) - 0.630) = \frac{1.5 \times 0.9}{\pi}\left[\ln\left(2\frac{2h}{2R_4}\right) - 0.630\right]\mathrm{m^2K \cdot W^{-1}}$$

$$= \frac{1.5 \times 0.9}{\pi}\left\{\ln\left[2\frac{2\left(\frac{1.1 + 1.18185}{2}\right)}{2 \times 47.5 \times 10^{-3}}\right] - 0.630\right\}\mathrm{K \cdot W^{-1}} = 1.393\mathrm{m^2K \cdot W^{-1}} \tag{1.60}$$

还需要计算介质损耗［见式（1.61）］和屏蔽层损耗［见式（1.62）］之比。

$$W_d = \omega C U_0^2 \tan\delta = 2\pi \times 50 \times 2.42 \times 10^{-10} \times (165 \times 10^3)^2 \times 0.001\mathrm{W \cdot m^{-1}}$$

$$= 207\mathrm{W \cdot m^{-1}} \tag{1.61}$$

$$\lambda_1 = R_{S,90^\circ} R_{50Hz} \frac{1}{1 + \left(\frac{R_S}{X_S}\right)^2} = \frac{4.40 \times 10^{-5}}{34.75 \times 10^{-6}} \frac{1}{1 + \left(\frac{4.40 \times 10^{-5}}{6.30 \times 10^{-4}}\right)^2} \tag{1.62}$$

$$= 1.26$$

拥有以上值后，就可以计算最大稳态电流了［见式（1.63）］：

$$I = \left[\frac{75 - 2.07 \times [0.5 \times 0.377 + (0.053 + 1.393)]}{34.75 \times 10^{-6} \times 0.377 + 34.75 \times 10^{-6} \times (1 + 1.26) \times 0.053 + 34.75 \times 10^{-6} \times (1 + 1.26) \times 1.393}\right]^{\frac{1}{2}}\mathrm{A}$$

$$= 752\mathrm{A} \tag{1.63}$$

除了无法人为控制的土壤温度外，其他对最大电流影响较大的因素是热阻 T_4。譬如说，如果相同的电缆安装在距离地表 0.5m 而非 1.1m 处，热阻将降低到 1.072K/W，最大稳态电流将增加到 844A。

还可以使用特殊土壤来提高电缆周围的土壤导热性。相同的电缆安装在热阻率为 $0.6\mathrm{K \cdot m \cdot W^{-1}}$ 的土壤中，则最大稳态电流为 897A。

1.4　并联电抗器

电力电缆的电容值比同等架空线的高 10～20 倍。在这样的高电容下，电缆会产生较高的无功功率。这些功率无功必须被消耗掉，以确保电压不升高，电缆的载流量不降低。一般通过并联电抗器来实现这种消耗。并联电抗器被定义为一种感抗，其目的是从系统中吸收感性电流[10]。

为了充分理解并联电抗器的必要性，首先要了解为什么电缆电压会升高。与架空线的通常情况相反，这种现象被称为费兰蒂效应（Ferranti Effect）。

对于无负载或轻负载供电线路，其容性电流大于负载电流时，会发生费兰蒂效应。因电缆比架空线具有更高的电容值，所以费兰蒂效应更加显著。

举例来说，对于无损耗的无负载线路，使用式（1.64）的π模型来计算受端电压。式中，V_1 和 V_2 分别为送端和受端电压；L 为线路电感；C 为线路电容；l 为线路长度。

$$V_1 - V_2 = I \times \mathrm{j}\omega Ll \Leftrightarrow V_1 - V_2 = \left(V_2 \mathrm{j}\omega \frac{Cl}{2}\right) \times \mathrm{j}\omega Ll \Leftrightarrow V_2 = V_1 \frac{1}{1 - \frac{\omega^2 LCl^2}{2}} \tag{1.64}$$

由式（1.64）显然可见，由于电缆电容值较大，电缆的电压升高比架空线更加显著。电压升高也取决于电缆长度的二次方，因此长线中的情况更为严重。事实上，如果架空线足够长，送端到受端同样也会出现电压升高的现象。

根据式（1.64），即使对于较短的架空线，电压也总是会升高的，但这是因为线路被视为无损耗。在现实中，线路的电阻会降低受端电压；并且对于典型的架空线或短电缆，其受端电压将低于送端电压[㊀]。

了解电压升高的原因后，该试着理解并联电抗器的重要性。电力系统对电压幅度有严格的限制，节点电压必须保持在一定范围内。此外，由电缆产生的所有容性电流降低了电缆传输有功功率的能力。未被消耗的无功功率如果传播到相邻线路中，也将降低它们的负载能力。

出于这两个原因，在敷设长距离高压交流电缆时，需要安装并联电抗器。

并联电抗器的安装位置对于稳态和暂态安全同样至关重要[㊁]。

图1.4给出了不同无功功率补偿方案下开路电缆的电压分布。并联电抗器的

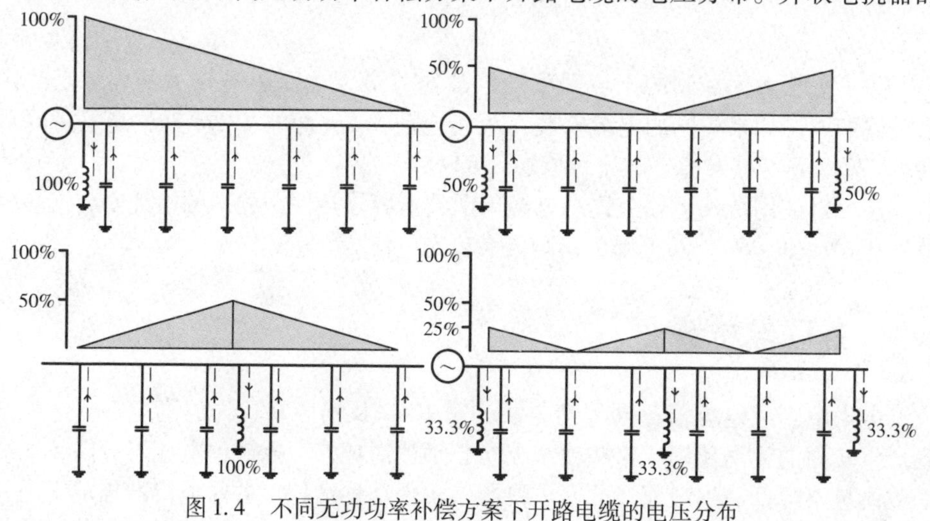

图1.4　不同无功功率补偿方案下开路电缆的电压分布

㊀ 本章结尾提出了一道计算有损线路电压方程的习题。答案可通过网络获取，并附有一些可能的情景设计图。

㊁ 由于暂态过程中并联电抗器和电缆之间的相互作用（见本书第4章）。

最佳安装位置为电缆中点，因为这样电抗器产生的感性电流流向电缆的两端。举例来说，在电缆一端安装并联电抗器时，电缆中的无功电流大小将为上述的2倍；而在电缆两端各安装一个电抗器的效果则与在电缆中间安装电抗器的效果相同。用类似的方法，沿着电缆安装更多的电抗器，无功电流则会进一步减小。

研究发现，许多暂态现象与同电缆一起安装的并联电抗器密切相关。在某些现象中，安装并联电抗器是有利的；而在另一些时候，则是不安装更好。因此，重要的是理解其运行的具体特征。

并联电抗器就像一个大电感器，并在许多方面与变压器相似。与并联电抗器相关的一些电磁现象如下：

1）磁饱和；

2）互耦合；

3）磁化损耗；

4）铜损耗；

5）额外损耗（杂散损耗、趋肤效应等）。

并联电抗器的建模通常用与电阻串联的电感来表示。除非在高频情况下，刚刚列举的这些现象并不常见。

这个简单的模型通常是足够准确的，但本书后面将会演示，对于某些现象，还需要对并联电抗器各相之间的互感和并联电抗器的饱和进行建模，以实现准确的仿真。

互耦合的原理应该是大多数读者熟悉的。简言之，并联电抗器的线圈通常安装在同一铁心中。因此，当电流在一相中流动时，磁通流入并联电抗器的所有分支，如图1.5所示。磁通与另外两个线圈相连，在相应的相中产生电压。

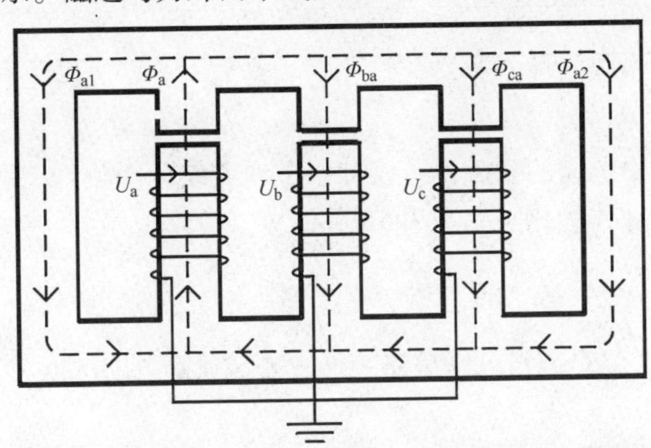

图1.5 施加到五支并联电抗器A相的电压通量路径

对于典型的80MV·A并联电抗器，施加98.15kV_{RMS}电压时每相中感应的电压如表1.4所示。可以看出，与施加的电压相比，感应电压相当小，但是它已经能影响电缆和并联电抗器的断开了。

表 1.4　互耦合引起的感应电压

相	施加电压/kV	感应电压/kV		
		A	B	C
A	98.15	—	1.18（0.51%）	0.39（0.17%）
B	98.15	1.02（0.44%）	—	1.09（0.47%）
C	98.15	0.30（0.13%）	1.09（0.47%）	—

1.5　习题

1. 计算以下电缆的正序和零序阻抗。已知：横截面积为 $800mm^2$，两端连接，距离地表 1m 平面敷设，导体间距 1m，土壤接地电阻 $100\Omega m^{-1}$。

答案：

$$Z^{+}=(75.59\times10^{-6}+j1.17\times10^{-4})\Omega\cdot m^{-1};\ Z^{0}=(77.49\times10^{-6}+j1.08\times10^{-4})\Omega\cdot m^{-1}$$

层	厚度/mm	材料
导体	33.7①	铜，圆形，压实
导体屏蔽层	1.5	半导体 PE
绝缘	19	干燥固化 XLPE
绝缘屏蔽层	1	半导体 PE
铝带	600②	铝
外盖	4	高密度 PE
完整电缆	89.5①	—

① 直径。

② 横截面。

2. 计算上题中电缆的载流量。已知：电缆安装处土壤在 25℃时的热阻率为 0.9K · m/W，绝缘体的热阻率为 3.5K · m/W。

答案：

$$I=845.4A$$

3. 同习题 2，但是假设电缆呈品字形安装，顶部电缆深度为 1m。

答案：

$$I=659.5A$$

4. 使用 π 模型推导无负载线路因费兰蒂效应而导致的末端电压升高（与 1.4 节类似，但考虑电缆损耗）。

答案：

$$\| V_2 \| = \| V_1 \| \frac{1}{\sqrt{1 + \left(\frac{\omega^2 LCl^2}{2} \right)^2 - \omega^2 LCl^2 + \left(\frac{\omega RCl^2}{2} \right)^2}}$$

参考资料与扩展阅读

1. Moore GF (2007) Electric cables handbook, 3rd edn. Blackwell Science, Oxford
2. Benato R, Paolucci A (2010) EHV AC undergrounding electric power. Springer, London
3. Peschke E, von Olshausen R (1999) Cable systems for high and extra-high voltage—development, manufacture, testing, installation and operation of cables and their accessories. Publicis MCD Werbeagentur GmbH, Munich
4. Popović Zoya, Popović BD (2000) Introductory electromagnetic. Prentice Hall, New Jersey
5. Anders GJ (1997) Rating of electric power cables. IEEE press power engineering series, New York
6. Tziouvaras DA (2006) Protection of high-voltage AC cables, 59th annual conference for protective relay engineers
7. Cigre WG C4.502 (2013) Power system technical performance issues related to the application of long HVAC cables, CIGRE, Paris
8. Cigre WG B1.30 (2013) Cable systems electrical characteristics, Cigre, Paris
9. Cigre WG B1.19 (2004) General guidelines for the integration of a new underground cable system in the networks, Cigre, Paris
10. IEEE Standard C57.21 (1990) IEEE standard requirements, terminology, and test code for shunt reactors rated over 500 kVA, IEEE, New York
11. EC Standard 60287-1-1 (2006) Electric cables—calculation of the current rating—Part 1-1: Current rating equations (100 % load factor) and calculation of losses—general, IEC, Geneva
12. IEC Standard 60287-2-1 (2006) Electric cables—Calculation of the current rating—Part 2-1: Thermal resistance—calculation of thermal resistance—general, IEC, Geneva

第2章　简单开关暂态

2.1　拉普拉斯变换

拉普拉斯变换是电气工程师常用的数学方法之一。本书的目的不是提供拉普拉斯变换的数学解释。相反，接下来将重点介绍该方法的实际应用及其在不同类型电路上的用法。

拉普拉斯变换通过将微分方程转换为代数方程，从而使用更常见、容易的代数运算，求解常微分方程。此外，拉普拉斯变换是线性运算，即 $L[af(t)+bg(t)]=aL[f(t)]+bL[g(t)]$，可应用于分段连续函数。这意味着函数可能存在有限的“跳转”。

函数$f(t)$的拉普拉斯变换由式（2.1）定义。然而，通常不需要求解方程，因为对于常见函数已有变换表可查。电气工程师使用的部分常见函数的拉普拉斯变换如表2.1所示变换。

$$F(s)=L[f(t)]=\int_0^{\infty}e^{-st}f(t)\,dt \tag{2.1}$$

可能有人会问：拉普拉斯变换是否能够应用于任意函数？理论上说，如果对于所有 $t\geqslant 0$ 和某些常数 M 和 γ，条件式（2.2）的条件成立，则变换可以应用于任何 $s>\gamma$[1]。换言之，如果 $t\to\infty$ 时，$e^{-st}f(t)\to 0$，则变换成立，而此条件适用于任何物理系统，因为对于任何真实的物理激励，都会有真实的物理反应[2]。

$$|f(t)|\leqslant M^{e\gamma t} \tag{2.2}$$

表2.1　部分常见函数的拉普拉斯变换

	$f(t)$	$F(s)$		$f(t)$	$F(s)$		$f(t)$	$F(s)$
Ⅰ	1	$\frac{1}{s}$	Ⅳ	e^{at}	$\frac{1}{s-a}$	Ⅶ	$e^{-a\|t\|}$	$\frac{2a}{a^2-s^2}$
Ⅱ	t	$\frac{1}{s^2}$	Ⅴ	$1-e^{-at}$	$\frac{a}{a(s+a)}$	Ⅷ	$\cos\omega t$	$\frac{s}{s^2+\omega^2}$
Ⅲ	t^n	$\frac{n!}{s^{n+1}}$	Ⅵ	$\frac{t^n}{n!}e^{-at}$	$\frac{1}{(s+a)^{n+1}}$	Ⅸ	$\sin\omega t$	$\frac{\omega}{s^2+\omega^2}$

如上所述,拉普拉斯变换通常用于求解微分方程。这些方程包含导数和积分函数的结合,下面将学习如何使用这些函数。

微分的拉普拉斯变换对应于变换 $F(s)$ 与复变量 s 相乘，而积分的拉普拉斯变换对应于两者相除。换言之，微分方程被转换成多项式方程。

式（2.3）显示了如何将拉普拉斯变换应用于一阶导数。变量 s 乘以变换，并减去函数 f 的初始值。必须记住的是，微分方程的解有两部分：通解和特解。通解是正在研究的系统的特征，独立于系统状态［见式（2.3）左项］；而特解取决于系统状态，通常是系统初始状态［见式（2.3）右项］。

$$L[f'(t)] = sL[f(t)] - f(0) \tag{2.3}$$

相同方法只需稍加变化就可以应用于高阶导数函数。式（2.4）显示了如何将拉普拉斯变换应用于二阶导数函数。公式的推导相当简单，如式（2.5）所示。

$$L[f''(t)] = s^2L[f(t)] - sf(0) - f'(0) \tag{2.4}$$

$$\begin{aligned} L[f''(t)] &= sL[f'(t)] - f'(0) \\ &= s\{sL[f(t)] - f(0)\} - f'(0) \\ &= s^2L[f(t)] - sf(0) - f'(0) \end{aligned} \tag{2.5}$$

式（2.5）中的推导适用于任何更高阶导数函数，并推广到以下公式：

$$L[f^n(t)] = s^nL[f(t)] - s^{n-1}f(0) - s^{n-2}f'(0) - \cdots - f^{n-1}(0) \tag{2.6}$$

积分是求导的反操作，因此是除法而非乘法。式（2.7）显示了如何将拉普拉斯变换应用于定义在 0 和随机时间 t 之间的积分。

$$L\left[\int_0^t f(t)\,\mathrm{d}t\right] = \frac{1}{s}L[f(t)] \tag{2.7}$$

如果看起来很复杂，别担心。以下例子将进一步阐释拉普拉斯变换的不同用法。

2.2　*RL* 电路的开断（或并联电抗器）

要分析的第一个电路是一个基本 *RL* 电路。*RL* 电路是一阶电路。由于其比较简单，是引入暂态世界的不错选择。该电路类似并联电抗器，而并联电抗器是任何高压电缆网络中重要的设备。图 2.1 给出了通过开关 CB 串联连接到电压源的电阻和电感组成的单线 *RL* 电路。

2.2.1　直流电源

最简单的例子是通过直流电压源对 *RL* 负载供电。这种系统在数学上可由式（2.8）描述，经拉普拉斯变换后成为式（2.9）。

$$V = RI + L\frac{\mathrm{d}I}{\mathrm{d}t} \tag{2.8}$$

$$V = RI(s) + L[sI(s) - I(0)] \tag{2.9}$$

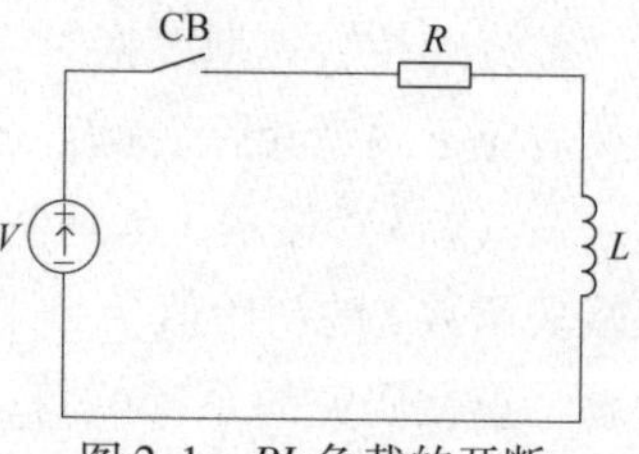

图 2.1　RL 负载的开断

在开关闭合之前，电路被视为充分放电的，由于电感的存在 $I(0)=0$，方程的解如式（2.10）所示。

$$\frac{V}{s} = RI(s) + sLI(s) \Leftrightarrow I(s) = \frac{V}{s(R+sL)} = \frac{V}{L}\frac{1}{s(R/L+s)} \tag{2.10}$$

将拉普拉斯逆变换（表 2.1 给出的Ⅴ）应用于式（2.10）来获得以下的电流时域表达式：

$$I(t) = L^{-1}[I(s)] = L^{-1}\left[\frac{V}{L}\frac{L}{R}\frac{R/L}{s(R/L+s)}\right]$$

$$I = \frac{V}{R}(1 - \mathrm{e}^{\frac{R}{L}t}) \tag{2.11}$$

可以看到，电流从零开始，经过等于 L/R 的时间常数 τ，以逆指数衰减函数增加到 V/R。通常认为经过大约 5τ 后，电流进入稳态。

必须记住的是，由于电感对磁通量的存储作用，电流不能瞬间变化。换言之，磁通必须是连续的，即无穷大的电压才能使电流发生瞬间变化，而这在真实系统中显然是不可能的。

示例：

图 2.2 给出了 RL 负载闭合期间的电流，参数为 $V=100\text{V}$，$R=1\Omega$，$L=0.1\text{H}$。

从式（2.11）中得知电路的时间常数是 $L/R = 0.1\text{s}$，电流稳态值 $V/R = 100\text{A}$。图 2.2 所示曲线证实了上述结果，表明电流的形状为逆指数衰减函数，在 0.5s（5×0.1）后达到近似稳态值 100A。

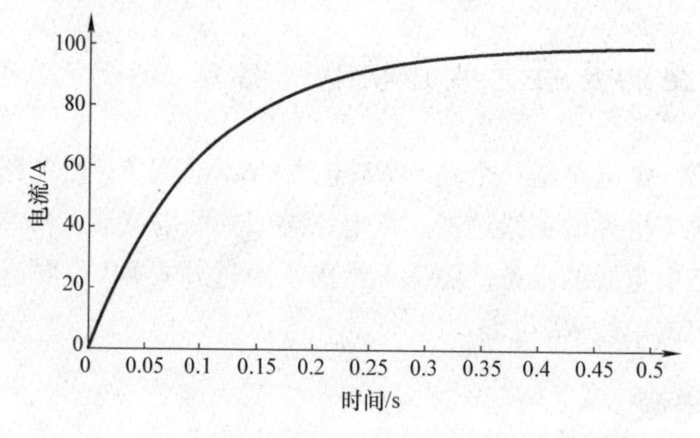

图 2.2　使用直流电压源时最初 0.5s 的负载电流

2.2.2 交流电源

前面的例子是直流电路的，但大多数电力系统使用交流电。电压源从直流到交流的变化导致方程和波形发生根本变化。

第一步是求解描述电路的式（2.12），并应用拉普拉斯变换得到式（2.13）。为了简化问题，这里认为电路在电压过零时闭合，并且在通电之前无负载，即 $I(0)=0\text{A}$。

$$V_{\mathrm{p}}\sin\omega t = RI + L\frac{\mathrm{d}I}{\mathrm{d}t} \tag{2.12}$$

$$V_{\mathrm{p}}\frac{\omega}{s^2+\omega^2} = I(R+sL) - I(0) \tag{2.13}$$

$$I = V_{\mathrm{p}}\frac{\omega}{s^2+\omega^2}\frac{1}{R+sL} = V_{\mathrm{p}}\frac{\omega}{L}\frac{1}{s^2+\omega^2}\frac{1}{s+\frac{R}{L}} \tag{2.14}$$

式（2.14）的求解需要用到式（2.15）和式（2.16）中使用的部分分式法，式中，$a=R/L$。

$$\frac{1}{s^2+\omega^2}\frac{1}{s+a} = \frac{As+B}{s^2+\omega^2} + \frac{C}{s+a} \tag{2.15}$$

$$\begin{Bmatrix} s^2: A+C=0 \\ s^1: Aa+B=0 \\ s^0: Ba+C\omega^2=0 \end{Bmatrix} \tag{2.16}$$

通过求解式（2.16），得到式（2.17）。先后在式（2.15）、式（2.14）中使用式（2.17），得到式（2.18）。

$$A = \frac{-1}{a^2+\omega^2} \wedge B = \frac{a}{a^2+\omega^2} \wedge C = \frac{1}{a^2+\omega^2} \tag{2.17}$$

$$\begin{aligned} I &= V_{\mathrm{p}}\frac{\omega}{L}\frac{1}{a^2+\omega^2}\left(\frac{-s+a}{\omega^2+s^2} + \frac{1}{s+a}\right) \\ &= V_{\mathrm{p}}\frac{\omega}{L}\frac{1}{a^2+\omega^2}\left(\frac{-s}{s^2+\omega^2} + \frac{a}{s^2+\omega^2} + \frac{1}{s+a}\right) \end{aligned} \tag{2.18}$$

对式（2.18）应用拉普拉斯逆变换，得到式（2.19）。请注意拉普拉斯变换的线性在这一例子中是有利的。

$$\begin{aligned} I(t) &= V_{\mathrm{p}}\frac{\omega}{L}\frac{1}{a^2+\omega^2}\left(-\cos\omega t + \frac{a}{\omega}\sin\omega t + \mathrm{e}^{-at}\right) \\ &= V_{\mathrm{p}}\frac{1}{\sqrt{a^2+\omega^2}}\left(-\frac{\omega}{\sqrt{a^2+\omega^2}}\cos\omega t + \frac{a}{\sqrt{a^2+\omega^2}}\sin\omega t + \frac{\omega}{\sqrt{a^2+\omega^2}}\mathrm{e}^{-at}\right) \end{aligned} \tag{2.19}$$

已知 RL 负载的功率因数 $\cos\varphi$ 由式（2.20）给出，等于式（2.21）。

$$\cos\varphi=\frac{R}{\sqrt{R^2+(\omega L)^2}} \tag{2.20}$$

$$\cos\varphi=\frac{R}{L\sqrt{\left(\frac{R}{L}\right)^2+\omega^2}}=\frac{a}{\sqrt{a^2+\omega^2}} \tag{2.21}$$

由此得到 $\sin\varphi$［式（2.22）］和 $\tan\varphi$［式（2.23）］。

$$\sin^2\varphi+\cos^2\varphi=1\Leftrightarrow\sin\varphi=\sqrt{1-\frac{a^2}{a^2+\omega^2}}=\frac{\omega}{a^2+\omega^2} \tag{2.22}$$

$$\tan\varphi=\frac{\sin\varphi}{\cos\varphi}=\frac{\omega}{a} \tag{2.23}$$

在式（2.19）中代入式（2.21）和式（2.22），得到式（2.24）。

$$I(t)=V_{\mathrm{p}}\frac{1}{\sqrt{a^2+\omega^2}}(-\sin\varphi\cos\omega t+\cos\varphi\sin\omega t+\mathrm{e}^{-at}\sin\varphi) \tag{2.24}$$

式（2.24）可以使用三角关系［见式（2.25）］进一步简化，得到式（2.26）。

$$\cos\varphi\sin\omega t-\sin\varphi\cos\omega t=\sin(\omega t-\varphi) \tag{2.25}$$

$$\begin{aligned}I(t)&=V_{\mathrm{p}}\frac{1}{\sqrt{a^2+\omega^2}}[\sin(\omega t-\varphi)+\mathrm{e}^{-at}\sin\varphi]\\&=V_{\mathrm{p}}\frac{1}{\sqrt{a^2+\omega^2}}\left\{\sin\left[\omega t-\arctan\left(\frac{\omega}{a}\right)\right]+\sin\left[\arctan\left(\frac{\omega}{a}\right)\right]\mathrm{e}^{-at}\right\}\\\Leftrightarrow I(t)&=\frac{V_{\mathrm{p}}}{\sqrt{R^2+(\omega L)^2}}\left\{\sin\left[\omega t-\arctan\left(\omega\frac{L}{R}\right)\right]-\sin\left[-\arctan\left(\omega\frac{L}{R}\right)\right]\mathrm{e}^{-\frac{R}{L}t}\right\}\end{aligned} \tag{2.26}$$

以上为假设在电压过零时闭合电路进而推导的公式。然而，电路可能在任意瞬间通电。以 θ 为闭合角度（见图 2.3）完成类似前述过程的推导，得到式（2.27）。

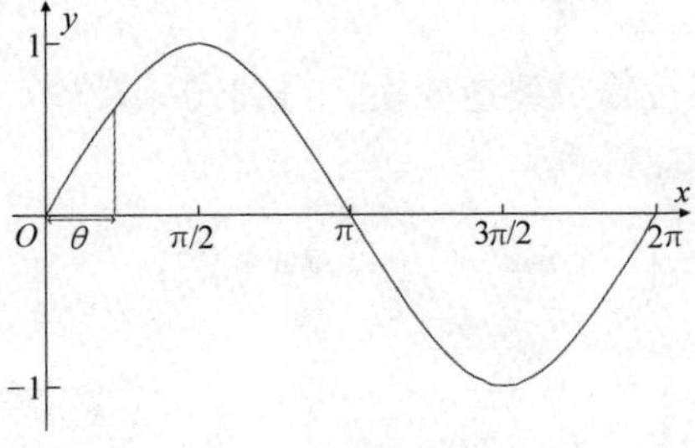

图 2.3　正弦波闭合角度

$$I(t)=\frac{V_{\mathrm{p}}}{\sqrt{R^2+(\omega L)^2}}\left\{\sin\left[\omega t+\theta-\arctan\left(\omega\frac{L}{R}\right)\right]-\sin\left[\theta-\arctan\left(\omega\frac{L}{R}\right)\right]\mathrm{e}^{-\frac{R}{L}t}\right\}\tag{2.27}$$

如前所述，并联电抗器基本相当于 RL 电路，如式（2.27）所描述。然而，并联电抗器的高电感通常比电阻大几百倍，因此能够将式（2.27）简化为更紧凑的下式。

$$I(t)=\frac{V_{\mathrm{p}}}{\sqrt{R^2+(\omega L)^2}}\left\{\sin\left(\omega t+\theta-\frac{\pi}{2}\right)-\sin\left(\theta-\frac{\pi}{2}\right)\mathrm{e}^{-\frac{R}{L}t}\right\}\tag{2.28}$$

我们得到了一个描述一般 RL 电路的方程，但还没有进行分析和解释。式（2.28）中的电流是以下两部分的和：

1）稳态部分（也称为强制响应）：$\sin\left(\omega t+\theta-\frac{\pi}{2}\right)$。

2）暂态部分（也称为固有响应）：$\sin\left(\theta-\frac{\pi}{2}\right)\mathrm{e}^{-\frac{R}{L}t}$。

电流的稳态部分，基本上是一个正弦波，在工作频率下振荡，与电压的相位差大约为 90°，与电路闭合时刻或条件无关。

电流的暂态部分，是衰减的直流电流，其幅值取决于初始条件，即电路闭合时刻和存储在电感中能量的大小。电感中存储的能量通常为零（$I(0)=0\mathrm{A}$），但根据 CB 的应用和类型，电路闭合时刻可以是任意的。

为了更好地理解电路闭合时刻的重要性，下面来看两个例子。

峰值电压通电：

峰值电压对 RL 负载通电相当于 $\theta=\pm 90°$。因此，暂态部分为零，电流仅有稳态部分。

图 2.4 给出了峰值电压对 RL 电路通电的波形，此时仅有稳态部分。

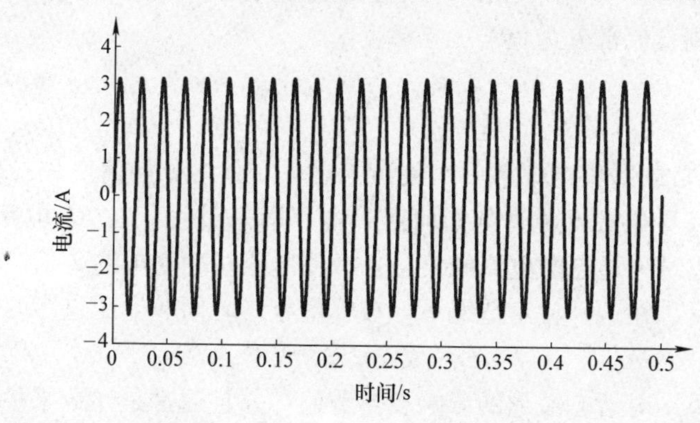

图 2.4　使用交流电压源并在峰值电压通电时前 0.5s 内的负载电流

电压过零通电：

电压过零对 RL 负载供电相当于 $\theta = 0°$。稳态部分与前面的例子相同，对于此电路的任何情况皆是如此。然而，暂态部分是截然不同的。

暂态部分是电感器电流需要保持连续性的结果。稳态电流部分与电压的相角差几乎为90°。由于电感的储能作用，电感中的电流必然是连续的。因此，通电瞬间暂态部分初始值与稳态电流取值相等、正负相反。如果当电压过零时对 RL 负载供电，则直流部分将处于峰值，且理论上等于稳态部分的峰值。

图 2.5 给出了电压过零时对 RL 电路供电的电流波形。注意，衰减的直流部分，其初始幅值等于稳态部分的峰值，约为 3.2A。直流部分的衰减速率取决于时间常数 R/L。时间常数越小，其阻抑暂态的时间越长。

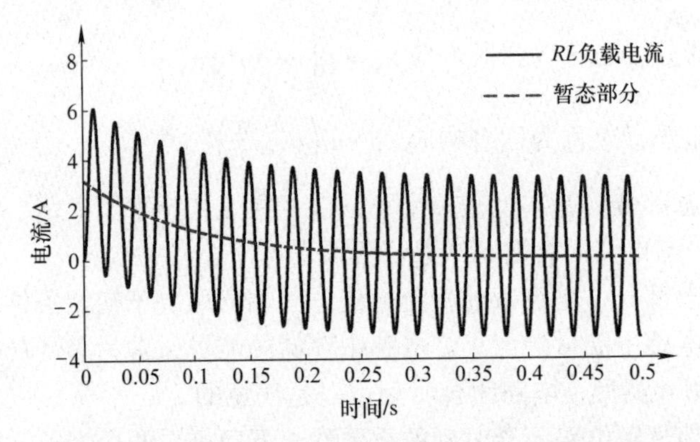

图 2.5 使用交流电压源并在电压过零时通电前 0.5s 内的负载电流

上一个例子中的直流部分为正，但它也可以是负的。在一个周期内，电压过零两次，直流部分此时取峰值。然而，直流部分的符号取决于电压的导数。如果电压从负值变为正值（导数为正），则直流部分为正；如果电压从正值变为负值（导数为负），则直流部分为负。

2.2.3 小结

本节在 RL 负载的供电中第一次接触了暂态。介绍了如何使用拉普拉斯变换来求解系统，以及开关闭合时刻如何影响电路瞬态过程。在 RL 电路的例子中，电路在电压过零时刻通电的电流峰值是在峰值电压时刻通电的 2 倍。因此，与许多人所想的相反，在这种特定情况下，在峰值电压时而非电压过零时刻通电更为有利。

开关闭合时刻对暂态波形的影响相当普遍，并且通常是导致平稳过渡还是非平稳过渡的原因。本书第 4 章将进一步阐释这一内容。

2.3 RC 电路的开断（或电容器组）

在分析过 RL 电路后，介绍的是 RC 电路。RC 电路也是一阶电路，其行为类似电容器组。图 2.6 所示的电路为由串联电阻和电容组成的单线 RC 电路，通过开关连接到电压源。

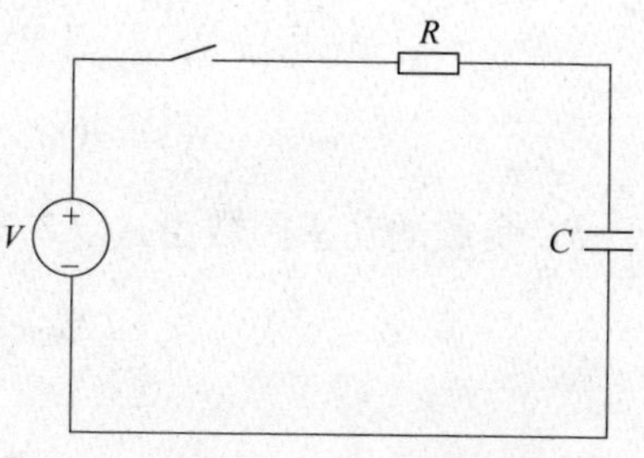

图 2.6 RC 负载的开断

2.3.1 交流电源

RC 负载行为类似直流电流的开路，其暂态与负载在峰值电压下连接到交流电源时获得的暂态相同。因此，下面对交流电源进行分析。像之前一样，首先要做的是写出式（2.29）所示的描述系统的方程并应用式（2.30）所示的拉普拉斯变换。为了推广及更加熟悉拉普拉斯变换，假定开断可能发生在任何给定的时刻。

$$V_{\mathrm{p}}\sin(\omega t+\varphi) = RI+\frac{1}{C}\int I\mathrm{d}t \tag{2.29}$$

$$V_{\mathrm{p}}\left(\frac{\omega\cos\varphi}{s^2+\omega^2}+\frac{s\sin\varphi}{s^2+\omega^2}\right)=RI+\frac{1}{C}\frac{I}{s}+\frac{0}{s}$$

$$\Leftrightarrow I=V_{\mathrm{p}}\frac{saC}{s+a}\left(\frac{\omega\cos\varphi}{s^2+\omega^2}+\frac{s\sin\varphi}{s^2+\omega^2}\right),\text{其中},a=\frac{1}{RC} \tag{2.30}$$

求解方程的最简方法是将式（2.31）的第二项分为两部分［见式（2.32）］。

$$I=V_{\mathrm{p}}aC\left(\frac{s\omega\cos\theta}{(s^2+\omega^2)+(s+a)}+\frac{s^2\sin\theta}{(s^2+\omega^2)+(s+a)}\right) \tag{2.31}$$

$$\begin{aligned}&(1)\quad \frac{s\omega\cos\theta}{(s^2+\omega^2)+(s+a)}\\&(2)\quad \frac{s^2\sin\theta}{(s^2+\omega^2)+(s+a)}\end{aligned} \tag{2.32}$$

通过将部分分数法应用于式（2.32），得到式（2.33）。将式（2.33）代入式（2.31），得到式（2.34）。

$$\begin{aligned}&(1)\quad \frac{\omega\cos\theta}{\omega^2+a^2}=\left(\frac{sa+\omega^2}{s^2+\omega^2}-\frac{a}{s+a}\right)\\&(2)\quad \frac{\sin\theta}{\omega^2+a^2}=\left(\frac{s\omega^2-\alpha\omega^2}{s^2+\omega^2}+\frac{a^2}{s+a}\right)\end{aligned} \tag{2.33}$$

$$I=V_{\mathrm{p}}\frac{aC}{a^2+\omega^2}\left[\omega\cos\theta\left(\frac{sa+\omega^2}{s^2+\omega^2}-\frac{a}{s+a}\right)+\sin\theta\left(\frac{s\omega^2-\alpha\omega^2}{s^2+\omega^2}+\frac{a^2}{s+a}\right)\right] \tag{2.34}$$

将拉普拉斯逆变换（表 2.1 给出的Ⅵ、Ⅷ和Ⅸ）应用于式（2.34），得到式（2.35）。

$$I(t)=V_{\mathrm{p}}\frac{aC}{a^2+\omega^2}[\omega(\cos\theta)(a\cos\omega t+\omega\sin\omega t-a\mathrm{e}^{-at})]$$
$$+\sin\theta(\omega^2\cos\omega t-a\omega\sin\omega t+a\mathrm{e}^{-at}) \tag{2.35}$$

RC 负载的功率因数由式（2.36）给出，等于式（2.37）。

$$\cos\varphi=\frac{R}{\sqrt{R^2+\left(\frac{1}{\omega C}\right)^2}} \tag{2.36}$$

$$\begin{aligned}\cos\varphi&=\frac{R}{\frac{1}{R}\sqrt{R^2+\left(\frac{1}{\omega C}\right)^2}}=\frac{1}{\sqrt{1+\left(\frac{1}{\omega RC}\right)^2}}\\&=\frac{1}{\frac{1}{\omega}\sqrt{\omega^2+\left(\frac{1}{RC}\right)^2}}=\frac{\omega}{\sqrt{\omega^2+a^2}}\end{aligned} \tag{2.37}$$

可由类似的关系得到 $\sin\varphi$［式（2.38）］和 $\tan\varphi$［式（2.39）］。

$$\sin^2\varphi+\cos^2\varphi=1\Leftrightarrow\sin\varphi=\sqrt{1-\frac{a^2}{a^2+\omega^2}}=\frac{\omega}{a^2+\omega^2} \tag{2.38}$$

$$\tan\varphi=\frac{\sin\varphi}{\cos\varphi}=\frac{\omega}{a} \tag{2.39}$$

代入式（2.37）~式（2.39）得到式（2.40）。

$$\begin{aligned}I(t)=&V_{\mathrm{p}}\frac{aC}{\sqrt{a^2+\omega^2}}\omega\cos\theta(\sin\varphi\cos\omega t+\cos\varphi\sin\omega t-\mathrm{e}^{-at}\sin\varphi)\\&+V_{\mathrm{p}}\frac{aC}{\sqrt{a^2+\omega^2}}\omega\sin\theta\left(\cos\varphi\cos\omega t+\sin\varphi\sin\omega t+\frac{a}{\omega}\mathrm{e}^{-at}\sin\varphi\right)\end{aligned} \tag{2.40}$$

式（2.40）可以使用三角关系［式（2.41）和式（2.42）］进一步简化，得到式（2.43）。

$$\sin\varphi\cos\omega t+\cos\varphi\sin\omega t=\sin(\omega t+\varphi) \tag{2.41}$$

$$\cos\varphi\cos\omega t+\sin\varphi\sin\omega t=\cos(\omega t+\varphi) \tag{2.42}$$

$$I(t)=V_{\mathrm{p}}\frac{aC}{\sqrt{a^2+\omega^2}}\left[\omega\cos\theta(\sin(\omega t+\varphi)-\mathrm{e}^{-at}\sin\varphi)+\omega\sin\theta\left(\cos(\omega t+\varphi)+\frac{a}{\omega}\mathrm{e}^{-at}\sin\varphi\right)\right] \tag{2.43}$$

式（2.43）可写为

$$I(t)=\frac{V_{\mathrm{p}}}{\sqrt{R^{2}+\left(\frac{1}{\omega C}\right)^{2}}}\cos\theta\left\{\sin\left[\omega t+\arctan\left(\frac{1}{\omega RC}\right)\right]-\sin\left[\arctan\left(\frac{1}{\omega RC}\right)\right]\mathrm{e}^{-\frac{1}{RC}t}\right\}+$$
$$\frac{V_{\mathrm{p}}}{\sqrt{R^{2}+\left(\frac{1}{\omega C}\right)^{2}}}\sin\theta\left\{\cos\left[\omega t+\arctan\left(\frac{1}{\omega RC}\right)\right]-\frac{1}{\omega RC}\sin\left[\arctan\left(\frac{1}{\omega RC}\right)\right]\mathrm{e}^{-\frac{1}{RC}t}\right\}$$

(2.44)

无论是电缆或电容器组中的电容，都为微法量级。因此，式（2.44）可以简化为

$$I(t)=\frac{V_{\mathrm{p}}}{\sqrt{R^{2}+\left(\frac{1}{\omega C}\right)^{2}}}\left\{\cos\theta\left[\sin\left(\omega t+\frac{\pi}{2}\right)-\mathrm{e}^{-\frac{1}{RC}t}\right]+\sin\theta\left[\cos\left(\omega t+\frac{\pi}{2}\right)+\frac{1}{\omega RC}\mathrm{e}^{-\frac{1}{RC}t}\right]\right\}$$

(2.45)

通常，具有微法量级的电容会导致时间常数 $\tau=RC$ 的值较低。这意味着电暂态在几微秒内减弱。在选择模拟时间步长时必须考虑这一点。

电压过零通电：

像之前一样，将分别分析电压过零和峰值电压时刻给负载通电两种情况，并从前者开始。

电压过零时刻给 RC 负载通电相当于 $\theta=0°$。因此，式（2.45）可以简化为

$$I(t)=\frac{V_{\mathrm{p}}}{\sqrt{R^{2}+\left(\frac{1}{\omega C}\right)^{2}}}\left[\sin\left(\omega t+\frac{\pi}{2}\right)-\mathrm{e}^{-\frac{1}{RC}t}\right]\qquad(2.46)$$

等式显示，电流从零开始，并随着暂态部分的衰减而上升。之前已经指出，时间常数通常非常小，暂态部分在几微秒内衰减。因此，电流在几微秒内上升到大致等于峰值（请记住，最大值附近的正弦函数幅度变化非常慢）。

图2.7给出了连接到100V峰值电压源、电阻为1Ω、电容为1μF的 RC 负载

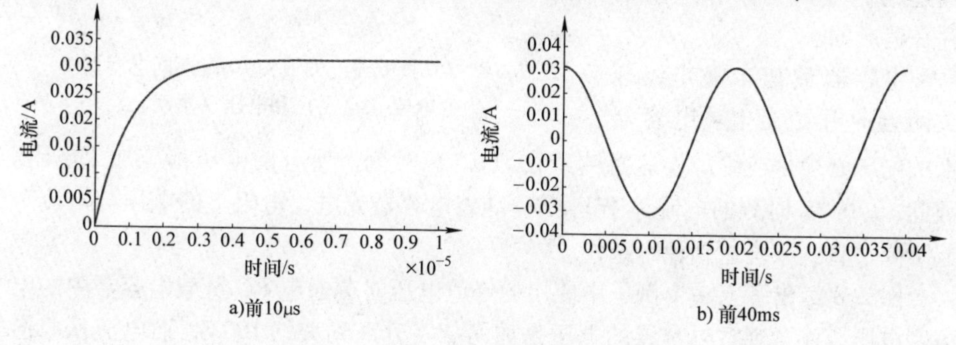

图2.7　在电压过零时刻通电的负载电流

的通电暂态过程。图 2.7a 所示放大了通电的前 10μs，可看到电流仅在 5μs 内便达到峰值，这一瞬间之后只有稳态电流存在。

峰值电压通电：

峰值电压时刻对 RC 负载通电相当于 $\theta = \pm 90°$。因此，式（2.45）可以简化为

$$I(t) = \pm \frac{V_{\mathrm{P}}}{\sqrt{R^2 + \left(\frac{1}{\omega C}\right)^2}} \left[\cos\left(\omega t + \frac{\pi}{2}\right) + \frac{1}{\omega RC} \mathrm{e}^{-\frac{1}{RC}t} \right] \tag{2.47}$$

分析表明，电流瞬间从 0A 跃升至近似等于 V_{P}/R。有些读者现在可能有点困惑，因为据其所学电流瞬间变化是不可能的。

此处，需要区分电场和磁场。电容器是在电场中存储能量的元件，而电感器是在磁场中存储能量的元件。

电场变化需要由电流变化引起的相反的电压或充电变化。因此，电压的瞬变需要无穷大的电流、无穷大的功率，而这是不可能的。换言之，电荷必须守恒，电容器的电压因此必然是连续的。

例如，电容器的电压—电流关系［见（2.48）］。如果电压突然变化，就像电容器连接到理想电压源一样，$\mathrm{d}V/\mathrm{d}t$ 的值将是无穷大的，电流也将如此。

$$I(t) = C\frac{\mathrm{d}V}{\mathrm{d}t} \tag{2.48}$$

类似的情况发生在磁场中，其中电流的变化与电动势（即电压）相反。因此，电流的瞬变将需要无穷大的电压。

回到前文 RC 例子，可以看到电流发生瞬变，但并不是达到无穷大。这种差异是前述电荷守恒定律和电阻的存在造成的。

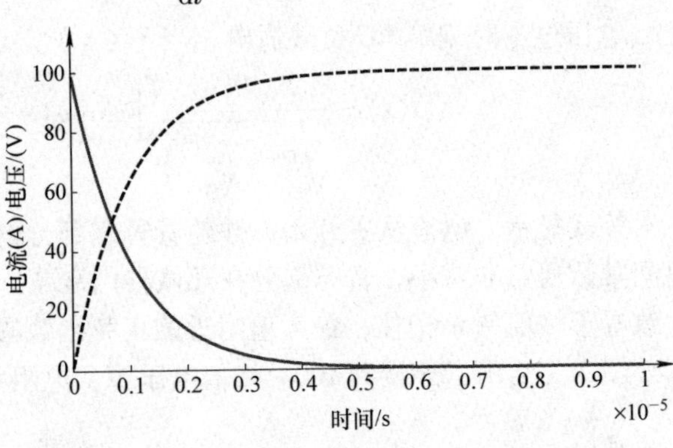

图 2.8　RC 负载通电的最初 10μs 期间电容器中的电流（实线）和电压（虚线）

电容器最初未充电，开关闭合时开始充电。电容器上的电压必须是连续的，这意味着在 $t(0^+)$ 时刻，所有的电压都施加于电阻。因此，$t(0^+)$ 时刻的电流等于 V_{P}/R。随着电容器充电，电阻上的电压与电流一起下降，直到系统达到稳态条件。

图 2.8 给出了上一个例子中使用的峰值电压时刻通电 RC 负载电容器中的电流和电压。注意观察电容器的电压是如何从零升高到大约 100V，而电流从峰值降低到稳态的。

在这种特殊情况下，电阻为1Ω，电阻上的电压值等于电流值。因此，在任何给定时刻，两条曲线的总和等于源电压值。

电容器组非常类似 *RC* 电路。如果不采取额外的预防措施，电容器组通电时刻将存在大电流。这种电流被称为浪涌电流，具有大幅值和高频率。

然而，实际电路也具有一些电感，这可以降低浪涌电流的幅值和频率，更重要的是保证电流的连续性，即不会发生 *RC* 电路中的电流跃变。

2.3.2　时间步长的重要性

可以看到 *RC* 负载的通电暂态在几毫秒内就衰减了。因此，在 EMTP 类软件中模拟此现象时，需要特别注意时间步长的选择。

图 2.9 给出了 EMTDC/PSCAD 中不同仿真时间步长下通电期间 *RC* 负载中的电流。这三种情况下峰值电流不同；时间步长越小，峰值电流越高。

该特定示例的时间常数为1μs。因此，1μs 的峰值电流约为 30A，记住时间常数是电流衰减 63.2% 所需的时间。

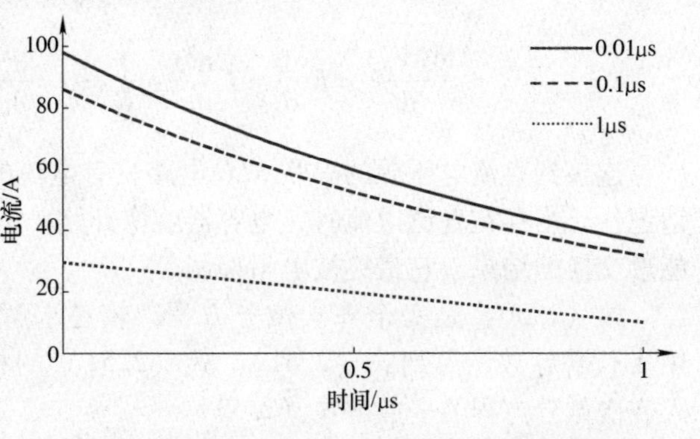

图 2.9　不同时间步长下最初 10μs 电容器中的电流

这个简单的例子说明了选择好时间步长的重要性，以及使用极小时间步长的必要性。但是，为了减少模拟运行时间，希望时间步长尽可能大。因此，有必要学习如何选择正确的时间步长以得到预期的现象。

2.3.3　小结

本节分析了 *RC* 负载的通电，介绍了应用拉普拉斯变换的又一个例子，开断瞬间函数的暂态变化，以及若在峰值电压时刻给负载通电，暂态电流和频率可能相当高。

与 *RL* 负载相反，若在电压过零时刻通电，暂态过程“更平滑”，而在峰值电压时刻通电则可能带来更多问题。

最后，讨论了时间步长是如何影响结果的，以及选择合适时间步长的重要性。

2.4　*RLC* 电路的开断

集总参数电路的最后一个例子是 *RLC* 电路。*RLC* 电路是二阶电路，因为同时存在电场和磁场，其行为比前两个示例更复杂。

电阻、电感、电容这三种元件的组合可以在一定程度上描述现实生活中存在的许多电气设备。例如，电容器组可以描述为电阻器和电容器，但它连接的不是理想电压源。实际上，两个元件之间总会存在一些电感，使电路类似于 RLC 电路。另一个例子是用于表示架空线或电缆的 π 模型，我们将在以后的章节中使用。

2.4.1　直流电源

式（2.49）描述了连接到直流电压源的串联 RLC 电路，其频域表达式如式（2.50）所示。注：对于并联 RLC 电路，请参阅习题。

$$V = RI + L\frac{\mathrm{d}I}{\mathrm{d}t} + \frac{1}{C}\int I\mathrm{d}t \tag{2.49}$$

$$\frac{\mathrm{d}(V_{\mathrm{p}})}{\mathrm{d}t} = R\frac{\mathrm{d}I}{\mathrm{d}t} + L\frac{\mathrm{d}^2 I}{\mathrm{d}t^2} + \frac{I}{C} \Leftrightarrow 0 = \frac{\mathrm{d}^2 I}{\mathrm{d}t^2} + \frac{R}{L}\frac{\mathrm{d}I}{\mathrm{d}t} + \frac{I}{LC} \tag{2.50}$$

连接到直流电压源的串联 RLC 电路只有电流的暂态部分，而稳态电流为零。请记住，当存在直流电流时，电容器就像开路。暂态部分是电容器和电感器之间能量交换的结果，它最终被电阻抑制。

式（2.50）是一个齐次微分方程，较易求解，不需要使用拉普拉斯变换。用 λ 代替导数，得到式（2.51）。式（2.51）的根由式（2.52）计算，然后代入齐次微分方程的一般解式（2.53）。

$$0 = \lambda^2 + \frac{R}{L}\lambda + \frac{I}{LC} \tag{2.51}$$

$$\lambda_{1,2} = \frac{R}{2L} \pm \sqrt{\left(\frac{R}{2L}\right)^2 - \frac{1}{LC}} \tag{2.52}$$

$$I(t) = C_1 \mathrm{e}^{\lambda_1 t} + C_2 \mathrm{e}^{\lambda_2 t} \tag{2.53}$$

根解（$\lambda_{1,2}$）可以是三种类型之一，每种都有不同的解。

两个不同的实根：$(R/2L)^2 > 1/(LC)$→过阻尼电路

两个共轭复数根：$(R/2L)^2 < 1/(LC)$→欠阻尼电路（振荡）

双根：$(R/2L)^2 = 1/(LC)$→临界阻尼电路。

我们仍然需要计算 C_1 和 C_2 的值，而其取决于系统的初始条件。有两个变量，意味着需要两个方程［见式(2.54)］。

$$\begin{cases} I(0) = C_1 + C_2 \\ \dot{I}(0) = \lambda_1 C_1 + \lambda_2 C_2 \end{cases} \tag{2.54}$$

电路在开关闭合之前是断电的，因此 $I(0)$ 的值为零。

为了计算$\dot{I}(0)$的值，我们需要进行一些推算。*RLC* 电路同时具有电容和电感，因此其电压（因为电容）或电流（因为电感）不会突变。由于电流不能突变，其在 $t=0^+$ 时刻的值为 0A，电阻上不存在电压降。因此，所有的电压都施加于电感［见式(2.55)］。

$$V(0^+) = L\frac{\mathrm{d}I}{\mathrm{d}t}\bigg|_{t=0^+} \Rightarrow \dot{I} = \frac{V}{L} \tag{2.55}$$

代入式（2.54），得到式（2.56）。

$$\begin{cases} 0 = C_1 + C_2 \\ \dfrac{V}{L} = \lambda_1 C_1 + \lambda_2 C_2 \end{cases} \tag{2.56}$$

示例：

在以下示例中，考虑三种可能的情况：

1. 过阻尼电路：$V=100\text{V}$；$L=0.1\text{H}$；$C=1\mu\text{F}$；$R=1000\Omega$；
2. 欠阻尼电路：$V=100\text{V}$；$L=0.1\text{H}$；$C=1\mu\text{F}$；$R=100\Omega$；
3. 临界阻尼电路：$V=100\text{V}$；$L=0.1\text{H}$；$C=1\mu\text{F}$；$R=633\Omega$。

第一步是计算每种情况的根的值：

1. $\lambda_1 = -1273$；$\lambda_2 = -8873$；
2. $\lambda_{1,2} = -500 \pm \mathrm{j}3123$；
3. $\lambda_{1,2} \sim 3161$（实际上，由于 R 是无理数，两根之间存在微小差值）。

下一步是计算常数 C_1 和 C_2 的值。初始电流为零，因此对于所有情况，$C_1 = -C_2$。

1. $C_1 = -C_2 = 0.1291$；
2. $C_1 = -C_2 = -\mathrm{j}0.1601$；
3. $C_1 = -C_2 = 341$。

三种情况的暂态电流如图 2.10 所示：

1. 电流上升到峰值，然后下降到零；
2. 电流在零附近振荡，随着时间推移衰减。在 *LC* 电路中，电流以大致相同的频率继续振荡，但不会衰减；
3. 与情况 1 相同，但这是极限情况。如果电阻更小，电感和电容相同，则会发生振荡。

2.4.2　交流电源

也许有人认为，将 *RLC* 负载连接到交流电源时获得的暂态与连接到等效的直流源（即相同峰值）会完全不同。不过，我们会发现，这不一定成立。

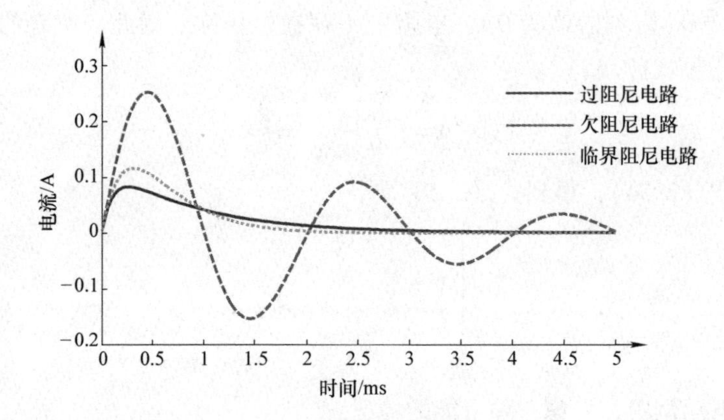

图 2.10 在 RLC 电路通电期间的电流

我们首先写出描述系统的时域方程（2.57），将其简化为式（2.58），并应用拉普拉斯变换［见式(2.59)］。

$$V_{\mathrm{p}} = \sin(\omega t+\theta)RI + L\frac{\mathrm{d}I}{\mathrm{d}t} + \frac{1}{C}\int I\mathrm{d}t \tag{2.57}$$

$$\frac{\mathrm{d}(V_{\mathrm{p}}\sin(\omega t+\theta))}{\mathrm{d}t} = R\frac{\mathrm{d}I}{\mathrm{d}t} + L\frac{\mathrm{d}^2 I}{\mathrm{d}t^2} + \frac{I}{C} \Leftrightarrow V_{\mathrm{p}}\sin(\omega t+\theta) = L\frac{\mathrm{d}^2 I}{\mathrm{d}t^2} + R\frac{\mathrm{d}I}{\mathrm{d}t} + \frac{I}{C} \tag{2.58}$$

$$V_{\mathrm{p\omega}} = \left(\frac{s\cos\theta}{s^2+\omega^2} - \frac{\omega\sin\theta}{s^2+\omega^2}\right) = I\left(s^2 L + sR + \frac{1}{C}\right) - sLI(0) - L\dot{I}(0) - RI(0) \tag{2.59}$$

我们已经从前面的章节知道，由于电流的连续性，t_0 时刻的电流为零，且这一瞬间的电流导数为 $V_{\mathrm{P}}(0)/L$。因此，式（2.59）变为式（2.60）。

$$V_{\mathrm{p\omega}} = \left(\frac{s\cos(\theta)}{s^2+\omega^2} - \frac{\omega\sin(\theta)}{s^2+\omega^2}\right) = I\left(s^2 L + sR + \frac{1}{C}\right) - L\frac{V_{\mathrm{P}}(0)}{L} \tag{2.60}$$

此时，我们可以像前述章节一样使用拉普拉斯变换来解决，但这并无必要。电流是强制和固有响应的和［见式（2.61）］。

$$I(t) = I_{\mathrm{f}}(t) + I_{\mathrm{h}}(t) \tag{2.61}$$

强制响应部分即稳态部分，很容易获得式（2.62）。

$$I_{\mathrm{f}}(t)=\frac{V_{\mathrm{p}}}{\sqrt{R^{2}+\left(\omega L-\frac{1}{\omega C}\right)^{2}}}\sin\left[\omega t+\theta-\arctan\left(\frac{\omega L-\frac{1}{\omega C}}{R}\right)\right] \tag{2.62}$$

固有响应部分与使用直流电源时获得的固有部分相似，不同之处在于 $V_{\mathrm{P}}(0)$ 的值取决于开关闭合时刻，并且电压的导数不再为零。关系式（2.63）仍然有效，但需要计算 $I_{\mathrm{h}}(0)$ 和 $\dot{I}_{\mathrm{h}}(0)$ 的值。直流电源示例中的前提仍然有效；初始电流必须为零，因此有式（2.64），并且在 $t=0$ 时刻，电流的导数值仍然通过由电感器承担全部电压而给出。因此，齐次电流部分的导数由式（2.65）给出。变量 λ_1 和 λ_2 仍由式（2.52）计算。

$$\begin{cases}I_{\mathrm{h}}(t)=C_{1}+C_{2}\\ \dot{I}_{\mathrm{h}}(t)=\lambda_{1}C_{1}+\lambda_{2}C_{2}\end{cases} \tag{2.63}$$

$$I(0)=0\Leftrightarrow I_{\mathrm{h}}(0)=-I_{\mathrm{f}}(0) \tag{2.64}$$

$$\begin{aligned}\dot{I}(0)&=\dot{I}_{\mathrm{h}}(0)+\dot{I}_{\mathrm{f}}(0)\Rightarrow\dot{I}_{\mathrm{h}}(0)\\ &=\left(\frac{V_{\mathrm{p}\omega}}{\sqrt{R^{2}+\left(\omega L-\frac{1}{\omega C}\right)^{2}}}\cos\left(\theta-\arctan\left(\frac{\omega L-\frac{1}{\omega C}}{R}\right)\right)\right)-\left(\frac{V_{\mathrm{p}}}{L}\sin(\theta)\right)\end{aligned} \tag{2.65}$$

将式（2.64）和式（2.65）代入式（2.63），得到 C_1 和 C_2［见式(2.66)］。将结果代入式（2.61），获得连接到交流电源时 RLC 负载中电流的一般表达式（2.67）。

$$\begin{cases}C_{1}=\dfrac{\dot{I}_{\mathrm{h}}(0)+I_{\mathrm{f}}(0)\lambda_{2}}{\lambda_{1}-\lambda_{2}}\\[2ex] C_{2}=\dfrac{\dot{I}_{\mathrm{h}}(0)+I_{\mathrm{f}}(0)\lambda_{1}}{\lambda_{2}-\lambda_{1}}\end{cases} \tag{2.66}$$

$$\begin{aligned}I(t)=&\frac{V_{\mathrm{p}}}{\sqrt{R^{2}+\left(\omega L-\frac{1}{\omega C}\right)^{2}}}\sin\left(\omega t+\theta-\arctan\left(\frac{\omega L-\frac{1}{\omega C}}{R}\right)\right)\\ &+\frac{\dot{I}_{\mathrm{h}}(0)+I_{\mathrm{f}}(0)\lambda_{2}}{\lambda_{1}-\lambda_{2}}\mathrm{e}^{\lambda_{1}t}+\frac{\dot{I}_{\mathrm{h}}(0)+I_{\mathrm{f}}(0)\lambda_{1}}{\lambda_{2}-\lambda_{1}}\mathrm{e}^{\lambda_{2}t}\end{aligned} \tag{2.67}$$

图 2.11 分别表示在电压过零时刻和峰值电压时刻通电的电流。仿真参数为

$V_P = 100V$；$L = 0.1H$；$C = 1\mu F$；$R = 100\Omega$。

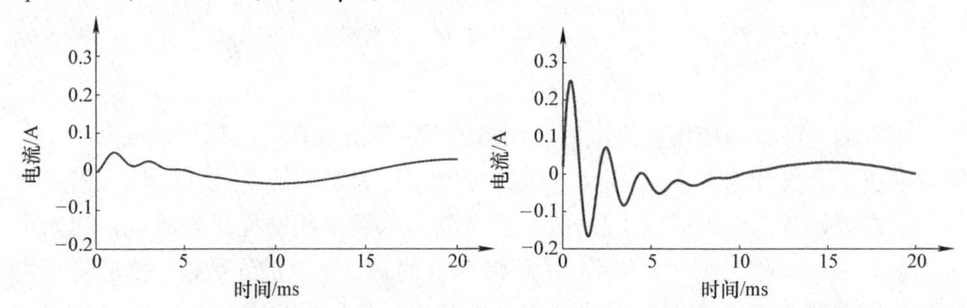

图 2.11　在 *RLC* 负载通电期间的电流。左图为 $\theta = 0°$时刻通电，右图为 $\theta = 90°$时刻通电

请注意，在峰值电压时刻通电与使用相同幅度直流电源和相同负载通电，所得到的波形在形状和幅度上都极为相似。固有响应部分取决于通电瞬间的电压值和负载初始状态。

电压初始状态和负载初始状态在两种情况下都是相同的。两种情况之间存在微小差异，因为 $t = 0$ 时刻强制响应部分不为零。然而，由于这一部分接近零，所以两个波形之间的差异非常小。

我们还应注意到，与使用直流电源供电时相同，固有响应波形受到负载参数的影响。作为示例，如果电阻器为 1000Ω，则将存在过阻尼振荡。

到目前为止，我们一直专注于电流行为，而没有太关注电压。正如电流有暂态波形，电压也存在暂态波形。

每个元件的两端的电压是电流的函数：若是电阻器则为线性函数，若是电感器则为导数函数，若是电容器则为积分函数。因此，在峰值电压时刻通电时，元件两端电压预计更大，因为这种情况下幅度和电流变化都更大。

图 2.12 显示了在电压过零时刻和峰值电压时刻通电的电容器两端电压。我们可以看出，第二种情况下电压幅度明显较大。

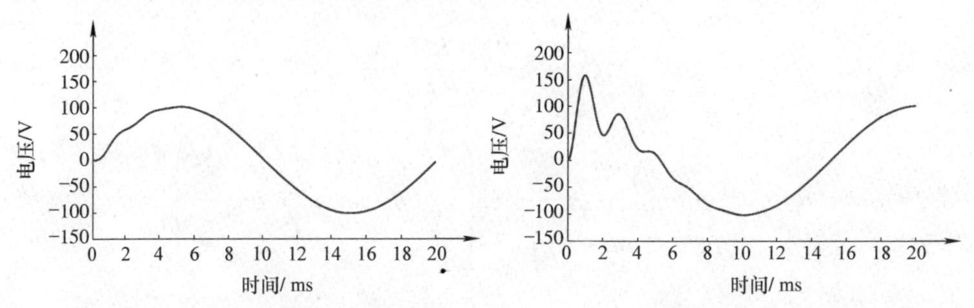

图 2.12　在 *RLC* 负载通电期间的电容器电压。左图为 $\theta = 0°$时刻通电，右图为 $\theta = 90°$时刻通电

我们将在接下来的章节回顾这个主题，以更好地理解在闭合电缆时为何开关闭合时刻成为一个需确定的参数。

2.4.3　小结

在本节中，我们分析了 RLC 电路，并观察其行为如何受开关闭合时刻和负载参数的强烈影响。我们看到电流或电压如何分为两种类型，即强制和固有状态。强制状态存在于稳态系统，而固有状态是瞬变状态，总电流或电压是两种状态之和。

方程未以拉普拉斯变换求解，以向读者展示其他可能性。然而，我们仍可以使用拉普拉斯变换来求解该系统。事实上，这是接下来的习题之一，解答可在网上找到。

2.5　习题

1）用拉普拉斯变换求取 2.4 节中 RLC 电路（直流电源）的电流表达式。

答案：

$$I=\frac{V}{L}\left(\frac{\dfrac{1}{2\sqrt{\left(\dfrac{R}{2L}\right)^2-\left(\dfrac{1}{\sqrt{LC}}\right)^2}}}{s-\left(-\dfrac{R}{2L}-\sqrt{\left(\dfrac{R}{2L}\right)^2-\left(\dfrac{1}{\sqrt{LC}}\right)^2}\right)}-\frac{\dfrac{1}{2\sqrt{\left(\dfrac{R}{2L}\right)^2-\left(\dfrac{1}{\sqrt{LC}}\right)^2}}}{s-\left(-\dfrac{R}{2L}+\sqrt{\left(\dfrac{R}{2L}\right)^2-\left(\dfrac{1}{\sqrt{LC}}\right)^2}\right)}\right)$$

2）重复习题 1，但改为并联 RLC 电路，分别讨论连接到直流和交流电压源的情况。

答案：

$$I(t)=\frac{V}{R}+\frac{V}{L}t+VC\delta(t)\,;I=\frac{V\sin\omega t}{R}+\frac{V}{\omega L}-\frac{V}{\omega L}\cos\omega t+\omega CV\cos\omega t$$

3）使用 π 模型求取连接到交流电源的线路受端的瞬态电压表达式。在峰值电压时刻通电，参数如下：$R=0.62\Omega$；$L=44.7\text{mH}$；$C=3.9\mu\text{F}$；$V_P=100\text{kV}$。

答案：$V_2=\dfrac{1}{1.95\times10^{-6}}(0.2\cos\omega t+\mathrm{e}^{-6.94t}(4\times10^{-4}\sin(3387t)+0.2\cos(3387t)))$

4）对于上题的 π 模型，求取线路送端电流表达式。

答案：$I(t)=-61.26\sin\omega t-61.75\sin\omega t-\mathrm{e}^{-6.94t}(666\sin3387t)$

参考资料与扩展阅读

1. Kreyszig Erwin (1988) Advanced engineering mathematics, 6th edn. Wiley, New York
2. Greenwood Allan (1991) Electrical transients in power systems, 2nd edn. Wiley, New York
3. David Irwin J, Mark Nelms R (2008) Basic engineering circuit analysis, 9th edn. Wiley, New York

第3章　行　波

3.1　引言

在开始分析高压交流电缆使用过程中的相关暂态现象之前，我们应当了解模拟中使用的模型背后的数学和物理学。

本章通过解释如何计算串联阻抗和导纳矩阵，回顾了一些行波经典理论，深入研究了地下电缆的建模。本章还介绍了对一些电磁暂态现象的简单表述所必需的模态方程。

3.2　电报方程

为了得到线路（无论是电缆或架空线）的建模，我们将基尔霍夫定律应用到如图3.1所示的电路中，该图代表线路的微元段。从而得到式（3.1）和式（3.2）。注意，有必要使用偏导数，因为电流与电压是关于时间和距离的函数。

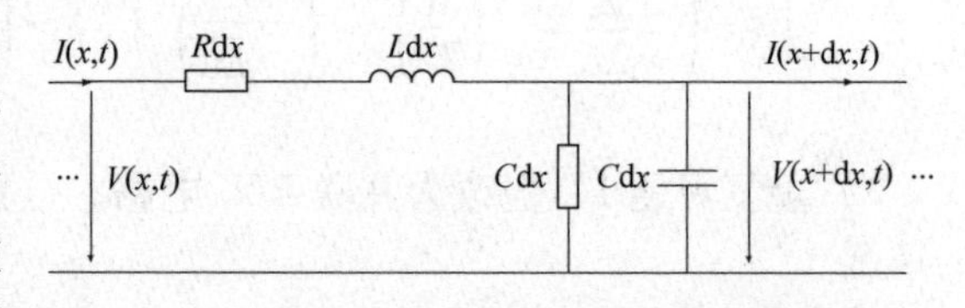

图3.1　长度为dx电缆的等效单相电路

$$V(x,t)-V(x+\mathrm{d}x,\mathrm{d}t)=R\mathrm{d}x\cdot I(x,t)+L\mathrm{d}x\frac{\partial I(x,t)}{\partial t} \tag{3.1}$$

$$I(x,t)-I(x+\mathrm{d}x,t)=G\mathrm{d}x\cdot V(x,t)+C\mathrm{d}x\frac{\partial V(x,t)}{\partial t} \tag{3.2}$$

3.2.1　时域

为了简单起见，我们认为线路是无损的。因此，方程（3.1）和方程（3.2）可写为方程（3.3）和方程（3.4），也称为无损线路的电报方程。

$$V(x,t)-V(x+\mathrm{d}x,\mathrm{d}t)=L\mathrm{d}x\frac{\partial I(x,t)}{\partial t}\Leftrightarrow\frac{\partial V(x,t)}{\partial x}=-L\mathrm{d}x\frac{\partial I(x,t)}{\partial t} \tag{3.3}$$

$$I(x,t)-I(x+\mathrm{d}x,t)=C\mathrm{d}x\frac{\partial V(x,t)}{\partial t}\Leftrightarrow\frac{\partial I(x,t)}{\partial x}=-C\mathrm{d}x\frac{\partial V(x,t)}{\partial t} \tag{3.4}$$

方程可以进一步发展为方程（3.5）和方程（3.6），其典型解在方程（3.7）

和方程（3.8）中给出。

$$\frac{\partial^2 V(x,t)}{\partial x^2}=LC\frac{\partial^2 V(x,t)}{\partial t^2} \tag{3.5}$$

$$\frac{\partial^2 I(x,t)}{\partial x^2}=LC\frac{\partial^2 I(x,t)}{\partial t^2} \tag{3.6}$$

$$V(x,t)=V^+(t-\sqrt{LC}x)+V^-(t+\sqrt{LC}x) \tag{3.7}$$

$$I(x,t)=I^+(t-\sqrt{LC}x)+I^-(t+\sqrt{LC}x) \tag{3.8}$$

此时我们需要对方程进行物理分析，以理解它们描述的内容。我们可以看出，电压和电流都有两个分量 V^+/I^+ 和 V^-/I^-，分别是正向波和反向波。如名称所示，正向波为沿线路正方向传播的波（通常从送端传向受端），反向波为沿负方向传播的波。总波为给定时刻与线路给定位置两个分量的叠加。

这两个分量的物理意义相当简单。想像一下发电机将一个波形发送到一条开路上。波在线路中（作为正向波）传播，直到线路末端被反射回来；在这个瞬间之后，线路中的波是由发电机发送的波（正向波）及其反射（反向波）的叠加。

现在，一些读者会注意到无损波的传播速度由 $1/\sqrt{LC}$ 给出。换句话说，波速只取决于线路性质，而与长度和发送信号无关。因此，如果单位长度参数不同的两条线路相连，则波在每条线路中以不同的速度传播。这在模拟电缆与架空线组成的混合线路中的暂态时非常重要，此时电缆中波速约为 180m/μs，架空线中波速约为 280m/μs。

读者可能会问，前述电缆与架空线的典型波速是否总是成立。事实上，它们在大多数情况下是成立的。在上一章中，我们介绍了如何计算电感和电容。独立导体的电感和电容分别用式（3.9）和式（3.10）计算，其中，a 和 b 分别是导体和绝缘体的半径。

$$C=\frac{2\pi\varepsilon}{\ln\left(\frac{b}{a}\right)} \tag{3.9}$$

$$L=\frac{\mu}{2\pi}\ln\left(\frac{b}{a}\right) \tag{3.10}$$

将这些值代入速度公式，得到式（3.11）：

$$v=\frac{1}{\sqrt{LC}}=\frac{1}{\sqrt{\mu\varepsilon}}\simeq\frac{1}{\sqrt{\mu_0 2.5\varepsilon_0}}\simeq\frac{1}{\sqrt{2.5}}c\simeq 190\text{m}/\mu\text{s} \tag{3.11}$$

3.2.2 频域

我们已经看到了波在时域中的行为，现在我们可以开始研究频域。

方程（3.1）和方程（3.2）可以转换为频域方程（3.12）和（3.13）。请注意，此时方程式适用于稳态条件，并且线路不再是无损的。

$$-\frac{dV(x,\omega)}{dx}=[R(\omega)+j\omega L(\omega)]I(x,\omega) \tag{3.12}$$

$$-\frac{dI(x,\omega)}{dx}=[G(\omega)+j\omega G(\omega)]V(x,\omega) \tag{3.13}$$

推导方程（3.12）和（3.13）分别得到方程（3.14）和（3.15）。

$$\begin{aligned}\frac{d^2V(x,\omega)}{dx^2}&=[R(\omega)+j\omega L(\omega)]\times\left[-\frac{dI(x,\omega)}{dx}\right]\\&=\{[R(\omega)+j\omega L(\omega)][G(\omega)+j\omega C(\omega)]\}V(x,\omega)\end{aligned} \tag{3.14}$$

$$\begin{aligned}\frac{d^2I(x,\omega)}{dx^2}&=[G(\omega)+j\omega C(\omega)]\frac{dV(x,\omega)}{dx}\\&=\{[G(\omega)+j\omega C(\omega)][R(\omega)+j\omega L(\omega)]\}I(x,\omega)\end{aligned} \tag{3.15}$$

一般线路的特征阻抗和传播常数分别由式（3.16）和式（3.17）定义。这两个数相当重要，因为它们既能简化方程，同时又可以提供线路中波行为的重要信息。

$$Z_0(\omega)=\sqrt{\frac{R(\omega)+j\omega L(\omega)}{G(\omega)+j\omega C(\omega)}} \tag{3.16}$$

$$\gamma(\omega)=\sqrt{[R(\omega)+j\omega L(\omega)]\times[G(\omega)+j\omega C(\omega)]} \tag{3.17}$$

传播常数式（3.17）可代入式（3.14）和式（3.15），使之分别简化为式（3.18）和式（3.19）。

$$\frac{d^2V(x,\omega)}{dx^2}=\gamma^2(\omega)V(x,\omega) \tag{3.18}$$

$$\frac{d^2I(x,\omega)}{dx^2}=\gamma^2(\omega)I(x,\omega) \tag{3.19}$$

式（3.18）和式（3.19）是普通微分方程，其典型解分别由式（3.20）和式（3.21）给出，其中 A 和 B 是必须使用系统初始条件计算的常数，简单起见，我们认为 $x=0$。

$$V(x,\omega)=A_1e^{-\gamma x}+A_2e^{\gamma x} \tag{3.20}$$

$$I(x,\omega)=B_1e^{-\gamma x}+B_2e^{\gamma x} \tag{3.21}$$

在计算常数之前，我们需要了解电压和电流之间的重要关系。我们知道电压和电流之间的关系与阻抗有关，对线路而言特征阻抗由式（3.16）给出。因此，电流方程（3.21）可写为式（3.22），电压和电流都使用相同的常数。

$$I(x,\omega)=\frac{A_1}{Z_0}e^{-\gamma x}-\frac{A_2}{Z_0}e^{\gamma x} \tag{3.22}$$

现在我们可以通过使用线路送端的电压和电流来方便地计算常数，见式（3.23）。

$$\begin{cases} V_S = A_1 + A_2 \\ I_S = \dfrac{A_1 - A_2}{Z_0} \end{cases} \Leftrightarrow \begin{cases} A_1 = \dfrac{V_S + Z_0 I_S}{2} \\ A_2 = \dfrac{V_S - Z_0 I_S}{2} \end{cases} \tag{3.23}$$

我们可以使用双曲函数进一步推导方程。最终，电压和电流可分别写为式（3.24）和式（3.25）。

$$V(x,\omega) = V_S \cosh[x\gamma(\omega)] - Z_0 I_S \sinh[x\gamma(\omega)] \tag{3.24}$$

$$I(x,\omega) = -\frac{V_S}{Z_0}\sinh[x\gamma(\omega)] + I_S \cosh[x\gamma(\omega)] \tag{3.25}$$

线路受端 $x = l$，其中 l 为线长，式（3.24）和式（3.25）分别变为式（3.26）和式（3.27），这也被称为线路精确方程。然而我们应该记住，结果只对选定的频率是精确的。

$$V_R(\omega) = V_S \cosh[l\gamma(\omega)] - Z_0 I_S \sinh[l\gamma(\omega)] \tag{3.26}$$

$$I_R(\omega) = -\frac{V_S}{Z_0}\sinh[l\gamma(\omega)] + I_S \cosh[l\gamma(\omega)] \tag{3.27}$$

3.3 电缆的阻抗和导纳矩阵

我们已经学习了如何使用单相导体的电报方程。稳态条件下，方程稍作修改后便可适用于三相电缆，但需要特别注意。

然而，电缆每相可能包含多个导体，这需要一些程序上的改变。第一个大变化是电缆阻抗和导纳的计算，这将在下文中进行说明。

3.3.1 两端接地电缆

高压交流电缆通常使用三根单芯电缆进行安装。在这种情况下，根据电缆是否有铠装层，电缆串联阻抗成为6×6矩阵或9×9矩阵。

对于这两种情况，计算方式相似，我们从9×9矩阵开始，如方程（3.28）所示。矩阵包含自阻抗和互阻抗。矩阵的第一列和第一行表示A相的缆芯/导体，第二列和第二行表示A相的屏蔽层，第三列和第三行代表A相的铠装层，而其他列和行以相同的顺序代表B相和C相。因此，主对角线是缆芯、屏蔽层和铠装层的自阻抗，而矩阵的上、下三角是互阻抗，我们得到一个对称矩阵。

缆芯1　屏蔽层1　铠装层1　缆芯2　屏蔽层2　铠装层2　缆芯3　屏蔽层3　铠装层3

$$
[\mathbf{Z}]=\begin{bmatrix}
Z_{C1C1} & Z_{C1S1} & Z_{C1A1} & Z_{C1C2} & Z_{C1S2} & Z_{C1A2} & Z_{C1C3} & Z_{C1S3} & Z_{C1A3} \\
Z_{S1C1} & Z_{S1S1} & Z_{S1A1} & Z_{S1C2} & Z_{S1S2} & Z_{S1A2} & Z_{S1C3} & Z_{S1S3} & Z_{S1A3} \\
Z_{A1C1} & Z_{A1S1} & Z_{A1A1} & Z_{A1C2} & Z_{A1S2} & Z_{A1A2} & Z_{A1C3} & Z_{A1S3} & Z_{A1A3} \\
Z_{C2C1} & Z_{C2S1} & Z_{C2A1} & Z_{C2C2} & Z_{C2S2} & Z_{C2A2} & Z_{C2C3} & Z_{C2S3} & Z_{C2A3} \\
Z_{S2C1} & Z_{S2S1} & Z_{S2A1} & Z_{S2C2} & Z_{S2S2} & Z_{S2A2} & Z_{S2C3} & Z_{S2S3} & Z_{S2A3} \\
Z_{A2C1} & Z_{A2S1} & Z_{A2A1} & Z_{A2C2} & Z_{A2S2} & Z_{A2A2} & Z_{A2C3} & Z_{A2S3} & Z_{A2A3} \\
Z_{C3C1} & Z_{C3S1} & Z_{C3A1} & Z_{C3C2} & Z_{C3S2} & Z_{C3A2} & Z_{C3C3} & Z_{C3S3} & Z_{C3A3} \\
Z_{S3C1} & Z_{S3S1} & Z_{S3A1} & Z_{S3C2} & Z_{S3S2} & Z_{S3A2} & Z_{S3C3} & Z_{S3S3} & Z_{S3A3} \\
Z_{A3C1} & Z_{A3S1} & Z_{A3A1} & Z_{A3C2} & Z_{A3S2} & Z_{A3A2} & Z_{A3C3} & Z_{A3S3} & Z_{A3A3}
\end{bmatrix} \tag{3.28}
$$

通过一定的假设和近似，可以进一步简化矩阵：三相电缆相同。因此，$Z_{C1C1}=Z_{C2C2}=Z_{C3C3}$，$Z_{S1S1}=Z_{S2S2}=Z_{S3S3}$，$Z_{A1A1}=Z_{A2A2}=Z_{A3A3}$，$Z_{C1S1}=Z_{C2S2}=Z_{C3S3}$，$Z_{C1A1}=Z_{C2A2}=Z_{C3A3}$；

相间的互感是距离的函数。A 相缆芯与 B 相缆芯之间的距离几乎等于 A 相缆芯与 B 相屏蔽层之间的距离；其他相也是如此。因此，$Z_{C1C2}\approx Z_{C1S2}\approx Z_{S1C2}\approx Z_{S1S2}$，$Z_{C1C3}\approx Z_{C1S3}\approx Z_{S1C3}\approx Z_{S1S3}$，$Z_{C2C3}\approx Z_{C2S3}\approx Z_{S2C3}\approx Z_{S2S3}$，对铠装层的处理方法与此相同。

因此，串联阻抗矩阵（3.28）可以简化为矩阵（3.29），其中矩阵的元素可以分为

1）$Z_{11/22/33}$：缆芯/屏蔽层/铠装层的自阻抗；

2）$Z_{12/13/23}$：缆芯与屏蔽层/缆芯与铠装层/屏蔽层与铠装层之间的互阻抗；

3）$Z_{gm12/13/23}$：相间接地互阻抗。

$$
[\mathbf{Z}]=\begin{bmatrix}
Z_{11} & Z_{12} & Z_{13} & Z_{gm12} & Z_{gm12} & Z_{gm12} & Z_{gm13} & Z_{gm13} & Z_{gm13} \\
Z_{12} & Z_{22} & Z_{23} & Z_{gm12} & Z_{gm12} & Z_{gm12} & Z_{gm13} & Z_{gm13} & Z_{gm13} \\
Z_{13} & Z_{23} & Z_{33} & Z_{gm12} & Z_{gm12} & Z_{gm12} & Z_{gm13} & Z_{gm13} & Z_{gm13} \\
Z_{gm12} & Z_{gm12} & Z_{gm12} & Z_{11} & Z_{12} & Z_{13} & Z_{gm23} & Z_{gm23} & Z_{gm23} \\
Z_{gm12} & Z_{gm12} & Z_{gm12} & Z_{12} & Z_{22} & Z_{23} & Z_{gm23} & Z_{gm23} & Z_{gm23} \\
Z_{gm12} & Z_{gm12} & Z_{gm12} & Z_{13} & Z_{23} & Z_{33} & Z_{gm23} & Z_{gm23} & Z_{gm23} \\
Z_{gm13} & Z_{gm13} & Z_{gm13} & Z_{gm23} & Z_{gm23} & Z_{gm23} & Z_{11} & Z_{12} & Z_{13} \\
Z_{gm13} & Z_{gm13} & Z_{gm13} & Z_{gm23} & Z_{gm23} & Z_{gm23} & Z_{12} & Z_{22} & Z_{23} \\
Z_{gm13} & Z_{gm13} & Z_{gm13} & Z_{gm23} & Z_{gm23} & Z_{gm23} & Z_{12} & Z_{23} & Z_{33}
\end{bmatrix} \tag{3.29}
$$

在电缆芯或屏蔽层中流动的电流需要形成闭合回路，类似任何电路中的情况，否则将不存在电流循环。

我们描述的电缆每相有三个导体（缆芯、屏蔽层和铠装层）和三个电流回路。在第一个回路中，电流从缆芯流入并从屏蔽层返回；在第二个回路中，电流从屏蔽层流入并从铠装层返回；而在第三个循环中，电流从铠装层流入并从地面返回。

这些回路中的每一个都是几个阻抗的总和，下面将进行解释说明，其电缆部分如图3.2所示。

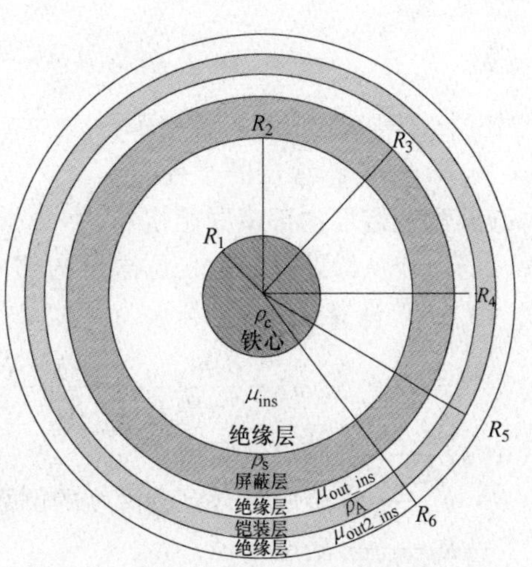

图3.2 单芯电缆截面

导体串联阻抗

顾名思义，这一参数是缆芯的内阻抗式（3.30）。它取决于导体电阻率、导体半径和穿透深度。请注意，公式与频率相关，同时也考虑了趋肤效应。

该式假定导体为固体，但电缆通常为绞合导体。因此，电阻率必须由式（3.31）修正，其中A_C是数据表中给出的横截面积。

$$Z_{\text{Couter}}(\omega)=\frac{\rho_C m_C}{2\pi R_1}\times\frac{J_0(m_C R_1)}{J_1(m_C R_1)} \tag{3.30}$$

式中 ρ_C——导体电阻率；

m_C——导体复合穿透深度的倒数，由式（3.32）给出；

R_1——导体的半径；

$J_n(x)$——x的第一类n阶贝塞尔函数。

$$\rho'_C=\rho_C\frac{\pi R_1}{A_C} \tag{3.31}$$

$$m_C=\sqrt{\frac{j\omega\mu}{\rho'_C}} \tag{3.32}$$

贝塞尔函数的使用提供了最精确的结果，但更加复杂。式（3.30）可以近似为式（3.33），其中k是用于优化低频公式的任意常数，通常等于0.777。

$$Z_{\text{Couter}}(\omega)=\frac{\rho'_C m_C}{2\pi R_1}\coth(m_C R_1 k)+\frac{\rho'_C}{\pi R_1^2}\left(1-\frac{1}{2k}\right) \tag{3.33}$$

绝缘串联阻抗

绝缘串联阻抗是由电缆内绝缘中时变磁场引起的，通过式（3.34）计算。这个术语带有一定误导性，因为绝缘中没有电流流动，因此，如式所示没有直接与绝缘有关的阻抗。实际上，这一术语指在缆芯和屏蔽层中流动的电流以及它们之间磁场的函数。

$$Z_{\text{Couter}}(\omega)=\frac{\mathrm{j}\omega\mu_{\text{ins}}}{2\pi}\ln\left(\frac{R_2}{R_1}\right) \tag{3.34}$$

式中 μ_{ins}——绝缘层的磁导率；

R_2——绝缘层的半径。

屏蔽层和铠装层内部串联阻抗

当电流从缆芯返回时，屏蔽层内部串联阻抗与内表面上的电压降有关，可用式（3.35）计算。

$$Z_{\text{Sinner}}(\omega)=\frac{\rho_S m_S J_0(m_S R_2)K_1(m_S R_3)+K_0(m_S R_2)J_1(m_S R_2)}{2\pi R_2 J_1(m_S R_3)K_1(m_S R_2)-J_1(m_S R_2)K_1(m_S R_3)} \tag{3.35}$$

式中 ρ_S——屏蔽层电阻率；

m_S——屏蔽层复合穿透深度的倒数；

R_3——屏蔽层半径；

$K_n(x)$——x 的第二类 n 阶贝塞尔函数。

类似导体串联阻抗，式（3.35）可以简化为式（3.36）。

$$Z_{\text{Sinner}}(\omega)=\frac{\rho_S m_S}{2\pi R_2}\coth[m_S(R_3-R_2)]-\frac{\rho_S}{2\pi R_2(R_2+R_3)} \tag{3.36}$$

类似地，使用式（3.37）和式（3.38）得到铠装层内部串联阻抗。

$$Z_{\text{Ainner}}(\omega)=\frac{\rho_A m_A J_0(m_A R_4)K_1(m_A R_5)+K_0(m_A R_4)J_1(m_A R_5)}{2\pi R_4 J_1(m_A R_5)K_1(m_A R_4)-J_1(m_A R_4)K_1(m_A R_5)} \tag{3.37}$$

式中 ρ_A——铠装层电阻率；

m_A——铠装层复合穿透深度的倒数；

R_4——屏蔽层绝缘半径；

R_5——铠装层半径。

$$Z_{\text{Ainner}}(\omega)=\frac{\rho_A m_A}{2\pi R_4}\coth[m_A(R_5-R_4)]-\frac{\rho_A}{2\pi R_4(R_4+R_5)} \tag{3.38}$$

屏蔽层和铠装层外部串联阻抗

屏蔽层外部串联阻抗类似屏蔽层内部串联阻抗，但位于屏蔽层的外表面而不是内表面。换言之，当电流从铠装层返回时，它与屏蔽层内表面上的电压降相关。

经典公式及其近似式如式（3.39）和式（3.40）所示。请注意，其与式（3.35)和式（3.36）非常相似，唯一的区别是式（3.39）第一项中由半径 R_3代替 R_2。

$$Z_{\text{Souter}}(\omega)=\frac{\rho_S m_S J_0(m_S R_3)K_1(m_S R_2)+K_0(m_S R_3)J_1(m_S R_2)}{2\pi R_3 J_1(m_S R_3)K_1(m_S R_2)-J_1(m_S R_2)K_1(m_S R_3)} \tag{3.39}$$

$$Z_{\mathrm{Souter}}(\omega)=\frac{\rho_{\mathrm{S}}m_{\mathrm{S}}}{2\pi R_3}\coth[m_{\mathrm{S}}(R_3-R_2)]+\frac{\rho_{\mathrm{S}}}{2\pi R_3(R_2+R_3)} \tag{3.40}$$

铠装层外部串联阻抗的计算公式类似，只需要调整半径、电阻率和穿透深度，进而得到式（3.41）和式（3.42）。

$$Z_{\mathrm{Aouter}}(\omega)=\frac{\rho_{\mathrm{A}}m_{\mathrm{A}}J_0(m_{\mathrm{A}}R_5)K_1(m_{\mathrm{A}}R_4)+K_0(m_{\mathrm{A}}R_5)J_1(m_{\mathrm{A}}R_4)}{2\pi R_5J_1(m_{\mathrm{A}}R_5)K_1(m_{\mathrm{A}}R_4)-J_1(m_{\mathrm{A}}R_4)K_1(m_{\mathrm{A}}R_5)} \tag{3.41}$$

$$Z_{\mathrm{Aouter}}(\omega)=\frac{\rho_{\mathrm{A}}m_{\mathrm{A}}}{2\pi R_5}\coth[m_{\mathrm{A}}(R_5-R_4)]+\frac{\rho_{\mathrm{A}}}{2\pi R_5(R_4+R_5)} \tag{3.42}$$

绝缘屏蔽层和绝缘铠装层串联阻抗

与绝缘层串联阻抗类似，绝缘屏蔽层的串联阻抗是由电缆内部绝缘中的时变磁场引起的，通过式（3.43）计算。

$$Z_{\mathrm{SAinsul}}(\omega)=\frac{\mathrm{j}\omega\mu_{\mathrm{out\_ins}}}{2\pi}\ln\left(\frac{R_4}{R_3}\right) \tag{3.43}$$

式中　$\mu_{\mathrm{out\_ins}}$——绝缘屏蔽层的磁导率。

对于铠装层，公式改为式（3.44）。

$$Z_{\mathrm{AGinsul}}(\omega)=\frac{\mathrm{j}\omega\mu_{\mathrm{out2\_ins}}}{2\pi}\ln\left(\frac{R_6}{R_5}\right) \tag{3.44}$$

式中　$\mu_{\mathrm{out2\_ins}}$——绝缘铠装层的磁导率；

R_6——绝缘铠装层的半径。

两个回路的串联互阻抗

串联互阻抗因两个不同的电流回路而产生，并且对两者而言相等。第一个回路由于电流从缆芯中返回而在屏蔽层外表面产生电压降，第二个回路由于电流从铠装层中返回而在屏蔽层内表面产生电压降。

串联互阻抗由式（3.45）计算，可简化为式（3.46）。

$$Z_{\mathrm{Smutual}}(\omega)=\frac{\rho_{\mathrm{S}}}{2\pi R_2R_3}\,\frac{1}{J_1(m_{\mathrm{S}}R_3)K_1(m_{\mathrm{S}}R_2)-J_1(m_{\mathrm{S}}R_2)K_1(m_{\mathrm{S}}R_3)} \tag{3.45}$$

$$Z_{\mathrm{Smutual}}=\frac{\rho_{\mathrm{S}}m_{\mathrm{S}}}{\pi(R_2+R_3)}\mathrm{csch}[m_{\mathrm{S}}(R_3-R_2)] \tag{3.46}$$

此外，还有一个与铠装层有关的串联互阻抗。第一个回路中，由于电流从屏蔽层返回，因此在铠装层外表面存在电压降，而在第二个回路中，由于电流从地面返回，因此在铠装层内表面存在电压降。公式与以前类似，不同之处在于半径、电阻率和穿透深度调整为铠装层，得到式（3.47）和式（3.48）。

$$Z_{\mathrm{Amutual}}(\omega)=\frac{\rho_{\mathrm{A}}}{2\pi R_4R_5}\,\frac{1}{J_1(m_{\mathrm{A}}R_5)K_1(m_{\mathrm{A}}R_4)-J_1(m_{\mathrm{A}}R_4)K_1(m_{\mathrm{A}}R_5)} \tag{3.47}$$

$$Z_{\mathrm{Amutual}}=\frac{\rho_{\mathrm{A}}m_{\mathrm{A}}}{\pi(R_4+R_5)}\mathrm{csch}[m_{\mathrm{A}}(R_5-R_4)] \tag{3.48}$$

对地串联自阻抗

对地串联自阻抗的计算更为困难，也是误差最大的参数。由 Pollaczek 最早提出的经典公式在式（3.49）中给出。

$$Z_{\text{earth}}(\omega)=\frac{\rho_{\text{e}}m_{\text{e}}^{2}}{2\pi}\left[K_{0}(m_{\text{e}}R_{4})-K_{0}\left(m_{\text{e}}\sqrt{R_{4}^{2}+4h^{2}}\right)+\int_{-\infty}^{+\infty}\frac{\mathrm{e}^{-2h\sqrt{m_{\text{e}}^{2}+\alpha^{2}}}}{|\alpha|+\sqrt{m_{\text{e}}^{2}+\alpha^{2}}}\mathrm{e}^{\mathrm{j}\alpha R_{4}}\mathrm{d}\alpha\right] \tag{3.49}$$

式中　ρ_{e}——大地的电阻率；

m_{e}——大地复合穿透深度的倒数；

h——电缆深度。

式（3.49）的计算因为存在积分而非常困难，因此往往使用近似计算。多年来学者提出了几个公式：最精确的一个是萨德（Saad）、加巴（Gaba）和吉罗（Giroux）在1996年提出的，将式（3.49）简化为式（3.50）。

$$Z_{\text{earth}}(\omega)=\frac{\rho_{\text{e}}m_{\text{e}}^{2}}{2\pi}\left[K_{0}(m_{\text{e}}R_{4})+\frac{2}{4+m_{\text{e}}^{2}R_{4}^{2}}\mathrm{e}^{-2hm_{\text{e}}}\right] \tag{3.50}$$

对地互阻抗

对地互阻抗代表电缆之间的互感。互感是电流通过大地返回时，靠近电缆的大地中电压降在电缆中产生感应电动势的结果。

用于计算阻抗的公式由式（3.51）给出，并可以简化为式（3.52）。请注意，它与用于估计对地串联自阻抗的公式相似，因为两种情况下电流都通过大地返回。

$$Z_{\text{earth\_ mutual}}(\omega)=\frac{\rho_{\text{e}}m_{\text{e}}^{2}}{2\pi}\left[K_{0}(m_{\text{e}}d)-K_{0}\left(m_{\text{e}}\sqrt{d^{2}+(h_{\text{i}}-h_{\text{j}})^{2}}\right)+\int_{-\infty}^{+\infty}\frac{\mathrm{e}^{-(h_{\text{i}}+h_{\text{j}})\sqrt{m_{\text{e}}^{2}+\alpha^{2}}}}{|\alpha|+\sqrt{m_{\text{e}}^{2}+\alpha^{2}}}\mathrm{e}^{\mathrm{j}\alpha d}\mathrm{d}\alpha\right] \tag{3.51}$$

式中　d——导体之间的距离；

h_{i}，h_{j}——电缆 i 和 j 的埋地深度。

$$Z_{\text{earth\_mutual}}(\omega)=\frac{\rho_{\text{e}}m_{\text{e}}^{2}}{2\pi}\left[K_{0}(m_{\text{e}}d)+\frac{2}{4+m_{\text{e}}^{2}d^{2}}\mathrm{e}^{-2hm_{\text{e}}}\right] \tag{3.52}$$

回路的配置

我们现在知道如何计算电缆中的几个阻抗，但还不知道如何在电流回路中使用它们。

为了简单起见，我们从单相电缆和缆芯—屏蔽层回路开始。该回路的阻抗等于缆芯自阻抗加上绝缘串联阻抗和屏蔽层内阻抗[见式(3.53)]，即电流流过路径中所有阻抗的串联。屏蔽层—铠装层回路的阻抗相似，等于屏蔽层串联外阻抗加屏蔽层外绝缘串联阻抗和铠装层内阻抗［见式(3.54)］。最后，铠装层接地阻抗等于铠装层串联外阻抗加上铠装层外绝缘串联阻抗和对地串联阻抗［见式(3.55)］。图3.3 显示了三个回路的等效电路。

$$Z_{L\_CS} = Z_{Couter} + Z_{CSinsul} + Z_{Sinner} \tag{3.53}$$

$$Z_{L\_SA} = Z_{Souter} + Z_{SAinsul} + Z_{Ainner} \tag{3.54}$$

$$Z_{L\_AG} = Z_{Aouter} + Z_{AGinsul} + Z_{earth} \tag{3.55}$$

此外，还存在与缆芯—屏蔽层回路和屏蔽层—铠装层回路相关的互阻抗［见式(3.56)和式（3.57)］，两者均直接使用先前解释的公式进行计算。

$$Z_{Lm\_CS} = -Z_{Smutual} \tag{3.56}$$

$$Z_{Lm\_SA} = -Z_{Amutual} \tag{3.57}$$

我们现在有足够的信息来写出描述三相系统回路系统的矩阵方程（3.58)，其中 Z_{gmij}（或 Z_{earth_mutual}）是两相铠装层之间的接地互阻抗。

$$\begin{bmatrix} V_{CS1} \\ V_{SA1} \\ V_{AG1} \\ V_{CS2} \\ V_{SA2} \\ V_{AG2} \\ V_{CS3} \\ V_{SA3} \\ V_{AG3} \end{bmatrix} = \begin{bmatrix} Z_{L\_CS} & Z_{Lm\_CS} & 0 & 0 & 0 & 0 & 0 & 0 & 0 \\ Z_{L\_CS} & Z_{L\_SA} & Z_{Lm\_SA} & 0 & 0 & 0 & 0 & 0 & 0 \\ 0 & Z_{Lm\_SA} & Z_{L\_AG} & 0 & 0 & Z_{gm12} & 0 & 0 & Z_{gm13} \\ 0 & 0 & 0 & Z_{L\_CS} & Z_{Lm\_CS} & 0 & 0 & 0 & 0 \\ 0 & 0 & 0 & Z_{Lm\_CS} & Z_{L\_SA} & Z_{Lm\_SA} & 0 & 0 & 0 \\ 0 & 0 & Z_{gm12} & 0 & Z_{Lm\_SA} & Z_{L\_AG} & 0 & 0 & Z_{gm23} \\ 0 & 0 & 0 & 0 & 0 & 0 & Z_{L\_CS} & Z_{Lm\_CS} & 0 \\ 0 & 0 & 0 & 0 & 0 & 0 & Z_{Lm\_CS} & Z_{L\_SA} & Z_{Lm\_SA} \\ 0 & 0 & Z_{gm13} & 0 & 0 & Z_{gm23} & 0 & Z_{Lm\_CS} & Z_{L\_AG} \end{bmatrix} \cdot \begin{bmatrix} I_{CS1} \\ I_{SA1} \\ I_{AG1} \\ I_{CS2} \\ I_{SA2} \\ I_{AG2} \\ I_{CS3} \\ I_{SA3} \\ I_{AG3} \end{bmatrix} \tag{3.58}$$

正如回路阻抗矩阵帮助我们了解在电缆中循环的电流，我们需要计算的串联阻抗矩阵可以用于分析更复杂的系统。式（3.59）显示了串联阻抗矩阵和回路阻抗矩阵之间的关系，其中前述电缆的变换矩阵 $\boldsymbol{A}$ 由式（3.60）给出。

变换矩阵 $\boldsymbol{A}$ 针对电缆系统进行变化，但过程相当系统化。矩阵的第一行对应于图3.3 中的缆芯。缆芯中的唯一电流来自缆芯—屏蔽层回路。因此，第一项为1，其余为0。第二行对应于屏蔽层，因此，来自缆芯—屏蔽层回路的第一项为 -1，来自屏蔽层—铠装层回路的第二项为1，其余为0。然后将相同的推导应用于转换矩阵的其他行。这是针对管式电缆的矩阵变化，我们之后再详述这一点。

$$[\boldsymbol{Z}] = [\boldsymbol{A}]^{-T}[\boldsymbol{Z}_L][\boldsymbol{A}]^{-1} \tag{3.59}$$

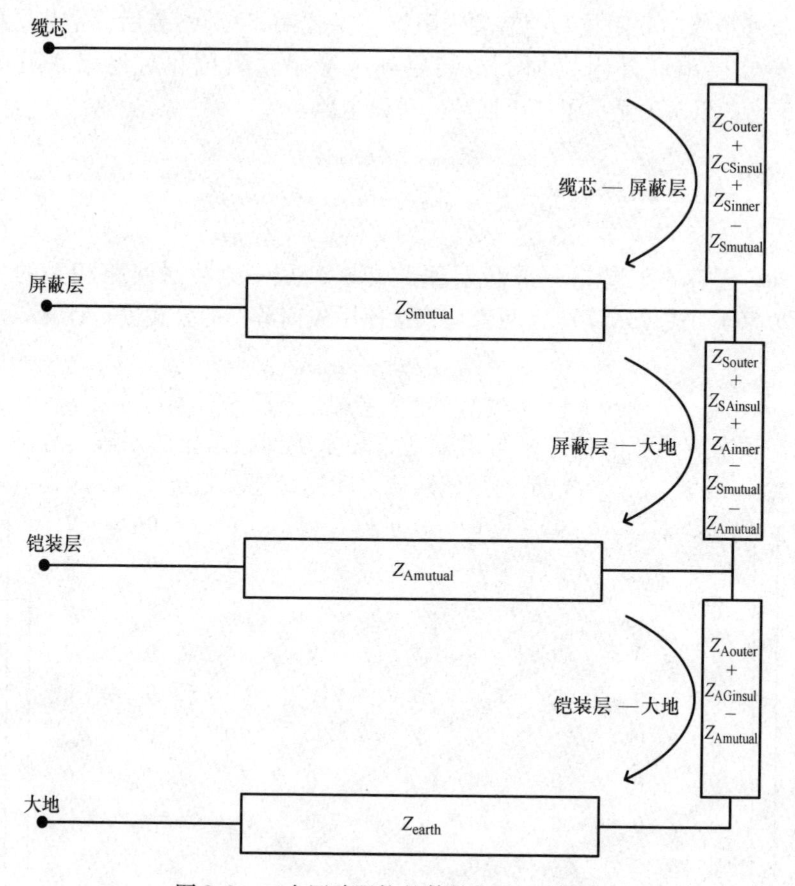

图 3.3　三个回路阻抗的等效电路（单相）

$$[\boldsymbol{A}] = \begin{bmatrix} 1 & 0 & 0 & 0 & 0 & 0 & 0 & 0 & 0 \\ -1 & 1 & 0 & 0 & 0 & 0 & 0 & 0 & 0 \\ 0 & -1 & 1 & 0 & 0 & 0 & 0 & 0 & 0 \\ 0 & 0 & 0 & 1 & 0 & 0 & 0 & 0 & 0 \\ 0 & 0 & 0 & -1 & 1 & 0 & 0 & 0 & 0 \\ 0 & 0 & 0 & 0 & -1 & 1 & 0 & 0 & 0 \\ 0 & 0 & 0 & 0 & 0 & 0 & 1 & 0 & 0 \\ 0 & 0 & 0 & 0 & 0 & 0 & -1 & 1 & 0 \\ 0 & 0 & 0 & 0 & 0 & 0 & 0 & -1 & 1 \end{bmatrix} \tag{3.60}$$

将式（3.59）代入式（3.58），得到串联阻抗矩阵式（3.61）。

$$[\mathbf{Z}]=\begin{bmatrix} Z_{11} & Z_{12} & Z_{13} & Z_{gm12} & Z_{gm12} & Z_{gm12} & Z_{gm13} & Z_{gm13} & Z_{gm13} \\ Z_{12} & Z_{22} & Z_{23} & Z_{gm12} & Z_{gm12} & Z_{gm12} & Z_{gm13} & Z_{gm13} & Z_{gm13} \\ Z_{13} & Z_{23} & Z_{33} & Z_{gm12} & Z_{gm12} & Z_{gm12} & Z_{gm13} & Z_{gm13} & Z_{gm13} \\ Z_{gm12} & Z_{gm12} & Z_{gm12} & Z_{11} & Z_{12} & Z_{13} & Z_{gm23} & Z_{gm23} & Z_{gm23} \\ Z_{gm12} & Z_{gm12} & Z_{gm12} & Z_{12} & Z_{22} & Z_{23} & Z_{gm23} & Z_{gm23} & Z_{gm23} \\ Z_{gm12} & Z_{gm12} & Z_{gm12} & Z_{13} & Z_{23} & Z_{33} & Z_{gm23} & Z_{gm23} & Z_{gm23} \\ Z_{gm13} & Z_{gm13} & Z_{gm13} & Z_{gm23} & Z_{gm23} & Z_{gm23} & Z_{11} & Z_{12} & Z_{13} \\ Z_{gm13} & Z_{gm13} & Z_{gm13} & Z_{gm23} & Z_{gm23} & Z_{gm23} & Z_{12} & Z_{22} & Z_{23} \\ Z_{gm13} & Z_{gm13} & Z_{gm13} & Z_{gm23} & Z_{gm23} & Z_{gm23} & Z_{12} & Z_{23} & Z_{33} \end{bmatrix} \tag{3.61}$$

式中

$Z_{11}=Z_{\text{Couter}}+Z_{\text{CSinsul}}+Z_{\text{Sinner}}+Z_{\text{Souter}}+Z_{\text{SAinsul}}+Z_{\text{Ainner}}+Z_{\text{GAinsul}}+$
$\quad Z_{\text{earth}}-2Z_{\text{Smutual}}-2Z_{\text{Amutual}}$

$Z_{22}=Z_{\text{Souter}}+Z_{\text{SAinsul}}+Z_{\text{Aouter}}+Z_{\text{Ainner}}+Z_{\text{AGinsul}}+Z_{\text{earth}}-2Z_{\text{Amutual}}$

$Z_{33}=Z_{\text{Ainner}}+Z_{\text{AGinsul}}+Z_{\text{earth}}$

$Z_{12}=Z_{\text{Souter}}+Z_{\text{SAinsul}}+Z_{\text{Aouter}}+Z_{\text{Ainner}}+Z_{\text{AGinsul}}+Z_{\text{earth}}-Z_{\text{Smutual}}-2Z_{\text{Amutual}}$

$Z_{13}=Z_{\text{Aouter}}+Z_{\text{AGinsul}}+Z_{\text{earth}}-Z_{\text{Amutual}}$

$Z_{23}=Z_{\text{Aouter}}+Z_{\text{AGinsul}}+Z_{\text{earth}}$

$Z_{\text{gmij}}=Z_{\text{earth\_ mutual}}$

对应单芯电缆的另一种方法是在图3.3中根据对地回路，直接写出串联阻抗矩阵。

第一项是缆芯—大地回路的自阻抗（Z_{11}），可以使用前述回路来获得。然而我们应当记住，前述回路中的电压降位于缆芯和屏蔽层之间，而串联阻抗矩阵中的电压降位于缆芯和大地之间。因此，缆芯—大地回路阻抗等于式（3.62）。

$$\begin{aligned} Z_{11}=&Z_{\text{Couter}}+Z_{\text{CSinsul}}+Z_{\text{Sinner}}+Z_{\text{SAinsul}}+Z_{\text{Ainner}} \\ &+Z_{\text{Aouter}}+Z_{\text{GAinsul}}+Z_{\text{earth}}-2Z_{\text{Smutual}}-2Z_{\text{Amutual}} \end{aligned} \tag{3.62}$$

屏蔽层—大地回路的自阻抗（Z_{22}）也可以使用图3.3获得，等于式（3.63），而铠装层—大地回路的自阻抗（Z_{33}）等于式（3.64）。

$$Z_{22}=Z_{\text{Souter}}+Z_{\text{SAinsul}}+Z_{\text{Aouter}}+Z_{\text{Ainner}}+Z_{\text{AGinsul}}+Z_{\text{earth}}-2Z_{\text{Amutual}} \tag{3.63}$$

$$Z_{33}=Z_{\text{Ainner}}+Z_{\text{AGinsul}}+Z_{\text{earth}} \tag{3.64}$$

缆芯—大地回路和屏蔽层—大地回路之间的互阻抗（Z_{12}）由两者自阻抗的共同部分给出［见式(3.65)］。其他两个回路之间的互阻抗，即缆芯—大地回路和铠装层—大地回路之间的互阻抗［见式(3.66)］以及屏蔽层—大地回路和铠装层—大地回路之间的互阻抗［见式(3.67)］，其计算方式相同。

$$Z_{12}=Z_{\mathrm{Souter}}+Z_{\mathrm{SAinsul}}+Z_{\mathrm{Aouter}}+Z_{\mathrm{Ainner}}+Z_{\mathrm{AGinsul}}+Z_{\mathrm{earth}}-Z_{\mathrm{Smutual}}-2Z_{\mathrm{Amutual}} \tag{3.65}$$

$$Z_{13}=Z_{\mathrm{Ainner}}+Z_{\mathrm{AGinsul}}+Z_{\mathrm{earth}}-Z_{\mathrm{Amutual}} \tag{3.66}$$

$$Z_{23}=Z_{\mathrm{Ainner}}+Z_{\mathrm{AGinsul}}+Z_{\mathrm{earth}} \tag{3.67}$$

最后，相间对地互阻抗（Z_{gmij}）就等于对地互阻抗［见式(3.52)］，其中的距离随相位的变化而变化。

对于无铠装层电缆，通过消除与铠装层相关的行和列，矩阵（3.61）降维至6×6。

用于计算矩阵元素值的公式也有变化。与铠装层相关的组件（Z_{Ainner}、Z_{Aouter}、Z_{Amutual}等）被消除，Z_{SAinsul}项变为Z_{SGinsul}，但是矩阵继续以相同的方式计算。

并联导纳矩阵

并联导纳以类似的方式获得，用并联导纳代替式（3.61）中的阻抗项。

但是，由于几处简化的应用，导纳矩阵比阻抗矩阵简单。高压交流电缆屏蔽层通常两端接地，如果是交叉互联（见1.2节）则在中点接地。我们可以假设整条电缆屏蔽层电位皆为零㊀。因此，电场被限制在每相上，并且不同相之间没有并联导纳。图3.4显示了电场分布和等效电容电路的可视化描述。

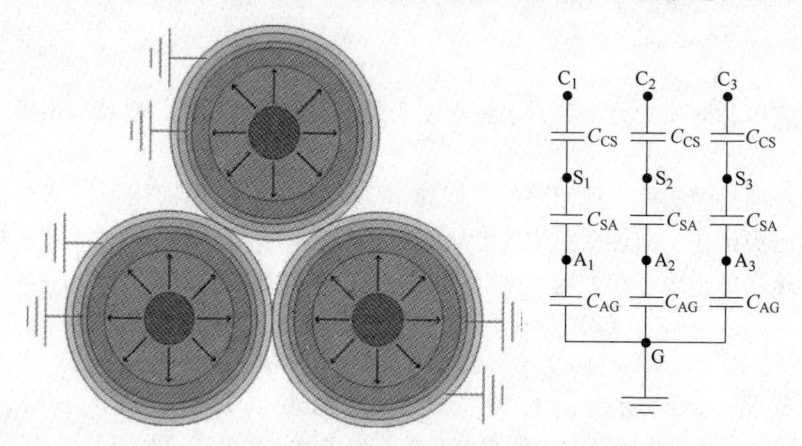

图3.4　品字形安装的三根单芯电缆中的电场及其等效电容电路

因此，矩阵可以简化，并将其中几项变为零［见式(3.68)］。请注意，此推导仅适用于两端接地的电缆。

㊀ 实际上屏蔽层上有一个很小的电压。

$$[\boldsymbol{Y}]=\begin{bmatrix} Y_{C1C1} & Y_{C1S1} & 0 & 0 & 0 & 0 & 0 & 0 & 0 \\ Y_{S1C1} & Y_{S1S1} & Y_{S1A1} & 0 & 0 & 0 & 0 & 0 & 0 \\ 0 & Y_{A1S1} & Y_{A1A1} & 0 & 0 & 0 & 0 & 0 & 0 \\ 0 & 0 & 0 & Y_{C2C2} & Y_{C2S2} & 0 & 0 & 0 & 0 \\ 0 & 0 & 0 & Y_{S2C2} & Y_{S2S2} & Y_{S2A2} & 0 & 0 & 0 \\ 0 & 0 & 0 & 0 & Y_{A2S2} & Y_{A2A2} & 0 & 0 & 0 \\ 0 & 0 & 0 & 0 & 0 & 0 & Y_{C3C3} & Y_{C3S3} & 0 \\ 0 & 0 & 0 & 0 & 0 & 0 & Y_{S3C3} & Y_{S3S3} & Y_{S3A3} \\ 0 & 0 & 0 & 0 & 0 & 0 & 0 & Y_{A3S3} & Y_{A3A3} \end{bmatrix} \tag{3.68}$$

并联导纳由典型式（3.69）描述，其中实部通常被认为为零[⊖]。

$$Y_i = G_i + j\omega C_i \tag{3.69}$$

将式（3.69）应用到图 3.4 的等效电容电路中，得到并联导纳矩阵式（3.70）中的元素，并重写为式（3.71）。

$$\begin{aligned} Y_{CiCi} &= j\omega C_{CS} \\ Y_{SiSi} &= j\omega C_{CS} + j\omega C_{SA} \\ Y_{AiAi} &= j\omega C_{SA} + j\omega C_{AG} \\ Y_{CiSi} &= -j\omega C_{CS} \\ Y_{SiAi} &= -j\omega C_{SA} \end{aligned} \tag{3.70}$$

$$[\boldsymbol{Y}]=\begin{bmatrix} j\omega C_{CS} & -j\omega C_{CS} & 0 & 0 & 0 & 0 & 0 & 0 & 0 \\ -j\omega C_{CS} & j\omega(C_{CS}+C_{SA}) & -j\omega C_{SA} & 0 & 0 & 0 & 0 & 0 & 0 \\ 0 & -j\omega C_{SA} & j\omega(C_{SA}+C_{SG}) & 0 & 0 & 0 & 0 & 0 & 0 \\ 0 & 0 & 0 & j\omega C_{CS} & -j\omega C_{CS} & 0 & 0 & 0 & 0 \\ 0 & 0 & 0 & -j\omega C_{CS} & j\omega(C_{CS}+C_{SA}) & -j\omega C_{SA} & 0 & 0 & 0 \\ 0 & 0 & 0 & 0 & -j\omega C_{SA} & j\omega(C_{SA}+C_{SG}) & 0 & 0 & 0 \\ 0 & 0 & 0 & 0 & 0 & 0 & j\omega C_{CS} & -j\omega C_{CS} & 0 \\ 0 & 0 & 0 & 0 & 0 & 0 & -j\omega C_{CS} & j\omega(C_{CS}+C_{SA}) & -j\omega C_{SA} \\ 0 & 0 & 0 & 0 & 0 & 0 & 0 & -j\omega C_{SA} & j\omega(C_{SA}+C_{SG}) \end{bmatrix} \tag{3.71}$$

与阻抗矩阵类似，对于无铠装层电缆，导纳矩阵也降维至 6×6。消除与铠装层相关的行和列，Y_{SiSi}的值取为 $j\omega(C_{CS}+C_{SG})$。

⊖ 也可以将介质损耗计入矩阵，但与电容相比其值较小。

实例

本书网站提供的 Matlab 代码可用于参数计算。

第一次学习本部分内容时，可能难以理解上面给出的所有公式。下面的例子将展示如何计算具有缆芯和屏蔽层的三相单芯电缆的阻抗和导纳矩阵。表 3.1 所示为电缆的数据和各层的厚度，图 3.5 所示为电缆（无铠装层电缆）的横截面。

表 3.1 电缆数据

层	厚度/mm	材质
导体	41.5①	铝，圆形，紧凑
导体屏蔽层	1.5	半导体 PE
绝缘层	17	干固化 XLPE
绝缘屏蔽层	1	半导体 PE
纵向防水层	0.6	膨胀包带
铜丝电缆屏蔽层	95②	铜
纵向防水层	0.6	膨胀包带
径向防水层	0.2	铝压板
外盖	4	高密度 PE
完整电缆	95①	—

① 直径。

② 横截面。

缆芯由紧凑型铝绞线制成。因此，如式（3.31）中所述，需要校正缆芯的电阻率[见式（3.72）]。

$$\rho'_{\mathrm{C}} = \rho_{\mathrm{C}} \frac{\pi R_1}{A_{\mathrm{C}}} = 2.826 \times 10^{-8} \frac{\pi \times 20.75^2}{1200} = 3.186 \times 10^{-8} \Omega \cdot \mathrm{m}^{-1} \tag{3.72}$$

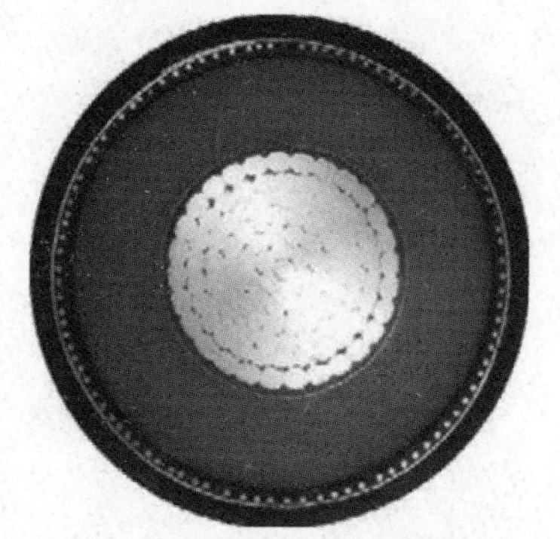

图 3.5 150kV 单芯地埋电缆的横截面

屏蔽层的电阻率也需要校正。由于以下两个原因，公式比导体公式更复杂：首先需要修正铜线的电阻率[见式(3.73)]，其次屏蔽层的总电阻率由铜线和铝箔的并联给出[见式(3.74)]。

$$\rho'_{\mathrm{S,Cu}} = \rho_{\mathrm{S,Cu}} \frac{\pi (R_{\mathrm{Wires}}^2 - R_2^2)}{A_{\mathrm{S}}} = 1.724 \times 10^{-8} \times \frac{\pi (41.96^2 - 40.85^2)}{95} = 5.240 \times 10^{-8} \Omega \cdot \mathrm{m}^{-1} \tag{3.73}$$

$$\rho'_S = \frac{\rho_{Cu}\rho_{Al}(A_{Cu}+A_{Al})}{\rho_{Cu}A_{Al}+\rho_{Al}A_{Cu}} = \frac{5.240\times10^{-8}\times2.826\times10^{-8}(288.8\times10^{-6}+212.9\times10^{-6})}{5.240\times10^{-8}\times212.9\times10^{-6}+2.826\times10^{-8}\times288.8\times10^{-6}}$$

$$=8.98\times10^{-8}\Omega\cdot\mathrm{m}^{-1} \tag{3.74}$$

导体和屏蔽层的复合穿透深度的倒数分别由式（3.75）和式（3.76）给出。

$$m_C = \sqrt{\frac{\mathrm{j}\omega\mu}{\rho_C}} = \sqrt{\frac{\mathrm{j}\omega4\pi\times10^{-7}}{3.186\times10^{-8}}} = 78.71+\mathrm{j}78.71\mathrm{m}^{-1} \tag{3.75}$$

$$m_S = \sqrt{\frac{\mathrm{j}\omega\mu}{\rho_S}} = \sqrt{\frac{\mathrm{j}\omega4\pi\times10^{-7}}{8.98\times10^{-8}}} = 46.88+\mathrm{j}46.88\mathrm{m}^{-1} \tag{3.76}$$

下面给出用于串联阻抗矩阵计算的公式中的阻抗值：

$$Z_{\mathrm{Couter}} = 2.6687\times10^{-5}+\mathrm{j}1.468\times10^{-5}\Omega\mathrm{m}^{-1}$$
$$Z_{\mathrm{CSinsul}} = 0+\mathrm{j}4.256\times10^{-5}\Omega\mathrm{m}^{-1}$$
$$Z_{\mathrm{Sinner}} = 1.790\times10^{-4}+\mathrm{j}9.791\times10^{-7}\Omega\mathrm{m}^{-1}$$
$$Z_{\mathrm{Souter}} = 1.7790\times10^{-4}+\mathrm{j}9.353\times10^{-7}\Omega\mathrm{m}^{-1}$$
$$Z_{\mathrm{SGinsul}} = 0+\mathrm{j}6.605\times10^{-6}\Omega\mathrm{m}^{-1}$$
$$Z_{\mathrm{Smutual}} = 1.790\times10^{-4}-\mathrm{j}4.784\times10^{-8}\Omega\mathrm{m}^{-1}$$
$$Z_{\mathrm{earth}} \approx 4.945\times10^{-5}+\mathrm{j}6.209\times10^{-4}\Omega\mathrm{m}^{-1}$$ ㊀
$$Z_{\mathrm{earth\_mutual}} \approx 4.945\times10^{-5}+\mathrm{j}5.774\times10^{-4}\Omega\mathrm{m}^{-1}$$ ㊀

串联阻抗由式（3.77）给出。

$$[\mathbf{Z}] = \begin{bmatrix} 0.0761+\mathrm{j}0.688 & 0.0494+\mathrm{j}0.629 & 0.0494+\mathrm{j}0.577 & 0.0494+\mathrm{j}0.577 & 0.0494+\mathrm{j}0.577 & 0.0494+\mathrm{j}0.577 \\ 0.0494+\mathrm{j}0.629 & 0.2284+\mathrm{j}0.628 & 0.0494+\mathrm{j}0.577 & 0.0494+\mathrm{j}0.577 & 0.0494+\mathrm{j}0.577 & 0.0494+\mathrm{j}0.577 \\ 0.0494+\mathrm{j}0.577 & 0.0494+\mathrm{j}0.577 & 0.0761+\mathrm{j}0.688 & 0.0494+\mathrm{j}0.629 & 0.0494+\mathrm{j}0.577 & 0.0494+\mathrm{j}0.577 \\ 0.0494+\mathrm{j}0.577 & 0.0494+\mathrm{j}0.577 & 0.0494+\mathrm{j}0.629 & 0.2284+\mathrm{j}0.628 & 0.0494+\mathrm{j}0.577 & 0.0494+\mathrm{j}0.577 \\ 0.0494+\mathrm{j}0.577 & 0.0494+\mathrm{j}0.577 & 0.0494+\mathrm{j}0.577 & 0.0494+\mathrm{j}0.577 & 0.0761+\mathrm{j}0.688 & 0.0494+\mathrm{j}0.629 \\ 0.0494+\mathrm{j}0.577 & 0.0494+\mathrm{j}0.577 & 0.0494+\mathrm{j}0.577 & 0.0494+\mathrm{j}0.577 & 0.0494+\mathrm{j}0.629 & 0.2284+\mathrm{j}0.628 \end{bmatrix} \mathrm{m}\Omega\mathrm{m}^{-1} \tag{3.77}$$

根据预期，串联阻抗矩阵具有以下特征：

1）矩阵是对称的。

2）只有 4 个不同的元素值：

① 缆芯自阻抗：0.0761 + j0.668；

② 屏蔽层自阻抗：0.2284 + j0.628；

③ 缆芯—屏蔽层互阻抗（同相）：0.0494 + j0.629；

④ 相间互阻抗：0.0494 + j0.577。

3）自阻抗大于互阻抗。

㊀ 各相有细微差异。

4）同相互阻抗大于相间互阻抗，差值为公式（电感耦合）的虚部。

导纳矩阵（3.81）更容易计算。绝缘体的介电常数被修正为包括半导体层[见式(3.78)]，而导纳矩阵中的两个元素由式（3.79）和式（3.80）给出。

$$\varepsilon' = \varepsilon\frac{\ln\left(\frac{R_2}{R_1}\right)}{\ln\left(\frac{b}{a}\right)} = 2.5\frac{\ln\left(\frac{40.85}{20.75}\right)}{\ln\left(\frac{39.50}{22.25}\right)} = 2.95 \tag{3.78}$$

$$Y_{\mathrm{CiCi}} = \mathrm{j}\omega C_{\mathrm{CS}} = 7.612\times10^{-8}\mathrm{S/m} \tag{3.79}$$

$$\begin{aligned} Y_{\mathrm{SiSi}} &= \mathrm{j}\omega C_{\mathrm{CS}} + \mathrm{j}\omega C_{\mathrm{CA}} = 7.612\times10^{-8}\mathrm{S/m} + 3.834\times10^{-7}\mathrm{S/m} \\ &= 4.595\times10^{-7}\mathrm{S/m} \end{aligned} \tag{3.80}$$

$$[\boldsymbol{Y}] = \begin{bmatrix} \mathrm{j}0.0761 & -\mathrm{j}0.0761 & 0 & 0 & 0 & 0 \\ -\mathrm{j}0.0761 & \mathrm{j}0.4595 & 0 & 0 & 0 & 0 \\ 0 & 0 & \mathrm{j}0.0761 & -\mathrm{j}0.0761 & 0 & 0 \\ 0 & 0 & -\mathrm{j}0.0761 & \mathrm{j}0.4595 & 0 & 0 \\ 0 & 0 & 0 & 0 & \mathrm{j}0.0761 & -\mathrm{j}0.0761 \\ 0 & 0 & 0 & 0 & -\mathrm{j}0.0761 & \mathrm{j}0.4595 \end{bmatrix}\mu\mathrm{S/m} \tag{3.81}$$

3.3.2　交叉互联电缆

交叉互联电缆的屏蔽层是交叉连接的，如1.2节和图3.6所示。由于相间耦合电感的变化，这种排列改变了串联阻抗矩阵。因此，必须分别针对每个小换位段，编写三个矩阵。

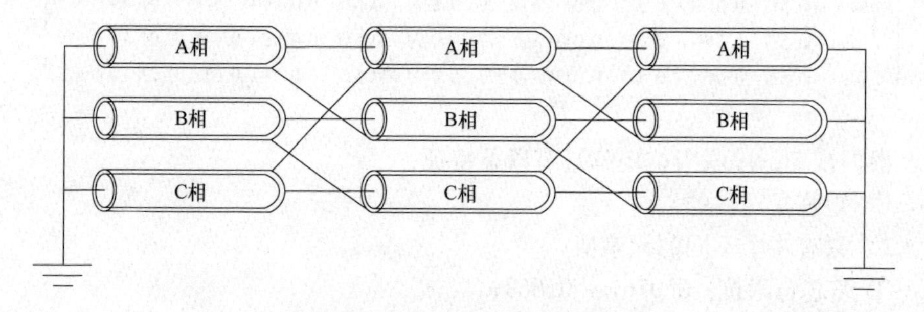

图3.6　交叉互联电缆的换位段

描述第一个小换位段阻抗的矩阵与描述两端连接电缆的矩阵（3.28）相同，而描述其他两个小换位段的矩阵如式（3.82）和式（3.83）所示。两个矩阵的变化与屏蔽层位置的变化相关，而缆芯之间和铠装层之间的耦合保持不变。例如，在描述第一个小换位段的矩阵中，第二列是A相的屏蔽层，而在第二个小换位段中，它对应于 B 相的屏蔽层，以及在第三个小换位段中对应于 C 相的屏蔽层。然而，三个矩阵的第一列都用于描述 A 相缆芯。

缆芯1　屏蔽层2　铠装层1　缆芯2　屏蔽层3　铠装层2　缆芯3　屏蔽层1　铠装层3

$$[\boldsymbol{Z}_{S2}]=\begin{bmatrix} Z_{C1C1} & Z_{C1S2} & Z_{C1A1} & Z_{C1C2} & Z_{C1S3} & Z_{C1A2} & Z_{C1C3} & Z_{C1S1} & Z_{C1A3} \\ Z_{S2C1} & Z_{S2S2} & Z_{S2A1} & Z_{S2C2} & Z_{S2S3} & Z_{S2A2} & Z_{S2C3} & Z_{S2S1} & Z_{S2A3} \\ Z_{A1C1} & Z_{A1S2} & Z_{A1A1} & Z_{A1C2} & Z_{A1S3} & Z_{A1A2} & Z_{A1C3} & Z_{A1S1} & Z_{A1A3} \\ Z_{C2C1} & Z_{C2S2} & Z_{C2A1} & Z_{C2C2} & Z_{C2S3} & Z_{C2A2} & Z_{C2C3} & Z_{C2S1} & Z_{C2A3} \\ Z_{S3C1} & Z_{S3S2} & Z_{S3A1} & Z_{S3C2} & Z_{S3S3} & Z_{S3A2} & Z_{S3C3} & Z_{S3S1} & Z_{S3A3} \\ Z_{A2C1} & Z_{A2S2} & Z_{A2A1} & Z_{A2C2} & Z_{A2S3} & Z_{A2A2} & Z_{A2C3} & Z_{A2S1} & Z_{A2A3} \\ Z_{C3C1} & Z_{C3S2} & Z_{C3A1} & Z_{C3C2} & Z_{C3S3} & Z_{C3A2} & Z_{C3C3} & Z_{C3S1} & Z_{C3A3} \\ Z_{S1C1} & Z_{S1S2} & Z_{S1A1} & Z_{S1C2} & Z_{S1S3} & Z_{S1A2} & Z_{S1C3} & Z_{S1S1} & Z_{S1A3} \\ Z_{A3C1} & Z_{A3S2} & Z_{A3A1} & Z_{A3C2} & Z_{A3S3} & Z_{A3A2} & Z_{A3C3} & Z_{A3S1} & Z_{A3A3} \end{bmatrix} \tag{3.82}$$

缆芯1　屏蔽层2　铠装层1　缆芯2　屏蔽层3　铠装层2　缆芯3　屏蔽层1　铠装层3

$$[\boldsymbol{Z}_{S3}]=\begin{bmatrix} Z_{C1C1} & Z_{C1S3} & Z_{C1A1} & Z_{C1C2} & Z_{C1S1} & Z_{C1A2} & Z_{C1C3} & Z_{C1S2} & Z_{C1A3} \\ Z_{S3C1} & Z_{S3S3} & Z_{S3A1} & Z_{S3C2} & Z_{S3S1} & Z_{S3A2} & Z_{S3C3} & Z_{S3S2} & Z_{S3A3} \\ Z_{A1C1} & Z_{A1S3} & Z_{A1A1} & Z_{A1C2} & Z_{A1S1} & Z_{A1A2} & Z_{A1C3} & Z_{A1S2} & Z_{A1A3} \\ Z_{C2C1} & Z_{C2S3} & Z_{C2A1} & Z_{C2C2} & Z_{C2S1} & Z_{C2A2} & Z_{C2C3} & Z_{C2S2} & Z_{C2A3} \\ Z_{S1C1} & Z_{S1S3} & Z_{S1A1} & Z_{S1C2} & Z_{S1S1} & Z_{S1A2} & Z_{S1C3} & Z_{S1S2} & Z_{S1A3} \\ Z_{A2C1} & Z_{A2S3} & Z_{A2A1} & Z_{A2C2} & Z_{A2S1} & Z_{A2A2} & Z_{A2C3} & Z_{A2S2} & Z_{A2A3} \\ Z_{C3C1} & Z_{C3S3} & Z_{C3A1} & Z_{C3C2} & Z_{C3S1} & Z_{C3A2} & Z_{C3C3} & Z_{C3S2} & Z_{C3A3} \\ Z_{S2C1} & Z_{S2S3} & Z_{S2A1} & Z_{S2C2} & Z_{S2S1} & Z_{S2A2} & Z_{S2C3} & Z_{S2S2} & Z_{S2A3} \\ Z_{A3C1} & Z_{A3S3} & Z_{A3A1} & Z_{A3C2} & Z_{A3S1} & Z_{A3A2} & Z_{A3C3} & Z_{A3S2} & Z_{A3A3} \end{bmatrix} \tag{3.83}$$

然后求出三个小换位段阻抗的平均值得到总阻抗式（3.84）。这个结论仅适用于假设中理想的交叉互联电缆，即屏蔽层完美换位。我们将在 3.5 节中看到，如果电缆交叉互联换位不足，那么式（3.84）将不再有效。

$$[\boldsymbol{Z}]=\frac{[\boldsymbol{Z}_{S1}]+[\boldsymbol{Z}_{S2}]+[\boldsymbol{Z}_{S3}]}{3} \tag{3.84}$$

类似的推导可以同样适用于导纳矩阵，但是并不是所有相的值都完全相同。

3.3.3　三芯电缆（管式）

图 3.7 所示为一种典型的管式电缆，我们将采用回路分析方法进行分析。

图3.8所示为与管式电缆相关的两个回路。对于每相具有各自铠装层的管式电缆，屏蔽层和管道之间将会有第三个回路，类似图3.3。

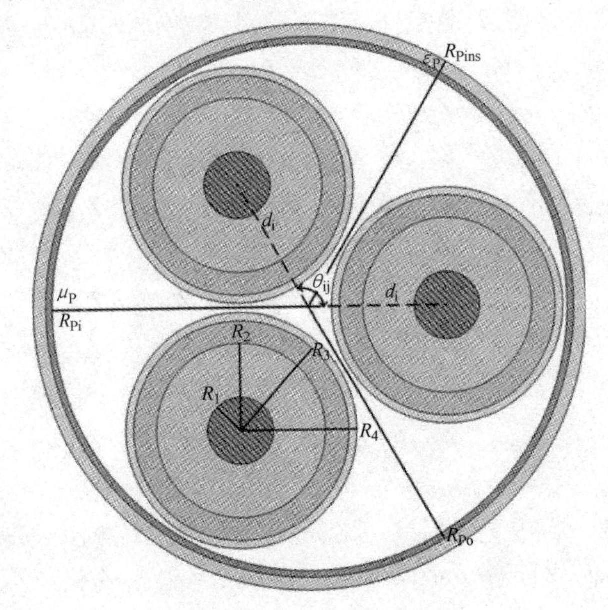

图3.7 管式电缆横截面

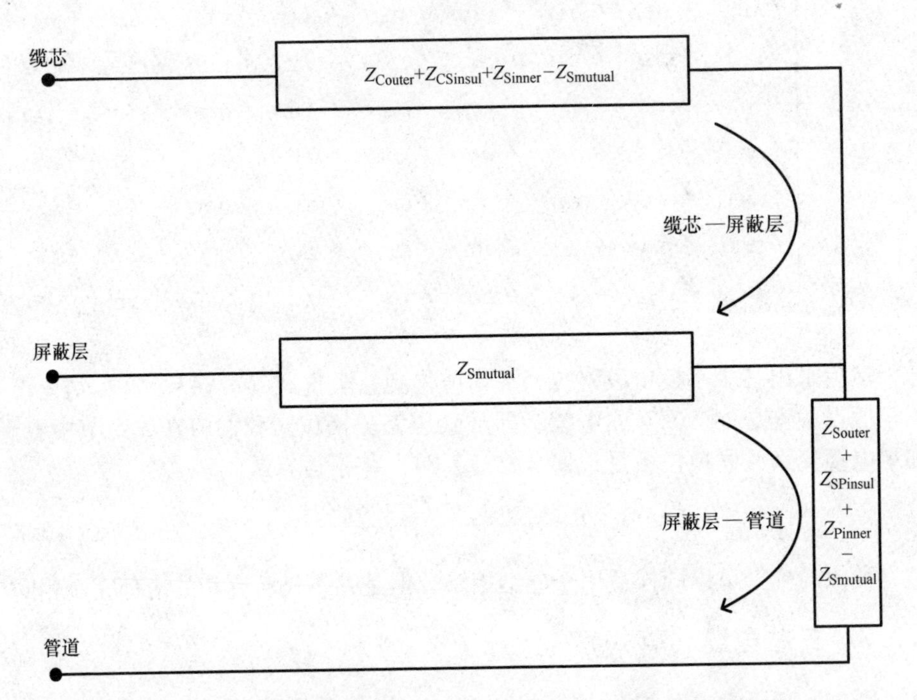

图3.8 两个回路的阻抗等效电路（管式电缆，管壁厚度无限大）

在图3.8这个模型中，我们假设管壁的厚度大于管道的穿透深度。除了低频情况之外，这个假设通常是正确的。换句话说，我们认为管壁厚度是无限大的。

因此，我们可以假设所有的电流经由管道返回，接地电流可以忽略。

从单芯电缆实例可知，导体自电阻可以通过图3.8的缆芯—大地回路来计算，这比正规方法更加容易。

缆芯—屏蔽层回路与单芯电缆相同，因为电缆芯、绝缘层和屏蔽层都没有变化。

屏蔽层—管道回路中的参数取决于管道和管道内电缆的结构。

绝缘串联阻抗由式（3.85）给出，该式可分为两部分。第一部分涉及图3.7中R_3与R_4之间每个屏蔽层的绝缘，其计算与单芯电缆相同。然而，三芯电缆的每个屏蔽层并不总是具有单独的绝缘，在这种情况下，R_4等于R_3，且最终结果为零。

方程第二部分涉及管内绝缘。我们改变公式以适应电缆相对于管中心的非同轴性。举例来说，如果管式电缆在中心位置只有一根导体，则变量d将为零，方程的第二部分与第一部分将具有相同的结构。请注意，如果每相与管道中心距离相同，则三相Z_{SPinsul}值相等。因此，如果导体位于管式电缆底部，则三相绝缘串联阻抗将各不相同。

$$Z_{\mathrm{SPinsul}}=\frac{\mathrm{j}\omega\mu_{\mathrm{out\_ins}}}{2\pi}\ln\left(\frac{R_4}{R_3}\right)+\frac{\mathrm{j}\omega\mu_0\mu_{\mathrm{P}}}{2\pi}\ln\left\{\frac{R_{\mathrm{Pi}}}{R_4}\left[1-\left(\frac{d}{R_{\mathrm{Pi}}}\right)^2\right]\right\}\tag{3.85}$$

式（3.86）给出的管内串联阻抗也可分为两部分。方程的第一部分和用于计算屏蔽层串联内阻抗的公式相同，但其中管道的参数已改变。方程的第二部分是由于电缆的非同轴性而产生的。

$$\begin{aligned}Z_{\mathrm{Pinner}}=\frac{\mathrm{j}\omega\mu_0}{2\pi}\Bigg[&\frac{\mu_{\mathrm{P}}}{m_{\mathrm{P}}R_{\mathrm{Pi}}}\frac{J_{\mathrm{o}}(m_{\mathrm{P}}R_{\mathrm{Pi}})K_1(m_{\mathrm{P}}R_{\mathrm{Po}})+K_{\mathrm{o}}(m_{\mathrm{P}}R_{\mathrm{Pi}})J_1(m_{\mathrm{P}}R_{\mathrm{Po}})}{K_1(m_{\mathrm{P}}R_{\mathrm{Pi}})J_1(m_{\mathrm{P}}R_{\mathrm{Po}})-J_1(m_{\mathrm{P}}R_{\mathrm{Pi}})K_1(m_{\mathrm{P}}R_{\mathrm{Po}})}+\\&2\mu_{\mathrm{P}}\sum_{n=1}^{\infty}\left(\frac{d}{R_{\mathrm{Pi}}}\right)^{2n}\frac{1}{n(1+\mu_{\mathrm{P}})+m_{\mathrm{P}}R_{\mathrm{Pi}}\dfrac{K_{n-1}(m_{\mathrm{P}}R_{\mathrm{Pi}})}{K_n(m_{\mathrm{P}}R_{\mathrm{Pi}})}}\Bigg]\end{aligned}\tag{3.86}$$

阻抗矩阵还包含管道内部电缆之间的互阻抗，使用式（3.87）进行计算。

$$\begin{aligned}Z_{\mathrm{Pipe\_mutual}}=\frac{\mathrm{j}\omega\mu_0}{2\pi}\Bigg\{&\ln\left(\frac{R_{\mathrm{Pi}}}{\sqrt{d_{\mathrm{i}}^2+d_{\mathrm{j}}^2-2d_{\mathrm{i}}d_{\mathrm{j}}\cos(\theta_{\mathrm{ij}})}}\right)+\\&\frac{\mu_{\mathrm{P}}}{m_{\mathrm{P}}R_{\mathrm{Pi}}}\frac{J_{\mathrm{o}}(m_{\mathrm{P}}R_{\mathrm{Pi}})K_1(m_{\mathrm{P}}R_{\mathrm{Po}})+K_{\mathrm{o}}(m_{\mathrm{P}}R_{\mathrm{Pi}})J_1(m_{\mathrm{P}}R_{\mathrm{Po}})}{K_1(m_{\mathrm{P}}R_{\mathrm{Pi}})J_1(m_{\mathrm{P}}R_{\mathrm{Po}})-J_1(m_{\mathrm{P}}R_{\mathrm{Pi}})K_1(m_{\mathrm{P}}R_{\mathrm{Po}})}+\\&\sum_{n=1}^{\infty}\left(\frac{d_{\mathrm{i}}d_{\mathrm{j}}}{R_{\mathrm{Pi}}^2}\right)^n\cos(n\theta_{\mathrm{ij}})\left[\frac{2}{n(1+\mu_{\mathrm{P}})+m_{\mathrm{P}}R_{\mathrm{Pi}}\dfrac{K_{n-1}(m_{\mathrm{P}}R_{\mathrm{Pi}})}{K_n(m_{\mathrm{P}}R_{\mathrm{Pi}})}}-\frac{1}{n}\right]\Bigg\}\end{aligned}\tag{3.87}$$

现在，我们已经拥有写出阻抗矩阵（3.88）所需的全部信息。

$$[\boldsymbol{Z}]=\begin{array}{c} \text{缆芯1 屏蔽层1 缆芯2 屏蔽层2 缆芯3 屏蔽层3} \\ \begin{pmatrix} Z_{11} & Z_{12} & Z_{pm12} & Z_{pm12} & Z_{pm13} & Z_{pm13} \\ Z_{12} & Z_{22} & Z_{pm12} & Z_{pm12} & Z_{pm13} & Z_{pm13} \\ Z_{pm12} & Z_{pm12} & Z_{11} & Z_{12} & Z_{pm23} & Z_{pm23} \\ Z_{pm12} & Z_{pm12} & Z_{12} & Z_{22} & Z_{pm23} & Z_{pm23} \\ Z_{pm13} & Z_{pm13} & Z_{pm23} & Z_{pm23} & Z_{11} & Z_{12} \\ Z_{pm13} & Z_{pm13} & Z_{pm23} & Z_{pm23} & Z_{12} & Z_{22} \end{pmatrix} \end{array} \tag{3.88}$$

式中

$$Z_{11}=Z_{Couter}+Z_{CSinsul}+Z_{Sinner}+Z_{Souter}+Z_{SPinsul}+Z_{Pinner}-2Z_{Smutual}$$

$$Z_{22}=Z_{Souter}+Z_{SPinsul}+Z_{Pinner}$$

$$Z_{12}=Z_{Souter}+Z_{SPinsul}+Z_{Pinner}-Z_{Smutual}$$

$$Z_{pmij}=Z_{Pipe\_mutual}$$

比较管式电缆和单芯电缆的阻抗矩阵，可以看出它们非常相似。这种相似性是有道理的，因为模型中假设大地返回被管道返回所代替。因此，唯一的区别是 Z_{earth} 由 Z_{Pinner} 代替，而 Z_{earth_mutual} 由 Z_{Pipe_mutual} 代替。

我们已假设管壁厚度大于穿透深度，而且没有电流经由大地返回。这个假设对于低频是不成立的。在低频情况下，必须考虑经由大地返回的电流。图 3.9 显示了这种情况下的电流回路。

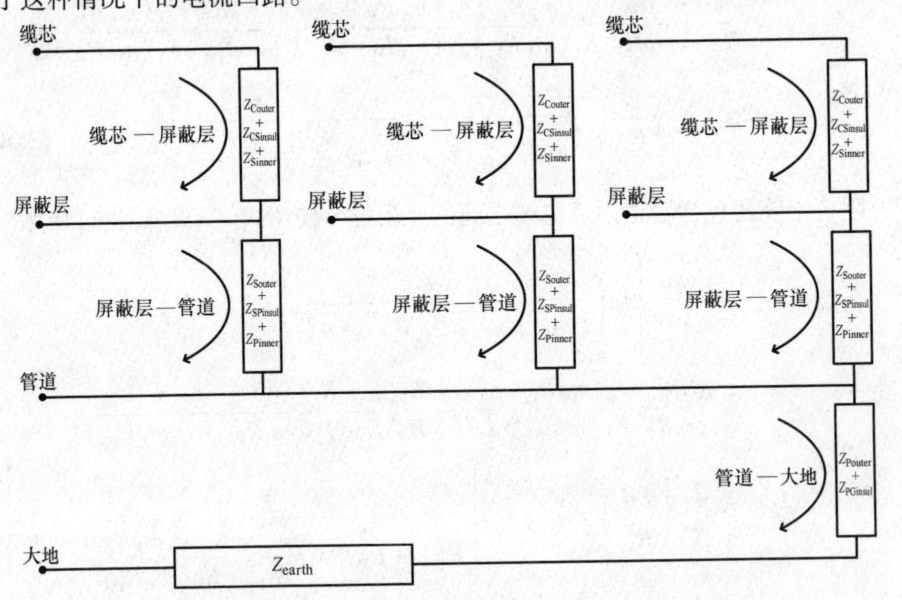

图 3.9　两个回路的阻抗等效电路（管式电缆，管壁厚度有限）

这里出现之前提及的三个新参数：Z_{Pmutual}、Z_{Pouter}和Z_{PGinsul}。

用于计算管道串联互阻抗的公式和上面用于计算屏蔽层和铠装层互阻抗使用的公式类似，都是将其中的变量替换为管道相关的变量，如式（3.89）所示。

$$Z_{\text{Pmutual}}=\frac{\rho_{\text{P}}}{2\pi R_{\text{Pi}}R_{\text{Po}}}\frac{1}{K_1(m_{\text{P}}R_{\text{Pi}})J_1(m_{\text{P}}R_{\text{Po}})-J_1(m_{\text{P}}R_{\text{Pi}})K_1(m_{\text{P}}R_{\text{Po}})} \tag{3.89}$$

最后，我们分析管道—大地回路。与前述公式相比，本公式没有什么新内容。管外串联阻抗由式（3.90）给出，而管道绝缘串联阻抗由式（3.91）给出。如果管道没有绝缘，则绝缘串联阻抗不存在。

$$Z_{\text{Pouter}}=\frac{\rho_{\text{P}}m_{\text{P}}}{2\pi R_{\text{Po}}}\coth[m_{\text{P}}(R_{\text{Po}}-R_{\text{Pi}})]+\frac{\rho_{\text{P}}}{2\pi R_{\text{Po}}(R_{\text{Po}}+R_{\text{Pi}})} \tag{3.90}$$

$$Z_{\text{PGinsul}}(\omega)=\frac{\text{j}\omega\mu_{\text{P}}}{2\pi}\ln\left(\frac{R_{\text{Pins}}}{R_{\text{Po}}}\right) \tag{3.91}$$

回路方程组如方程（3.92）所示。

$$\begin{bmatrix} V_{\text{CS1}} \\ V_{\text{SP1}} \\ V_{\text{CS1}} \\ V_{\text{SP1}} \\ V_{\text{CS1}} \\ V_{\text{SP1}} \\ V_{\text{PG}} \end{bmatrix}=\begin{bmatrix} Z_{\text{L\_CS}} & Z_{\text{Lm\_CS}} & 0 & 0 & 0 & 0 & 0 \\ Z_{\text{Lm\_CS}} & Z_{\text{L\_SP}} & 0 & Z_{\text{pm12}} & 0 & Z_{\text{pm13}} & Z_{\text{pm1g}} \\ 0 & 0 & Z_{\text{L\_CS}} & Z_{\text{Lm\_CS}} & 0 & 0 & 0 \\ 0 & Z_{\text{pm12}} & Z_{\text{Lm\_CS}} & Z_{\text{L\_SP}} & 0 & Z_{\text{pm23}} & Z_{\text{pm2g}} \\ 0 & 0 & 0 & 0 & Z_{\text{L\_CS}} & Z_{\text{Lm\_CS}} & 0 \\ 0 & Z_{\text{pm13}} & 0 & Z_{\text{pm23}} & Z_{\text{Lm\_CS}} & Z_{\text{L\_SP}} & Z_{\text{pm3g}} \\ 0 & Z_{\text{pm1g}} & 0 & Z_{\text{pm2g}} & 0 & Z_{\text{pm3g}} & Z_{\text{L\_PG}} \end{bmatrix}\cdot\begin{bmatrix} I_{\text{CS1}} \\ I_{\text{SP1}} \\ I_{\text{CS1}} \\ I_{\text{SP1}} \\ I_{\text{CS1}} \\ I_{\text{SP1}} \\ I_{\text{PG}} \end{bmatrix} \tag{3.92}$$

式中

$$Z_{\text{pmig}}=-Z_{\text{Pmutual}}$$

$$Z_{\text{L\_PG}}=Z_{\text{Pouter}}+Z_{\text{PGinsul}}+Z_{\text{earth}}$$

为了纳入管道—大地回路，需要将转换矩阵［$\boldsymbol{A}$］变化为矩阵（3.93）。前6行与三相单芯情况相同，但最后一行必须更改以反映管道在电流通路中的影响。

图3.9显示了4个与管道相关的电流回路：三个具有负方向的屏蔽层—管道回路和一个具有正方向的管道—大地回路。因此，矩阵第7行中与屏蔽层相关的元素为-1，与管道相关的元素为1。

$$[\boldsymbol{A}]=\begin{bmatrix}1&0&0&0&0&0&0\\-1&1&0&0&0&0&0\\0&0&1&0&0&0&0\\0&0&-1&1&0&0&0\\0&0&0&0&1&0&0\\0&0&0&0&-1&1&0\\0&-1&0&-1&0&-1&1\end{bmatrix}\tag{3.93}$$

由方程(3.59)~方程(3.92)和矩阵(3.93)，得到串联阻抗矩阵(3.94)。

缆芯1　屏蔽层1　缆芯2　屏蔽层2　缆芯3　屏蔽层3　管道

$$[\boldsymbol{Z}]=\begin{bmatrix}Z_{11}&Z_{12}&Z_{pm12}&Z_{pm12}&Z_{pm13}&Z_{pm13}&Z_{pm1p}\\Z_{12}&Z_{22}&Z_{pm12}&Z_{pm12}&Z_{pm13}&Z_{pm13}&Z_{pm1p}\\Z_{pm12}&Z_{pm12}&Z_{11}&Z_{12}&Z_{pm23}&Z_{pm23}&Z_{pm2p}\\Z_{pm12}&Z_{pm12}&Z_{12}&Z_{22}&Z_{pm23}&Z_{pm23}&Z_{pm2p}\\Z_{pm13}&Z_{pm13}&Z_{pm23}&Z_{pm23}&Z_{11}&Z_{12}&Z_{pm3p}\\Z_{pm13}&Z_{pm13}&Z_{pm23}&Z_{pm23}&Z_{12}&Z_{22}&Z_{pm3p}\\Z_{pm1p}&Z_{pm1p}&Z_{pm2p}&Z_{pm2p}&Z_{pm3p}&Z_{pm3p}&Z_{33}\end{bmatrix}\tag{3.94}$$

式中

$$Z_{11}=Z_{\text{Couter}}+Z_{\text{CSinsul}}+Z_{\text{Sinner}}+Z_{\text{Souter}}+Z_{\text{SPinsul}}+Z_{\text{Pinner}}+Z_{\text{Pouter}}+Z_{\text{PGinsul}}+Z_{\text{earth}}-2Z_{\text{Smutual}}-2Z_{\text{Pmutual}}$$

$$Z_{22}=Z_{\text{Souter}}+Z_{\text{SPinsul}}+Z_{\text{Pinner}}+Z_{\text{Pouter}}+Z_{\text{PGinsul}}+Z_{\text{earth}}-2Z_{\text{Pmutual}}$$

$$Z_{33}=Z_{\text{Pouter}}+Z_{\text{PGinsul}}+Z_{\text{earth}}$$

$$Z_{12}=Z_{\text{Souter}}+Z_{\text{SPinsul}}+Z_{\text{Pinner}}+Z_{\text{Pouter}}+Z_{\text{PGinsul}}+Z_{\text{earth}}-Z_{\text{Smutual}}-2Z_{\text{Pmtual}}$$

$$Z_{\text{pmij}}=Z_{\text{Pipe\_ mutual}}+Z_{\text{Pouter}}+Z_{\text{PGinsul}}+Z_{\text{earth}}-2Z_{\text{Pmutual}}$$

$$Z_{\text{pmip}}=Z_{\text{Pouter}}+Z_{\text{PGinsul}}+Z_{\text{earth}}-Z_{\text{Pmutual}}$$

比较两个串联阻抗矩阵，似乎表明管壁的厚度对结果有很大的影响。矩阵维数会增加，各元素值改变，且两个矩阵完全不同。

然而，对结果更详细的分析表明，管壁厚度的影响通常很小，并且电流/电压波形和振幅实际上不会改变。如图 3.10 所示，两种情况下的频谱也很相似(两种情况都适用于实例 3.3.3.1 中研究的电缆)。由于穿透深度通常小于电缆厚度，我们可以预计这种相似性。

这不是通用规则，取决于几何结构，但对于最常见的配置和布局条件来说是正确的。

导纳矩阵

与阻抗矩阵一样，管式电缆的导纳矩阵也比单芯电缆的导纳矩阵复杂得多。

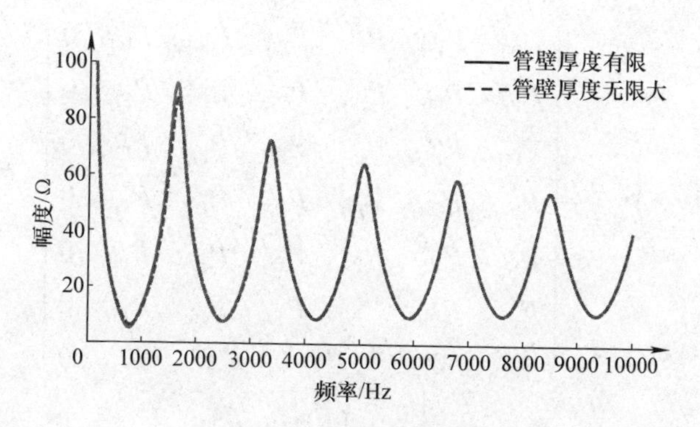

图3.10　50km电缆频谱

总导纳为多项的组合，因此利用电位系数矩阵可以很容易地写出每一个来源，然后通过简单的相加和矩阵求逆得到导纳矩阵（3.95）。

$$[\boldsymbol{Y}] = \mathrm{j}\omega[\boldsymbol{P}]^{-1} \tag{3.95}$$

该矩阵可以分成三部分[见式(3.96)]：

1）缆芯和屏蔽层的电位系数（$\boldsymbol{P}_\mathrm{i}$），

2）电缆和管道之间的电位系数（$\boldsymbol{P}_\mathrm{p}$），

3）管道与大地之间的电位系数（$\boldsymbol{P}_\mathrm{c}$）。

$$[\boldsymbol{P}] = [\boldsymbol{P}_\mathrm{i}] + [\boldsymbol{P}_\mathrm{p}] + [\boldsymbol{P}_\mathrm{c}] \tag{3.96}$$

缆芯和屏蔽层的电位系数矩阵（3.97）与单芯电缆的电位系数矩阵相同。缆芯与屏蔽层之间以及屏蔽层和大地之间存在电位，但各相之间不存在。

$$[\boldsymbol{P}_\mathrm{i}] = \begin{bmatrix} P_\mathrm{cond}+P_\mathrm{screen} & P_\mathrm{screen} & 0 & 0 & 0 & 0 & 0 \\ P_\mathrm{screen} & P_\mathrm{screen} & 0 & 0 & 0 & 0 & 0 \\ 0 & 0 & P_\mathrm{cond}+P_\mathrm{screen} & P_\mathrm{screen} & 0 & 0 & 0 \\ 0 & 0 & P_\mathrm{screen} & P_\mathrm{screen} & 0 & 0 & 0 \\ 0 & 0 & 0 & 0 & P_\mathrm{cond}+P_\mathrm{screen} & P_\mathrm{screen} & 0 \\ 0 & 0 & 0 & 0 & P_\mathrm{screen} & P_\mathrm{screen} & 0 \\ 0 & 0 & 0 & 0 & 0 & 0 & 0 \end{bmatrix} \tag{3.97}$$

矩阵（3.98）给出了三相和管道之间的电位系数。我们需要再次将电缆的非同心性纳入考虑。

$$[\boldsymbol{P}_{\mathrm{p}}]=\begin{bmatrix} P_{\mathrm{Pii}} & P_{\mathrm{Pii}} & P_{\mathrm{Pij}} & P_{\mathrm{Pij}} & P_{\mathrm{Pij}} & P_{\mathrm{Pij}} & 0 \\ P_{\mathrm{Pii}} & P_{\mathrm{Pii}} & P_{\mathrm{Pij}} & P_{\mathrm{Pij}} & P_{\mathrm{Pij}} & P_{\mathrm{Pij}} & 0 \\ P_{\mathrm{Pij}} & P_{\mathrm{Pij}} & P_{\mathrm{Pii}} & P_{\mathrm{Pii}} & P_{\mathrm{Pij}} & P_{\mathrm{Pij}} & 0 \\ P_{\mathrm{Pij}} & P_{\mathrm{Pij}} & P_{\mathrm{Pii}} & P_{\mathrm{Pii}} & P_{\mathrm{Pij}} & P_{\mathrm{Pij}} & 0 \\ P_{\mathrm{Pij}} & P_{\mathrm{Pij}} & P_{\mathrm{Pij}} & P_{\mathrm{Pij}} & P_{\mathrm{Pii}} & P_{\mathrm{Pii}} & 0 \\ P_{\mathrm{Pij}} & P_{\mathrm{Pij}} & P_{\mathrm{Pij}} & P_{\mathrm{Pij}} & P_{\mathrm{Pii}} & P_{\mathrm{Pii}} & 0 \\ 0 & 0 & 0 & 0 & 0 & 0 & 0 \end{bmatrix} \tag{3.98}$$

$$P_{\mathrm{Pii}}=\frac{1}{2\pi\varepsilon_{\mathrm{pipe}}}\ln\left[\frac{R_{\mathrm{Pi}}}{R_4}\left(1-\frac{d_{\mathrm{i}}}{R_4}\right)^2\right] \tag{3.99}$$

$$P_{\mathrm{Pij}}=\frac{1}{2\pi\varepsilon_{\mathrm{pipe}}}\left(\ln\left(\frac{R_{\mathrm{Pi}}}{\sqrt{d_{\mathrm{i}}^2+d_{\mathrm{j}}^2-2d_{\mathrm{i}}d_{\mathrm{j}}\cos(\theta_{\mathrm{ij}})}}\right)-\sum_{n=1}^{\infty}\frac{\left(\frac{d_{\mathrm{i}}d_{\mathrm{j}}}{R_{\mathrm{Pi}}}\right)^2\cos(n\theta_{\mathrm{ij}})}{n}\right) \tag{3.100}$$

管道与大地之间电位系数的存在取决于管壁的厚度。如果管壁厚度被认为是无限大，则矩阵所有的元素都为零，其他电位系数矩阵也会随着最后一行和一列消除而减少。如果管壁厚度不被认为是无限的，并且有一部分电流经由大地返回，矩阵将根据式（3.101）计算。

$$[\boldsymbol{P}_{\mathrm{c}}]=\begin{bmatrix} P_{\mathrm{pipe}} & P_{\mathrm{pipe}} & P_{\mathrm{pipe}} & P_{\mathrm{pipe}} & P_{\mathrm{pipe}} & P_{\mathrm{pipe}} & P_{\mathrm{pipe}} \\ P_{\mathrm{pipe}} & P_{\mathrm{pipe}} & P_{\mathrm{pipe}} & P_{\mathrm{pipe}} & P_{\mathrm{pipe}} & P_{\mathrm{pipe}} & P_{\mathrm{pipe}} \\ P_{\mathrm{pipe}} & P_{\mathrm{pipe}} & P_{\mathrm{pipe}} & P_{\mathrm{pipe}} & P_{\mathrm{pipe}} & P_{\mathrm{pipe}} & P_{\mathrm{pipe}} \\ P_{\mathrm{pipe}} & P_{\mathrm{pipe}} & P_{\mathrm{pipe}} & P_{\mathrm{pipe}} & P_{\mathrm{pipe}} & P_{\mathrm{pipe}} & P_{\mathrm{pipe}} \\ P_{\mathrm{pipe}} & P_{\mathrm{pipe}} & P_{\mathrm{pipe}} & P_{\mathrm{pipe}} & P_{\mathrm{pipe}} & P_{\mathrm{pipe}} & P_{\mathrm{pipe}} \\ P_{\mathrm{pipe}} & P_{\mathrm{pipe}} & P_{\mathrm{pipe}} & P_{\mathrm{pipe}} & P_{\mathrm{pipe}} & P_{\mathrm{pipe}} & P_{\mathrm{pipe}} \\ P_{\mathrm{pipe}} & P_{\mathrm{pipe}} & P_{\mathrm{pipe}} & P_{\mathrm{pipe}} & P_{\mathrm{pipe}} & P_{\mathrm{pipe}} & P_{\mathrm{pipe}} \end{bmatrix} \tag{3.101}$$

$$P_{\mathrm{pipe}}=\frac{1}{2\pi\varepsilon_{\mathrm{P}}}\ln\left(\frac{R_{\mathrm{Pins}}}{R_{\mathrm{Po}}}\right) \tag{3.102}$$

实例

本书网站提供了计算参数的 Matlab 代码。

实例中用的电缆与 3.3.1 节实例中一样，但被管道包围，管道参数见表 3.2。电缆结构与图 3.7 所示一致。

除了 Z_{earth}，前一实例中计算串联阻抗矩阵时用到的所有参数继续有效。新出现的参数计算如下。

$Z_{\text{SPinsul}} = 0 + \text{j}3.187 \times 10^{-5}\,\Omega\text{m}^{-1}$

$Z_{\text{Pinner}} = 2.219 \times 10^{-5} + \text{j}8.221 \times 10^{-6}\,\Omega\text{m}^{-1}$

$Z_{\text{Pouter}} = 1.850 \times 10^{-5} + \text{j}2.267 \times 10^{-6}\,\Omega\text{m}^{-1}$

$Z_{\text{PGinsul}} = 0 + \text{j}9.686 \times 10^{-6}\,\Omega\text{m}^{-1}$

$Z_{\text{Pmutual}} = 1.839 \times 10^{-5} + \text{j}1.196 \times 10^{-6}\,\Omega\text{m}^{-1}$

$Z_{\text{Pipe mutual}} = 1.683 \times 10^{-5} + \text{j}1.655 \times 10^{-5}\,\Omega\text{m}^{-1}$

$Z_{\text{earth}} = 4.945 \times 10^{-5} + \text{j}5.530 \times 10^{-4}\,\Omega\text{m}^{-1}$

串联阻抗由矩阵（3.103）给出。

$$[\boldsymbol{Z}] = \begin{bmatrix} 0.080+\text{j}0.668 & 0.053+\text{j}0.609 & 0.048+\text{j}0.584 & 0.048+\text{j}0.584 & 0.048+\text{j}0.584 & 0.048+\text{j}0.584 & 0.050+\text{j}0.566 \\ 0.053+\text{j}0.609 & 0.232+\text{j}0.608 & 0.048+\text{j}0.584 & 0.048+\text{j}0.584 & 0.048+\text{j}0.584 & 0.048+\text{j}0.584 & 0.050+\text{j}0.566 \\ 0.048+\text{j}0.584 & 0.048+\text{j}0.584 & 0.080+\text{j}0.668 & 0.053+\text{j}0.609 & 0.048+\text{j}0.584 & 0.048+\text{j}0.584 & 0.050+\text{j}0.566 \\ 0.048+\text{j}0.584 & 0.048+\text{j}0.584 & 0.053+\text{j}0.609 & 0.232+\text{j}0.608 & 0.048+\text{j}0.584 & 0.048+\text{j}0.584 & 0.050+\text{j}0.566 \\ 0.048+\text{j}0.584 & 0.048+\text{j}0.584 & 0.048+\text{j}0.584 & 0.048+\text{j}0.584 & 0.080+\text{j}0.668 & 0.053+\text{j}0.609 & 0.050+\text{j}0.566 \\ 0.048+\text{j}0.584 & 0.048+\text{j}0.584 & 0.048+\text{j}0.584 & 0.048+\text{j}0.584 & 0.053+\text{j}0.609 & 0.232+\text{j}0.608 & 0.050+\text{j}0.566 \\ 0.050+\text{j}0.566 & 0.050+\text{j}0.566 & 0.050+\text{j}0.566 & 0.050+\text{j}0.566 & 0.050+\text{j}0.566 & 0.050+\text{j}0.566 & 0.068+\text{j}0.565 \end{bmatrix} \text{m}\Omega\text{m}^{-1} \tag{3.103}$$

导纳矩阵由式(3.97)~式(3.102)的电位系数矩阵给出，计算得到的项在矩阵（3.104）中给出。

$P_{\text{cond}} = 4.127 \times 10^{9}\,\Omega$

$P_{\text{screen}} = 8.216 \times 10^{8}\,\Omega$

$P_{\text{Pii}} = 3.039 \times 10^{9}\,\Omega$

$P_{\text{Pij}} = 2.571 \times 10^{9}\,\Omega$

$P_{\text{pipe}} = 9.236 \times 10^{8}\,\Omega$

表 3.2 管式电缆数据

层	半径/mm
R_{Pi}	107
R_{Po}	120
R_{Pins}	140

注：$\rho_{\text{pipe}} = 1.71 \times 10^{-8}\,\Omega\cdot\text{m}$；$\mu_{\text{pipe\_rel}} = 1$；$\varepsilon_{\text{pipe\_rel}} = 3$。

$$[\boldsymbol{Y}] = \begin{bmatrix} \text{j}0.0761 & -\text{j}0.0761 & 0 & 0 & 0 & 0 & 0 \\ -\text{j}0.0761 & \text{j}0.1825 & 0 & -\text{j}0.0308 & 0 & -\text{j}0.0308 & -\text{j}0.0449 \\ 0 & 0 & \text{j}0.0761 & -\text{j}0.0761 & 0 & 0 & 0 \\ 0 & -\text{j}0.0308 & -\text{j}0.0761 & \text{j}0.1825 & 0 & -\text{j}0.0308 & -\text{j}0.0449 \\ 0 & 0 & 0 & 0 & \text{j}0.0761 & -\text{j}0.0761 & 0 \\ 0 & -\text{j}0.0308 & 0 & -\text{j}0.0308 & -\text{j}0.0761 & \text{j}0.1825 & -\text{j}0.0449 \\ 0 & -\text{j}0.0449 & 0 & -\text{j}0.0449 & 0 & -\text{j}0.0449 & \text{j}0.4747 \end{bmatrix} \mu\text{S/m} \tag{3.104}$$

如管道厚度无限大，那么串联阻抗矩阵与导纳矩阵可分别由矩阵（3.105）和矩阵（3.106）给出。

$$[\boldsymbol{Z}]=\begin{bmatrix} 0.049+j0.100 & 0.022+j0.042 & 0.017+j0.017 & 0.017+j0.017 & 0.017+j0.017 & 0.017+j0.017 \\ 0.022+j0.042 & 0.021+j0.041 & 0.017+j0.017 & 0.017+j0.017 & 0.017+j0.017 & 0.017+j0.017 \\ 0.017+j0.017 & 0.017+j0.017 & 0.049+j0.100 & 0.022+j0.042 & 0.017+j0.017 & 0.017+j0.017 \\ 0.017+j0.017 & 0.017+j0.017 & 0.022+j0.042 & 0.201+j0.041 & 0.017+j0.017 & 0.017+j0.017 \\ 0.017+j0.017 & 0.017+j0.017 & 0.017+j0.017 & 0.017+j0.017 & 0.049+j0.100 & 0.022+j0.042 \\ 0.017+j0.017 & 0.017+j0.017 & 0.017+j0.017 & 0.017+j0.017 & 0.022+j0.042 & 0.201+j0.041 \end{bmatrix}\mathrm{m\Omega m^{-1}} \tag{3.105}$$

$$[\boldsymbol{Y}]=\begin{bmatrix} j0.076 & -j0.076 & 0 & 0 & 0 & 0 \\ -j0.076 & j0.183 & 0 & 0 & 0 & 0 \\ 0 & 0 & j0.076 & -j0.076 & 0 & 0 \\ 0 & 0 & -j0.076 & j0.183 & 0 & 0 \\ 0 & 0 & 0 & 0 & j0.076 & -j0.076 \\ 0 & 0 & 0 & 0 & -j0.076 & j0.183 \end{bmatrix}\mu\mathrm{S/m} \tag{3.106}$$

3.3.4 小结

本节演示说明了用于计算两端连接或交叉互联电缆串联阻抗和导纳矩阵的常用方法。

串联阻抗矩阵的计算使用对应于各相导体（缆芯、屏蔽层和铠装层）之间回路的回路方程。然后使用变换矩阵将回路阻抗矩阵转换为通常在分析系统时使用的对应的串联阻抗矩阵。

导纳矩阵更容易计算，因为电场通常被限制在各相中，并且各相之间没有电耦合。

本节还演示了如何计算管式电缆的矩阵，以及考虑管道厚度有限或无限大的区别。因为穿透深度小于管道通常的厚度，所以管壁厚度通常可以被认为是无限大的。

两个例子说明了如何计算三相单芯电缆和管式电缆的矩阵。

3.4 模态分析

现在我们已经了解，分析电缆比分析架空线更复杂，因为通常需要使用具有6~9个耦合方程的系统。因此，如果我们能够解耦这些方程，将它们作为单线方程来求解，这对电缆分析将有极大帮助。

通过将相域方程变换到如下所述的模态域中，可以实现以上目的。这种方法最初为架空线而设计，而后亦用于地下电缆。数学推导过程完全相同，但是由于传导模态的数量较多，电缆的分析过程通常更为复杂。

3.4.1 方法

我们从改写波方程式开始。以前在3.2节中研究过的方程（3.14）和方程（3.15），分别变为方程（3.107）和方程（3.108）。[㊀]

$$\left[\frac{d^2\boldsymbol{V}_{ph}}{dx^2}\right]=[\boldsymbol{Z}_{ph}][\boldsymbol{Y}_{ph}][\boldsymbol{V}_{ph}] \tag{3.107}$$

$$\left[\frac{d^2\boldsymbol{I}_{ph}}{dx^2}\right]=[\boldsymbol{Y}_{ph}][\boldsymbol{Z}_{ph}][\boldsymbol{I}_{ph}] \tag{3.108}$$

我们的目的是将系统从耦合系统变换为解耦系统，即从相域到模态域，后者由特征值和特征向量理论构建。相域和模态域中电压之间的关系由式（3.109）给出，其中 $\boldsymbol{T}_V$ 是变换矩阵。由关系式（3.109），方程（3.107）可写为方程（3.110）。

$$[\boldsymbol{V}_{ph}]=[\boldsymbol{T}_V][\boldsymbol{V}_M] \tag{3.109}$$

$$\left[\frac{d^2\boldsymbol{V}_M}{dx^2}\right]=[\boldsymbol{T}_V]^{-1}[\boldsymbol{Z}_{ph}][\boldsymbol{Y}_{ph}][\boldsymbol{T}_V][\boldsymbol{V}_M] \tag{3.110}$$

利用变换矩阵 $\boldsymbol{T}_V$ 使得乘积 $[\boldsymbol{Z}_{ph}][\boldsymbol{Y}_{ph}]$ 对角线化，因此得到该乘积的特征向量，而特征值等于方程（3.111）的对角元素。因此，方程（3.110）可以写成方程（3.112）。

$$[\boldsymbol{\Lambda}]=[\boldsymbol{T}_V]^{-1}[\boldsymbol{Z}_{ph}][\boldsymbol{Y}_{ph}][\boldsymbol{T}_V] \tag{3.111}$$

$$\left[\frac{d^2\boldsymbol{V}_M}{dx^2}\right]=[\boldsymbol{\Lambda}][\boldsymbol{V}_M] \tag{3.112}$$

电流的推导与此相似。我们可以得出结论，电流的变换矩阵与电压的变换矩阵之间具有式（3.113）所示的关联。

$$\boldsymbol{T}_I=[\boldsymbol{T}_V]^{-T} \tag{3.113}$$

串联阻抗矩阵 $[\boldsymbol{Z}_{ph}]$ 和导纳矩阵 $[\boldsymbol{Y}_{ph}]$ 都是与频率相关的复数。因此，变换矩阵 $[\boldsymbol{T}_V]$、$[\boldsymbol{T}_I]$ 以及特征值也是与频率相关的复数。

当且仅当一个复矩阵是标准的时候，才能被解耦，即 $\boldsymbol{M}^*\boldsymbol{M}=\boldsymbol{M}\boldsymbol{M}^*$，其中 $\boldsymbol{M}^*$ 是 $\boldsymbol{M}$ 的共轭转置。换句话说，矩阵必须是 Hermitian 矩阵或酉矩阵。

$[\boldsymbol{Z}_{ph}]$ 和 $[\boldsymbol{Y}_{ph}]$ 矩阵的乘积永远不可能是 Hermitian 矩阵，因为这些矩阵

㊀ 处理矩阵时，矩阵顺序非任意。

的主对角线上必然存在实数项。

此外，矩阵的乘积不能是酉矩阵，因为列向量对于行向量必须构成正交基；除了一些特殊的情况外，这基本上是不可能的。

因此，模态分解可能不那么有效，因为模态继续耦合，因此变换矩阵是不恒定的，且随频率变化。

这在数学上正确，但是随着频率的增加，矩阵乘积的虚部接近于零（见图3.11），矩阵可以被认为是接近于实数，并且成为式（3.114）的形式。在这些条件下，三相单芯电缆矩阵可以对角化。

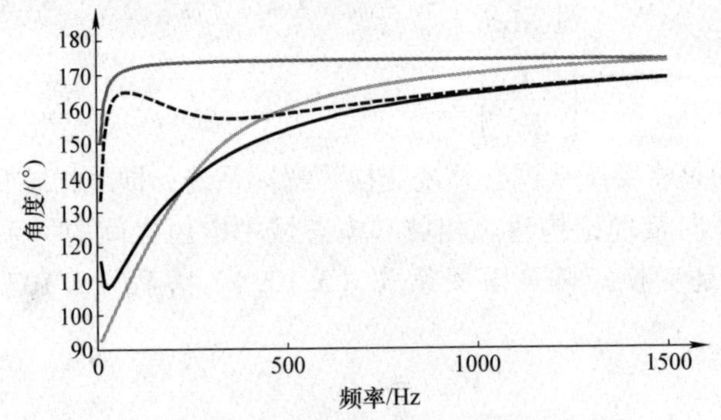

图3.11　频率函数中特征值的角度

$$\begin{bmatrix} a & 0 & 0 & b & e & e \\ 0 & a & 0 & e & b & e \\ 0 & 0 & a & e & e & b \\ c & 0 & 0 & d & e & e \\ 0 & c & 0 & e & d & e \\ 0 & 0 & c & e & e & d \end{bmatrix} \tag{3.114}$$

因此，通过一些简化，我们可以考虑以较小的误差为代价在几千赫兹以上的频率上解耦系统；通常频率超过200Hz时，误差小于10%；频率超过1kHz时，误差小于1%。

实例

本书网站附有计算SC电缆和管型电缆转换矩阵、速度和衰减的MATLAB代码。

作为示例，我们将计算3.3.1.1实例中描述的三相单芯电缆的转换矩阵。

串联阻抗矩阵和导纳矩阵如之前的实例所示。为了与其他作者和示例来源保持一致，两个矩阵的条目都会改变位置，如式（3.115）所示。三相缆芯现在位于在前三列/行中，接下来是屏蔽层。

$$
\boldsymbol{Z}_{\mathrm{ph}}=\begin{array}{c} \begin{array}{cccccc} \text{缆芯1} & \text{缆芯2} & \text{缆芯3} & \text{屏蔽层1} & \text{屏蔽层2} & \text{屏蔽层3} \end{array} \\ \begin{bmatrix} Z_{\mathrm{C1C1}} & Z_{\mathrm{C1C2}} & Z_{\mathrm{C1C3}} & Z_{\mathrm{C1S1}} & Z_{\mathrm{C1S2}} & Z_{\mathrm{C1S3}} \\ Z_{\mathrm{C2C1}} & Z_{\mathrm{C2C2}} & Z_{\mathrm{C2C3}} & Z_{\mathrm{C2S1}} & Z_{\mathrm{C2S2}} & Z_{\mathrm{C2S3}} \\ Z_{\mathrm{C3C1}} & Z_{\mathrm{C3C2}} & Z_{\mathrm{C3C3}} & Z_{\mathrm{C3S1}} & Z_{\mathrm{C3S2}} & Z_{\mathrm{C3S3}} \\ Z_{\mathrm{S1C1}} & Z_{\mathrm{S1C2}} & Z_{\mathrm{S1C3}} & Z_{\mathrm{S1S1}} & Z_{\mathrm{S1S2}} & Z_{\mathrm{S1S3}} \\ Z_{\mathrm{S2C1}} & Z_{\mathrm{S2C2}} & Z_{\mathrm{S2C3}} & Z_{\mathrm{S2S1}} & Z_{\mathrm{S2S2}} & Z_{\mathrm{S2S3}} \\ Z_{\mathrm{S3C1}} & Z_{\mathrm{C3C2}} & Z_{\mathrm{C3C3}} & Z_{\mathrm{S3S1}} & Z_{\mathrm{S3S2}} & Z_{\mathrm{S3S3}} \end{bmatrix} \end{array} \tag{3.115}
$$

鉴于频率高到足以解耦系统，我们可以得到电压变换矩阵和电流变换矩阵（3.116）⊖。

$$
[\boldsymbol{T}_{\mathrm{V}}]\simeq\begin{bmatrix} 1/\sqrt{6} & 0 & 1/\sqrt{3} & 1/\sqrt{3} & 2/\sqrt{6} & 0 \\ 1/\sqrt{6} & 1/2 & -1/(2\sqrt{3}) & 1/\sqrt{3} & -1/\sqrt{6} & 1/\sqrt{2} \\ 1/\sqrt{6} & -1/2 & -1/(2\sqrt{3}) & 1/\sqrt{3} & -1/\sqrt{6} & -1/\sqrt{2} \\ 1/\sqrt{6} & 0 & 1/\sqrt{3} & 0 & 0 & 0 \\ 1/\sqrt{6} & 1/2 & -1/(2\sqrt{3}) & 0 & 0 & 0 \\ 1/\sqrt{6} & -1/2 & -1/(2\sqrt{3}) & 0 & 0 & 0 \end{bmatrix}
$$

$$
[\boldsymbol{T}_{\mathrm{I}}]\simeq\begin{bmatrix} 0 & 0 & 0 & 1/\sqrt{3} & 2/\sqrt{6} & 0 \\ 0 & 0 & 0 & 1/\sqrt{3} & -1/\sqrt{6} & 1/\sqrt{2} \\ 0 & 0 & 0 & 1/\sqrt{3} & -1/\sqrt{6} & -1/\sqrt{2} \\ 2/\sqrt{6} & 0 & 2/\sqrt{3} & -1/(\sqrt{3}) & -2/\sqrt{6} & 0 \\ 2/\sqrt{6} & 1 & -1/(\sqrt{3}) & -1/(\sqrt{3}) & 1/\sqrt{6} & -1/\sqrt{2} \\ 2/\sqrt{6} & -1 & -1/(\sqrt{3}) & -1/(\sqrt{3}) & 1/\sqrt{6} & 1/\sqrt{2} \end{bmatrix} \tag{3.116}
$$

如前所述，变换矩阵随频率变化，并且在低频段变化较大。图3.12给出实例，显示了［$\boldsymbol{T}_{\mathrm{I}}$］第5列元素随频率的改变，我们观察到在低频区条目受频率影响极大。

此时我们需要分析结果的物理意义，并描述矩阵（3.116）的6种传播模态。三相单芯无铠装层电缆的传输模态可分为

1）每相的导体和护套之间的3个同轴模态（见图3.13）。

2）护套之间的2个护套间模态（见图3.14）。

3）护套和地之间的1个接地模态（见图3.15）。

⊖ 针对频率为20kHz的数值计算。

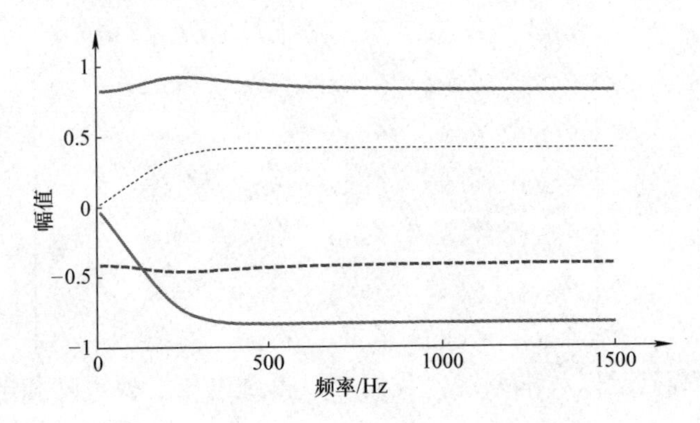

图 3.12　［$\boldsymbol{T}_{\mathrm{I}}$］矩阵第 5 列元素值

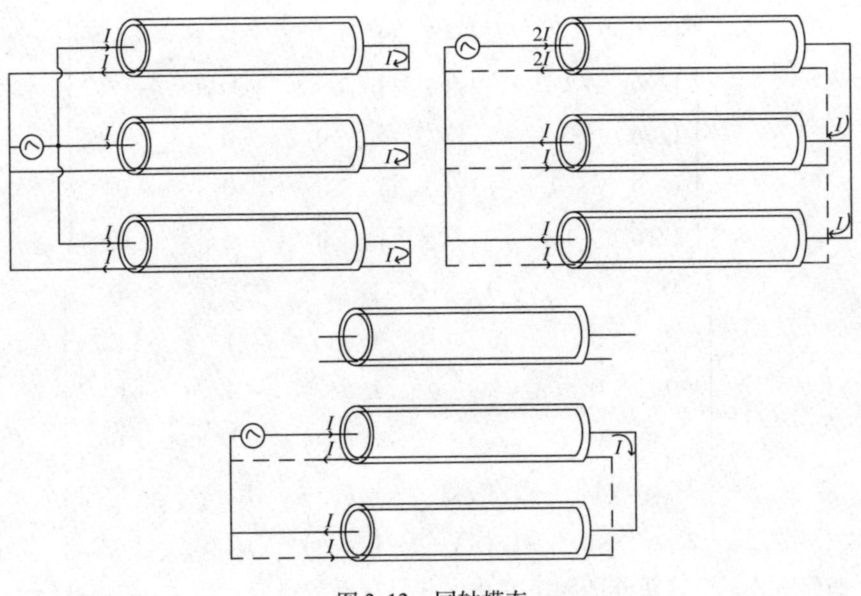

图 3.13　同轴模态

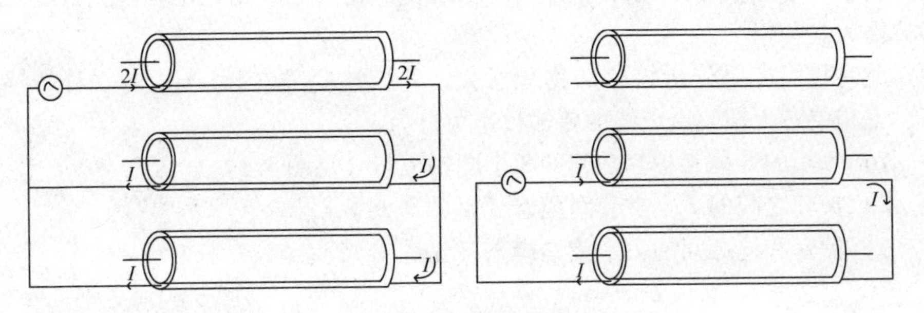

图 3.14　护套间模态

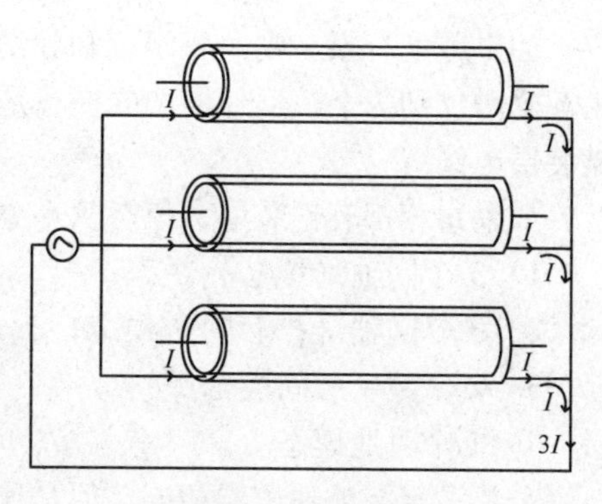

图3.15　对地模态

同轴模态对应于电缆芯屏蔽层回路，其中电缆芯中的电流在同一电缆的屏蔽层中完全返回。

第一个同轴模态是零序模态，其中相同的电流注入全部三个缆芯并从相应的屏蔽层返回。

第二个同轴模态可认为是一个导体间模态，电流注入一相，电流的一半从一相流出，另一半从另一相中流出。该模态与图3.12所示矩阵（3.116）中［$\boldsymbol{T}_{\mathrm{I}}$］的第五列相对应，其中一些元素在低频区域与频率相关度极大。注入导体中的电流产生一个磁通，它不仅与导体间的路径链接，还与护套路径链接。因此，产生了对抗磁链的护套间电流，并将导体间模态转换成同轴模态和护套间模态。感应环流大小取决于护套电阻，低频时环流相对较高。因此，低频时屏蔽层上的电流很小，模态为导体间模态。随着频率增加，屏蔽层的相对阻抗减小[⊖]，屏蔽层中的电流增加，且导体间模态变为较高频率的纯同轴模态。

第三个同轴模态也是低频时为导体间模态，电流从一相流入并从另一相返回，高频时为同轴模态。这种模态的表现方式类似于第二个同轴模态，只有在高频时才能作为纯同轴模态。

护套间模态对应于屏蔽层—屏蔽层回路，在一个屏蔽层中流动的电流从其他电缆的一个或两个屏蔽层中返回。

第一个护套间模态在一相的屏蔽层中注入电流，并从一相中流出一半，从另一相中流出另一半。

第二个护套间模态在一相的屏蔽层中注入电流，并从另一相中流出。

对地模态对应于屏蔽层—大地回路，是一个零序模态，相同的电流在所有三个屏蔽层中注入并从大地返回。

通过这些模态的描述，可以看出对它们的另一种分类方式：

1）2个零序模态：相同的电流注入所有三相中；

2）2个导体间模态：电流注入一个相，然后经由另外两相返回；

3）2个导体模态：电流注入一相，并从另一相中返回。

这三种模态中的每一种又分为同轴和护套间模态。这种分类方式不像之前那种常见，但有些作者使用它。

管式电缆

我们已经看到，管式电缆的分析分为两种情况：有限厚度和无限厚度。

如果厚度无限大，分析方法在数学上与前述相同，但对地模态改为管道模态。

⊖　这并不意味着屏蔽层阻抗随频率降低而降低。这意味着高频率时其与其他阻抗相比相对较低。

如果厚度有限，则串联阻抗和导纳矩阵从6×6增加到7×7，导致模态数量由6个增加到7个，额外增加的模态是管道模态，与对地模态一起存在。

铠装层电缆

如果每相都有铠装层，模态从6个增加到9个，细分如下：

1）3个同轴（缆芯）模态；

2）3个同轴（护套间）模态；

3）2个铠装层间模态；

4）1个对地模态。

分析逻辑与前述逻辑相同，但是这三种新模态代表每相的护套—铠装层回路以及从护套间模态到铠装层间模态的改变。

然而，我们需要注意一个特殊情况。电缆的铠装层通常由钢或其他具有高磁导率的材料制成。

在这些情况下，磁场往往限于电缆的内部，影响了各相和模态矩阵之间的相互耦合。

电流变换矩阵（3.117）适用于具有铠装层的电缆，其相对磁导率为1，而电流变换矩阵（3.118）适用于相对磁导率为400的铠装层电缆。两个矩阵都在20kHz下获得。

在第一种情况下，矩阵类似无铠装层电缆的矩阵。第一列为对地模态，第二和第三列为铠装层间模态，第四到第七列为缆芯同轴模态，其余是护套间同轴模态。

在第二种情况下，结果大为不同。只有在对地模态和铠装层间模态才有相似之处。我们可以看到，剩下的模态中，注入一相导体的电流经由同一相的屏蔽层全部返回，而注入到一相屏蔽层中的电流经由同一相的铠装层全部返回。

$$[\boldsymbol{T}_{\mathrm{I}}]\simeq\begin{bmatrix}0&0&0&1/\sqrt{3}&2/\sqrt{6}&0&0&0&0\\0&0&0&1/\sqrt{3}&-1/\sqrt{6}&1/\sqrt{2}&0&0&0\\0&0&0&1/\sqrt{3}&-1/\sqrt{6}&-1/\sqrt{2}&0&0&0\\0&0&0&-1/\sqrt{3}&-2/\sqrt{6}&0&2/\sqrt{6}&2/\sqrt{3}&0\\0&0&0&-1/\sqrt{3}&-1/\sqrt{6}&-1/\sqrt{2}&2/\sqrt{6}&-1/\sqrt{3}&1\\0&0&0&-1/\sqrt{3}&1/\sqrt{6}&1/\sqrt{2}&2/\sqrt{6}&-1/\sqrt{3}&-1\\1&0&\sqrt{2}&0&0&0&-2/\sqrt{6}&-2/\sqrt{3}&0\\1&-\sqrt{6}/2&-1/\sqrt{2}&0&0&0&-2/\sqrt{6}&1/\sqrt{3}&-1\\1&\sqrt{6}/2&-1/\sqrt{2}&0&0&0&-2/\sqrt{6}&1/\sqrt{3}&1\end{bmatrix}\tag{3.117}$$

$$[\boldsymbol{T}_{\mathrm{I}}] \simeq \begin{bmatrix} 0 & 0 & 0 & 1 & 0 & 0 & 0 & 0 & 0 \\ 0 & 0 & 0 & 0 & 1 & 0 & 0 & 0 & 0 \\ 0 & 0 & 0 & 0 & 0 & 1 & 0 & 0 & 0 \\ 0 & 0 & 0 & -1 & 0 & 0 & \sqrt{2} & 0 & 0 \\ 0 & 0 & 0 & 0 & -1 & 0 & 0 & \sqrt{2} & 0 \\ 0 & 0 & 0 & 0 & 0 & -1 & 0 & 0 & \sqrt{2} \\ 1 & 0 & \sqrt{2} & 0 & 0 & 0 & -\sqrt{2} & 0 & 0 \\ 1 & \sqrt{6}/2 & -\sqrt{2}/2 & 0 & 0 & 0 & 0 & -\sqrt{2} & 0 \\ 1 & -\sqrt{6}/2 & -\sqrt{2}/2 & 0 & 0 & 0 & 0 & 0 & -\sqrt{2} \end{bmatrix} \tag{3.118}$$

3.4.2 模态速度

我们已经看到模态在不同的材料（缆芯、屏蔽层、铠装层和大地）中传输，它们具有不同的速度。这种差异非常重要，因为在暂态中，所有模态都被激发，相关波形部分取决于每个传输模态的速度。

我们用$[\boldsymbol{Z}_{\mathrm{Ph}}]$和$[\boldsymbol{Y}_{\mathrm{Ph}}]$乘积的特征值计算每种模态的速度［（见式（3.119）］。

$$v = \frac{2\pi f}{\mathrm{imag}[\sqrt{(\Lambda)}]} \tag{3.119}$$

同轴模态对应缆芯—屏蔽层回路中流动的电流，高频时速度大约等于电缆的传输速度，通常在 160 ~ 180m/μs 之间。在较低的频率下速度较低，因为电感较大。

护套间模态具有比同轴模态更低的速度，通常在 40 ~ 80m/μs 之间。护套间模态的速度很大程度上取决于接地互阻抗，常常通过近似值计算。因此，阻抗的细微变化会导致模态速度不可忽略的差异。

同轴模态和护套间模态的速度关系由式（3.120）给出（参见参考文献［8］的数学推导）。护套间速度取决于相间距离，随距离增加而减小。因此，平面敷设电缆的速度比品字形安装的电缆慢。护套间模态 1 和 2 的速度也不相同。

$$V_{\mathrm{IS}} \simeq \sqrt{\frac{\ln\left(\dfrac{R_4}{R_3}\right)}{\ln\left(\dfrac{d}{R_3}\right)}} V_{\mathrm{C}} \tag{3.120}$$

对地模态具有较低的速度，通常在 10 ~ 20m/μs 之间。这是由于对地回路电抗较高，可比电缆电阻大 100 倍。

图 3.16 显示了上一节例子中使用的电缆几种模态的速度与频率的关系。

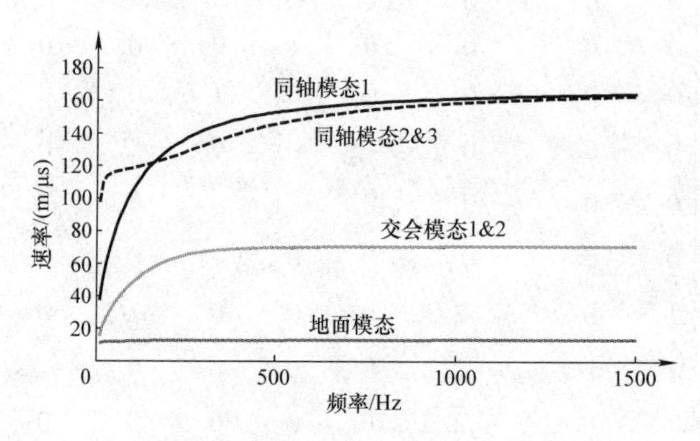

图 3.16 传输模态的速度与频率的关系

管式电缆

管式电缆的数学推导过程与单芯电缆一致，但结果大不相同。

图 3.17 显示了不同模态的速度。与单芯情况相比，可以看出对地模态被具有较低速度的管道模态所取代，护套间模态速度大幅降低，除低频率情况下外，同轴模态几乎没有受到影响。

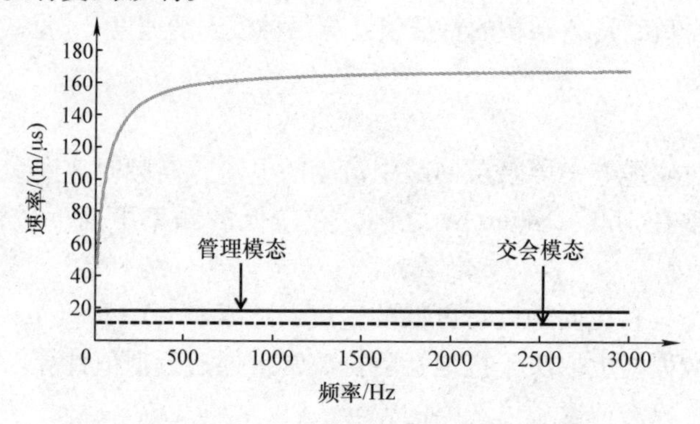

图 3.17 无限厚度管式电缆传导模态的速度与频率的关系

从同轴模态开始，因不受管道或地面的影响，不同模态的缆芯—屏蔽层回路差异很小。低频时两种导体间模态存在差异，部分表现为护套间模态。

管道模态替代了接地模态，这意味着屏蔽层—大地回路被屏蔽层—管道回路所替代。接地模态的低速是由于大地返回路径的高电抗造成的。管道电抗取决于其磁导率，通常相当大。举例来说，管道正常的相对磁导率为 200 ~ 400，而缆芯和屏蔽层为 1。因此，在这个特定的示例中，管道模态的速度甚至比前一示例中的接地模态的速度更低。

护套间模态速度的降低可由返回路径的阻抗变化解释，而后者影响屏蔽层—

屏蔽层回路（见3.3节）。换言之，与接地模态相比，管道模态速度降低的原因与护套间模态速度降低的原因一致。

同样值得注意的是，随着管道磁导率降低，速度增大。如果相对磁导率降低到1，管道和护套间模态的速度将与同轴模态大致相同。

带铠装层电缆

相对于无铠装层电缆的6种模态，带铠装层电缆有9种不同的模态。图3.18显示了相对磁导率为1和相对磁导率为400的带铠装层电缆模态速度。

正如预期一样，我们可以观察到对于两种磁导率，接地模态和铠装层间模态都具有较低的速度。我们还可以观察到，即使在较低频率时，同轴缆芯模态的速度约为160m/μs，而同轴护套间模态的速度仅和高频率时一样[⊖]。

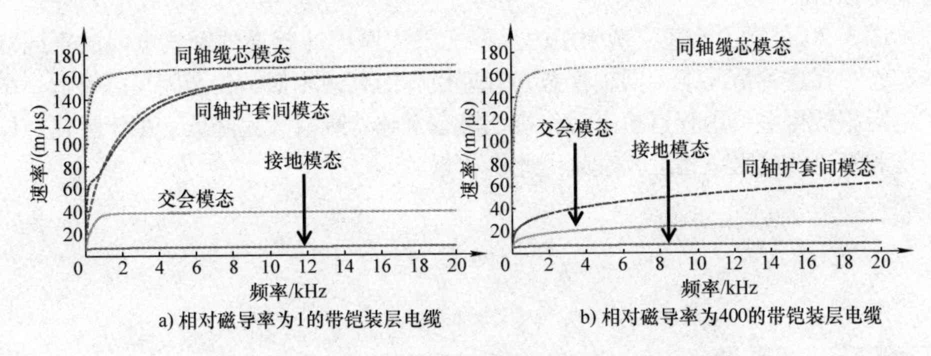

图3.18 带铠装层电缆传导模态速度与频率的关系

3.4.3 模态衰减

模态具有不同的速度，也具有不同的衰减，这意味着所有模态的阻尼是不一样的。

用特征值的实部计算每种模态的衰减［见式（3.121）］。图3.19显示了对数刻度下每个模态的衰减与频率的关系。

$$\alpha = \text{real}\left[\sqrt{(\Lambda)}\right] \tag{3.121}$$

分析结果表明，各模态的衰减随频率增大而增大，高频时可由趋肤效应解释。较低频率下，模态没有完全解耦，正如之前所见，会有相互影响。

每个模态的单独分析表明，接地模态的衰减比其他模态大。这一现象由大地的高电阻率导致，该电阻率可能为导体和/或屏蔽层的电阻率的数千万倍。

低频时护套间模态的高衰减是因为大地是该模态在较低频率时的返回路径。

同轴模态具有较低的衰减，因为与屏蔽层和大地相比，导体的电阻更低。

⊖ 同轴护套间模态最终将达到同轴缆芯模态的速度，但在图3.18b中未示出。

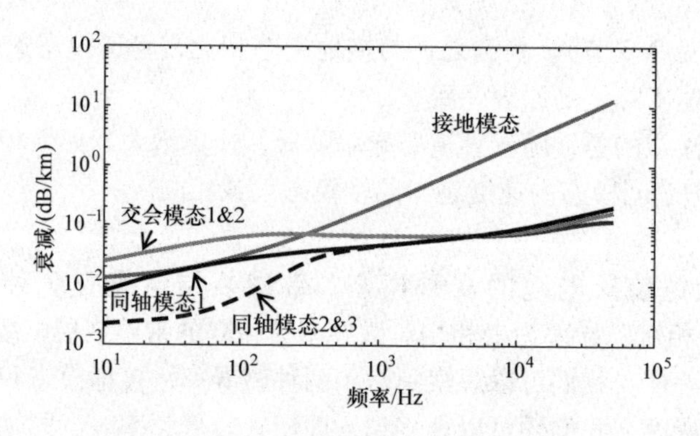

图 3.19　传导模态的衰减与频率的关系

管式电缆

图 3.20 显示了前述实例中用的具有无限大厚度的管道的管式电缆的不同衰减模态。在这种情况下，同轴模态和管道模态的衰减相似，护套间模态略低。由于电阻率低得多，用管道模态替代接地模态意味着衰减大大降低。由于导体、屏蔽层和管道的电阻率相近，衰减因此也相近。

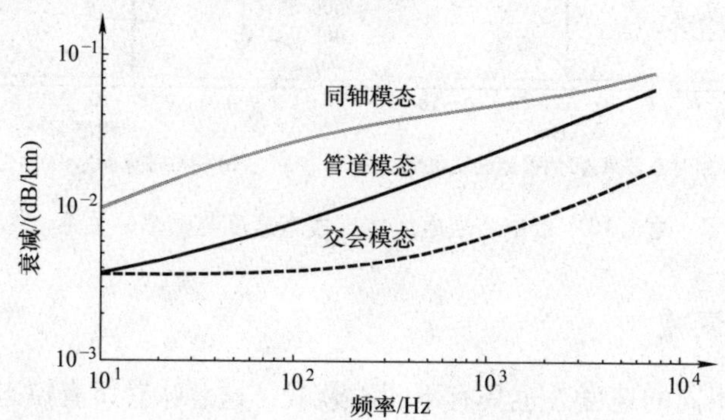

图 3.20　无限大厚度管式电缆传导模态的衰减与频率的关系

即使管道的磁导率不大，也会影响衰减。磁导率增加时，趋肤深度减小；因此，磁导率越大，管道模态的衰减越小。在较低频率下，由于导体间模态和护套间模态的性质，衰减会随磁导率的变化会更大，由于管道磁导率高而不太明显。

带铠装层电缆

图 3.21 显示了频率函数中不同传播模态的衰减。正如预期，接地模态的衰减较大。有趣的是，与无铠装层电缆例子相比，同轴屏蔽层模态和铠装层间模态的衰减更大[㊀]。这是由于铠装层中的钢材具有较高的电阻率，因而导致更高的电阻。

㊀ 此时铠装层间模态是与护套间模态进行比较。

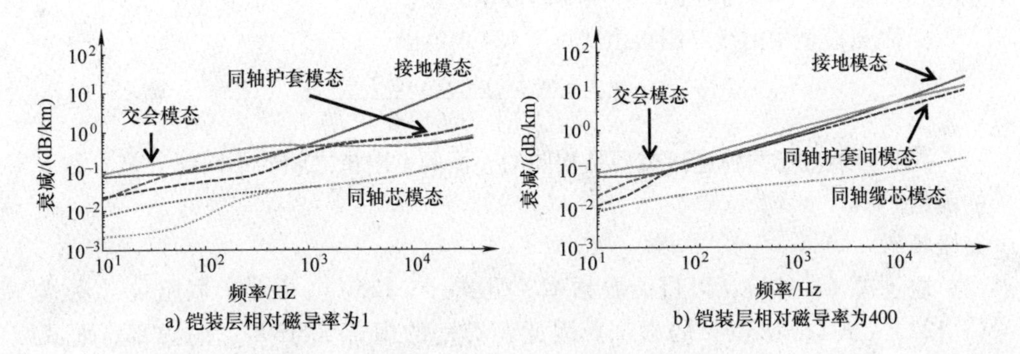

图3.21 铠装层电缆传导模态衰减与频率的关系

3.4.4 小结

本节中，我们已经看到如何计算地下电缆的模态数量。在本书后期分析暂态波形及其仿真时，这些模态的重要性将会更加明确。

我们也看到了模态是如何随频率变化的，每个模态的速度和衰减取决于频率。然而变换矩阵也取决于频率，只有高频时才能解耦这些模态，且变换矩阵恒定。

模态的数量取决于系统中的导体数量，但通常为6个（如果电缆的每个相都有一个铠装层，则为9个），它们分为三个同轴模态，两个护套间/铠装层间模态和一个地面/管道模态。

3.5 电缆频谱

我们已经直观地了解到电缆具有比等效架空线更低的谐振频率，因为它的电容大得多。不过，连接方式也会影响其频谱。

由于导体和屏蔽层之间距离相同，并联导纳矩阵对于两种连接方式是相同的，但串联阻抗矩阵呈现出一些差异。

应用第3.3节［见式（3.122）和式（3.123）］所述方法，可以分别得到两端连接和交叉互联导体正序串联阻抗的计算方法。

$$Z_{\text{both}}^{+}=Z_{\text{CC}}-Z_{\text{CS2}}+\frac{(Z_{\text{CS1}}-Z_{\text{CS2}})^{2}}{Z_{\text{CS2}}-Z_{\text{SS}}} \tag{3.122}$$

$$Z_{\text{cross}}^{+}=Z_{\text{CC}}-Z_{\text{CS2}} \tag{3.123}$$

我们看到，交叉互联电缆的谐振点比两端连接电缆的谐振点幅度更高、频率更低。由于共振差异对于第一谐振点非常显著，我们可以使用标称π模型而不

是等效 π 模型[㊀]，从而得到一种简单的数学分析。

标称 π 模型中的线路阻抗由式（3.124）给出。

$$Z=\frac{(1-\omega^2LC)+\mathrm{j}(\omega RL)}{(-\omega^2C^2R)+\mathrm{j}(2\omega C-\omega^3C^2L)} \tag{3.124}$$

并联导纳对于两种连接类型是相同的，而两者阻抗之间的不同部分是 L 和 R 的函数。

谐振频率

通过式（3.124），可得谐振频率［见式（3.125）］。L 是串联阻抗［见式（3.122）~式（3.123）］的虚部。因此，Z_{cross}^{+} 的虚部大于 Z_{both}^{+} 的虚部，而式（3.122）最后一项的虚部为负，如式（3.126）所示。

$$\omega^2=\frac{2}{LC} \tag{3.125}$$

$$\mathrm{imag}\left(\frac{(Z_{\mathrm{CS1}}-Z_{\mathrm{CS2}})^2}{Z_{\mathrm{CS2}}-Z_{\mathrm{SS}}}\right)<0 \tag{3.126}$$

Z_{SS}实部和虚部的值始终大于 Z_{CS2}实部和虚部值。因此，式（3.126）中分母实部和虚部的值总是为负（3.127）[㊁]。

$$Z_{\mathrm{CS2}}-Z_{\mathrm{SS}}=-a-\mathrm{j}b \tag{3.127}$$

式（3.126）的分子展开后得到式（3.128）。

$$\begin{aligned}(Z_{\mathrm{CS1}}-Z_{\mathrm{CS2}})^2&=((c+\mathrm{j}d)-(e+\mathrm{j}f))^2\\&=(c^2-d^2+e^2-f^2-2ce+2df)+\mathrm{j}(2cd+2ef-2cf-2de)\end{aligned} \tag{3.128}$$

同一电缆中缆芯与屏蔽层之间的磁场比不同电缆缆芯之间或缆芯与屏蔽层之间的磁场强。因此，$d>f$，$c\approx e$，因此式（3.128）可以简化为式（3.129）。

$$\begin{aligned}(Z_{\mathrm{CS1}}-Z_{\mathrm{CS2}})^2&=(-d^2-f^2+2df)+\mathrm{j}0=[-d^2-(d-g)^2+2d(d-g)]\\&=-d^2-d^2-g^2+2dg+2d^2-2dg=-g^2\end{aligned} \tag{3.129}$$

可以得出结论，式（3.126）的分子只有负的实部。因此，式（3.126）可以写成式（3.130）。

$$\begin{aligned}\frac{(Z_{\mathrm{CS1}}-Z_{\mathrm{CS2}})^2}{Z_{\mathrm{CS2}}-Z_{\mathrm{SS}}}&=\frac{-g^2}{-a-\mathrm{j}b}=-g^2(-a'+\mathrm{j}b')\\&=(a'g^2)+\mathrm{j}(-b'g^2)\end{aligned} \tag{3.130}$$

式（3.126）的虚部始终为负，交叉互联电缆的谐振频率始终低于两端连接电缆的谐振频率。

㊀ 两个模型间的差异在第一个共振点前不是很大，而是随频率的增加越来越明显。

㊁ 变量 a 到 g 是数学演算中使用的实数。

并联谐振频率幅度

从式（3.124）可以计算谐振频率的幅度，由式（3.131）给出。

$$\|Z\| = \frac{(1-\omega^2 LC)+\mathrm{j}\omega RC}{-\omega^2 RC^2} = \frac{(1-\omega^2 LC)}{-\omega^2 RC^2} + \frac{\mathrm{j}\omega RC}{-\omega^2 RC^2}$$

$$= \frac{L}{2RC} + \mathrm{j}\frac{L}{C^2\sqrt{\frac{2}{LC}}} = \sqrt{\frac{L^2}{4C^2R^2}+\frac{L^3}{2C^3}}$$

$$= \sqrt{\left(\frac{L}{C}\right)^2\frac{1}{4R^2}+\left(\frac{L}{C}\right)^3\frac{1}{2}} \tag{3.131}$$

公式中的两个变量 R 和 L 取决于电缆连接方式，分别是串联阻抗矩阵的实部和虚部（准确地说，虚部是 XL，但是对于此处分析影响不大）。

由对式（3.122）、式（3.123）、式（3.130）及谐振频率的分析可知，两端连接电缆具有较高的电阻和较低的电感。代入式（3.131）我们可以得出结论，两端连接电缆并联谐振点的幅度较小。

串联谐振频率幅度

串联谐振的阻抗幅度由式（3.132）给出。两端连接电缆的 L 值较低，因此，这种类型的电缆，串联谐振点幅度较小。

$$Z = \frac{\mathrm{j}(\omega RL)}{-\omega^2 C^2 R} \Leftrightarrow \|Z\| = \frac{L}{\omega C^2} = \frac{L\sqrt{LC}}{2C^2} \tag{3.132}$$

简而言之，相同电缆交叉互联时导体正序串联电感大于两端连接，而两端连接时串联电阻较大。

串联阻抗的这些差异导致交叉互联电缆的谐振频率较低。与两端连接的电缆相比，交叉互联电缆并联谐振点处阻抗幅度较大，串联谐振点处阻抗幅度较低。

从物理角度来看，与两端连接电缆相比，交叉互联电缆中的电感较高，因而屏蔽层中循环的电流较低。由于电流较低，屏蔽层电流感应引起的磁场也较低，因而，电感值较高。

前文已演示连接方式如何影响电缆的频谱，现在我们来看一些实例，看看软件模拟是否能得到预期结果。

图3.22显示了一根20km长，具有12个主换位段的两端连接或交叉互联电缆的阻抗频谱。电缆与一个变压器串联连接，以使谐振点具有较低频率和较大幅度，这是电缆与变压器相互作用的结果，这样我们可以验证连接结构是否也能影响电缆与其他设备之间的谐振。

我们在250Hz附近看到了电缆—变压器谐振频率。第二张图中所示高于600Hz的谐振点频率为电缆谐振频率。

第一谐振点大约位于250Hz，即5次谐波。在这个频率下，阻抗幅度存在很

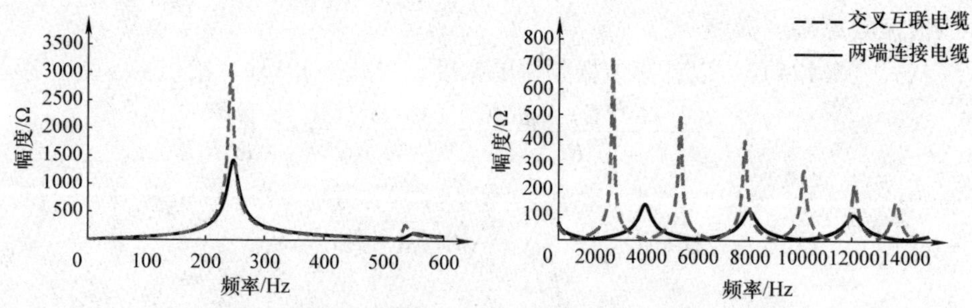

图 3.22　从 STSV 端断开电缆的 LEM 节点观察到的频谱

虚线为交叉互联电缆，实线为两端连接电缆

大差异，而两种连接结构的谐振频率几乎相同。

随着频率的增加，两种连接结构之间的差异变得越来越明显：

1）交叉互联电缆比两端连接的电缆具有更多的谐振点；

2）与两端连接电缆相比，交叉互联电缆阻抗值在并联谐振点处较大，在串联谐振点处较小；

两个结果都证实了这一理论。

具有不同换位段数量的交叉互联电缆的比较

交叉互联电缆主换位段的数量不尽相同。之前的理论推论是基于理想交叉互联电缆的，即只能在换位段数量为无限时才可能实现的完美平衡，而这实际上是不可能的。因此，我们接下来研究数量有限的换位段对频谱的影响。

图 3.23 比较了不同数量主换位段的频谱，对应图 3.22 中的系统。

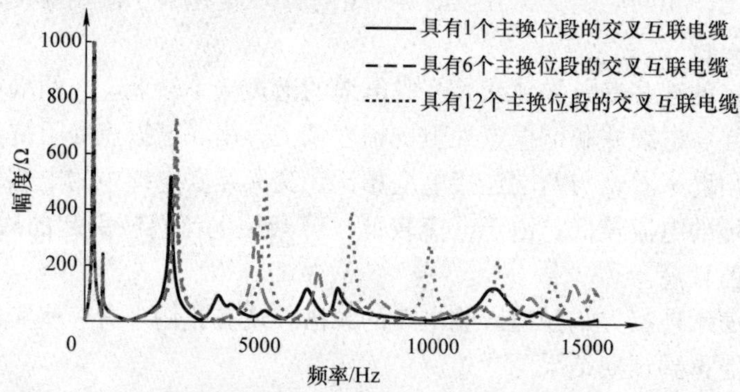

图 3.23　PSCAD/EMTDC 中的频谱比较

交叉互联换位段数量越多，就越接近理想结果。以具有 12 个主换位段的交叉互联电缆为参考，我们可以看出，只有 1 个主换位段的电缆在第一个并联谐振点（约 2.5kHz）之后开始发散，而具有 6 个主换位段的电缆在第三个并联谐振点（约 7kHz）之后开始发散。

在这些频率之后，相应的频谱呈现出不规则的情况。出现有更多的谐振点，其幅度并不总是随着频率的增加而减小。

这种情况是由于使用较少的电缆换位段时存在较大的不平衡。图3.24为在送端以不同频率注入134.5kV峰值电压时电缆的受端电压。该图显示了两端连接电缆的结果和具有一个主换位段的等效交叉互联电缆的结果。

观察交叉互联电缆的频谱，我们可以看出，在两个较大峰值电压（上方虚线圈）之间存在两个较小的过电压（下方虚线圈），这是屏蔽层二次交叉的结果。

交叉互联电缆主换位段的数量越多，电缆及耦合就越平衡。因此，整个电缆的行为就像一个统一的单一换位段；如果只看一个交叉互联的主换位段，则电缆几乎表现得像三条不同的电缆。

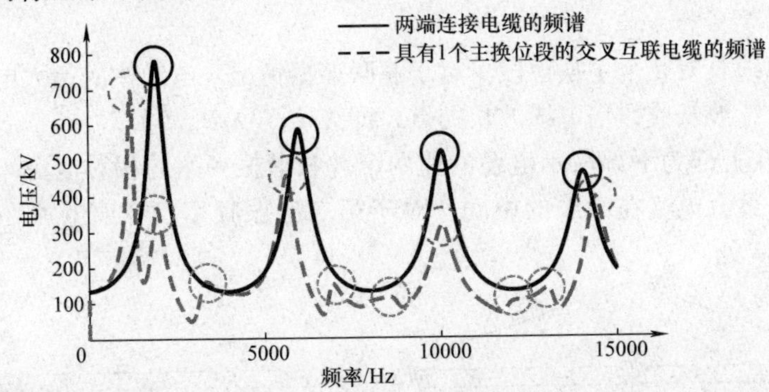

图3.24　在送端以不同频率注入134.5kV峰值电压时电缆的受端电压

3.5.1　零序

埋地电缆零序电流中的大部分通过电缆的屏蔽层返回，影响短路电流和瞬态恢复电压。因此，屏蔽层中的零序电流大致等于电缆导体任意点处的电流。

所以，在接地点处几乎没有电流流入大地[㊀]，而频谱应与电缆连接类型和主换位段数量无关。

图3.25显示了几种电缆连接结构的频谱。

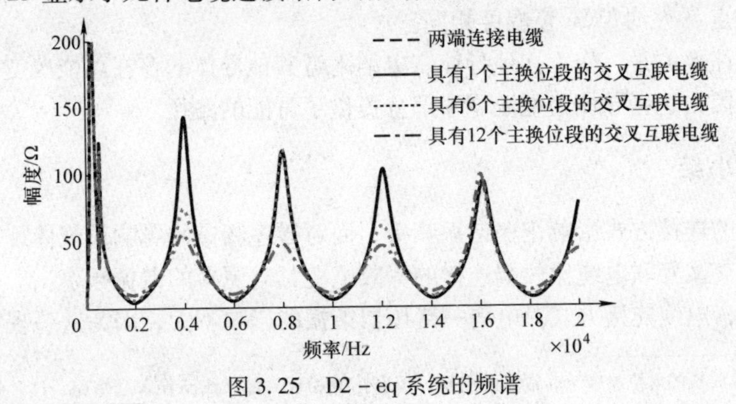

图3.25　D2-eq系统的频谱

㊀　我们将在4.10节中分析短路电路这一特殊情况。

由于前两段所述原因，所有示例中的谐振频率相同。两端连接电缆和只有一个主换位段的交叉互联电缆始终具有相同的幅度，但是对于具有更多主换位段的交叉互联电缆，情况并非如此，其在一些谐振频率点具有不同的幅度。

开路电缆或架空线的电抗在线路各处并非完全一致。电抗可以用双曲函数来描述。对于长度为半波长整数倍的电缆，理论上电抗无穷大[㊀]。

具有多个交叉互联换位段的电缆也具有多个接地点。如其中一个接地点对应于该线路的一个阻抗非常高的点，则屏蔽层中的电流在该点流入大地，改变阻抗的大小。

示例

该例电缆具有 6 个主换位段。对于并联谐振情况，电缆中的最大电流发生在长度等于电缆波长或数倍电缆波长的点，即 $\lambda/2$，$3\lambda/2$，$5\lambda/2...$

图 3. 26 上部为下部所示电缆的前两个并联谐振频率的相对电流。对于第一谐振频率，最大电流在电缆的中间。对于第二谐振频率，峰值电流在电缆的前 1/4 和后 1/4 处。

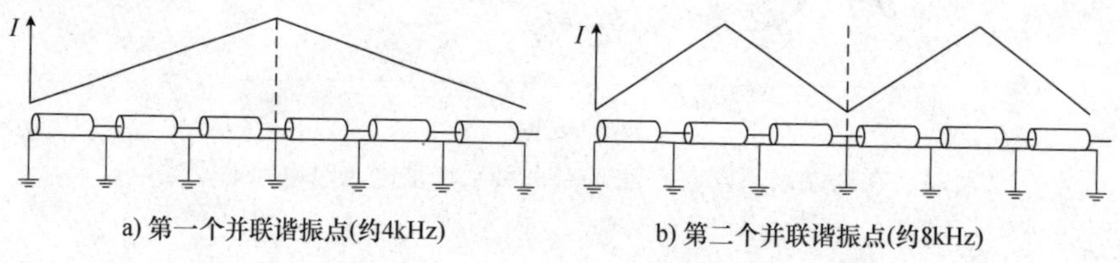

图 3. 26　沿着具有 6 个主换位段的交叉互联电缆的相对电流

在第一种情况下，屏蔽层接地之处对应于电流最大的点，这意味着在该点处的电抗非常大。因此，电流经由该点流入大地，但是在第二种情况下不会发生这种情况，在第二种情况下，两个接地点的中间处具有峰值电流。

用两端连接电缆作为参考，结果是第一谐振点（约 4kHz）的阻抗幅度较小，第二谐振点（大约 8kHz）幅度相同。

值得注意的是，作为接地导体，电缆附近其他导体的存在可能改变本节给出的结果，因为这些导体为电流零序部分提供了可能的路径。

3. 5. 2　小结

电缆的连接方式影响正序谐振频率，而对零序频谱的影响仅仅体现在谐振点的幅度。交叉互联电缆比两端连接的等效电缆具有更多的谐振频率。

然而，电缆连接方式对电缆—变压器谐振的影响不大，因为这一现象在低于

㊀ 1/4 波长的电缆对应于非常低的阻抗，情况正好相反。如果线路在末端短路，这种情况就会发生，此时 1/4 波长的电缆阻抗非常高，而半波长电缆阻抗非常低。

电缆第一谐振频率的频段发生。

对于其他现象，如由不同谐波源产生的谐波传播，电缆连接方式会造成影响，特别是具有低谐振频率的长电缆。

3.6　行波的反射和折射

沿线（电缆或架空线）传播的电磁波与相应的电压/电流波相关联。电压和电流波之间的关系是恒定的，通常被称为特征阻抗或浪涌阻抗（Z_0）。

线路的特征阻抗取决于其参数和频率［见式（3.133）］。因此，每种类型的线路具有不同的特征阻抗，其参数取决于线路建设中使用的材料、几何形状和位置布局。

$$Z_0(\omega)=\frac{\sqrt{R+\mathrm{j}\omega L}}{\sqrt{G+\mathrm{j}\omega C}} \tag{3.133}$$

当电磁波到达一个不连续点，如从电缆转为架空线或线路终端，必然伴随电压和电流变化，因为特征阻抗发生了变化。

像任何物理系统一样，能量是守恒的。因此，当波达到不连续点时，波的一部分能量传播越过不连续点，而剩余的能量则被反射回线路中[㊀]。与此类似，折射电压必须等于注入电压加反射电压，电流亦然。

不连续点的折射电压由式（3.134）给出，其中，V_1为注入电压，V_2为反射电压，V_3为折射电压，Z_A和Z_B为线路的浪涌阻抗。我们使用式（3.135）计算反射电压，并通过将电压除以各自特征阻抗或使用式（3.136）和式（3.137）来计算电流。

$$V_3=V_1\frac{2Z_B}{Z_A+Z_B} \tag{3.134}$$

$$V_2=V_1\frac{Z_B-Z_A}{Z_A+Z_B} \tag{3.135}$$

$$I_3=I_1\frac{2Z_A}{Z_A+Z_B} \tag{3.136}$$

$$I_2=I_1\frac{Z_A-Z_B}{Z_A+Z_B} \tag{3.137}$$

示例

为了理解这个现象，我们假想一个电缆—架空线路系统。1pu 的直流电磁阶跃波被注入到电缆中，当达到不连续点即电缆—架空线连结点时，即分解为两

㊀　假设系统无损耗。

个波。

通常，电缆特征阻抗大约为50 Ω，而在架空线路中约为400Ω。因此，折射电压等于1.778pu［见式（3.138）］，反射电压为0.778pu［见式（3.139）］。折射和反射电流分别为0.222pu和－0.778pu。

$$V_3 = V_1 \frac{2Z_B}{Z_A + Z_B} = 1 \times \frac{2 \times 400}{50 + 400} = 1.778\text{pu} \tag{3.138}$$

$$V_2 = V_1 \frac{Z_B - Z_A}{Z_A + Z_B} = 1 \times \frac{400 - 50}{400 + 50} = 0.778\text{pu} \tag{3.139}$$

在这一示例中，当电磁波从电缆流入架空线时，电压上升，电流下降。如果电磁波从架空线流入电缆，则情况相反。

这一结果非常重要，因为一些系统具有混合电缆—架空线线路，其暂态期间的电压和电流峰值与不连续性和特征阻抗的差异密切相关。（更多内容参见4.8节）

许多学生的一个常见错误是认为反射后第一行的电压只是反射电压，而实际上应该是注入和反射波之和。换言之，反射波被叠加到注入波中。观察这种现象的另一种方法是电流和电压必须具有连续性，即电压和电流在不连续点的两侧必须相等。

图3.27为直流波到达不连续点之前和之后的电压和电流。

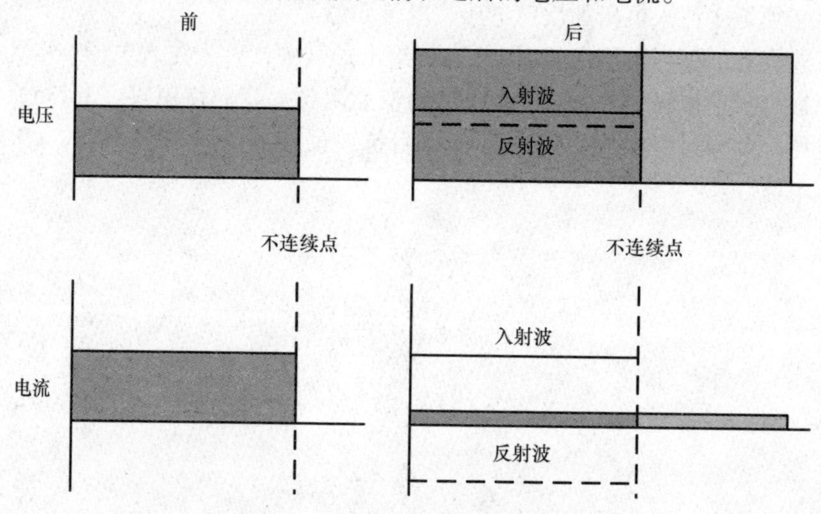

图3.27　直流波在不连续点的传播

对于交流波，因为波形随时间变化，分析起来会更为复杂。对于工频和典型长度，波的行进时间相当长，因而在整个现象持续时间内波形幅度可视为恒定。然而高频时，两个波叠加，我们有必要考虑电压和电流随时间的变化。

不连续点也可以是三条或更多线路的交汇点，其中注入的波折射进入两条或更多线路。

在这种情况下，我们的推理与之前的解释相似。电压必须连续，意味着所有的折射电压和注入电压加反射电压必须相等［见式（3.140）］。电流的连续性则导致所有折射电流的和等于注入电流加反射电流［见式（3.141）］。

$$V_1 + V_2 = V_{3a} = V_{3b} = V_{3c} \cdots \tag{3.140}$$

$$I_1 + I_2 = I_{3a} = I_{3b} = I_{3c} + \cdots \tag{3.141}$$

本章给出的解释以经典理论为依据，更加适合架空线路。高压交流电缆中电磁波传播的详细分析和研究较为复杂，主要是由于电缆屏蔽层中流动的电流。4.3节将详细说明高压交流电缆中的反射以及连接方式如何影响波形，并附有数个实例。

3.6.1　线路终端

线路终端也是不连续点。式（3.134）~式(3.137）可以继续用于计算反射系数。然而，如果终端是电感或电容，则需要在拉普拉斯域中计算 Z_B并求解方程。如果我们仔细考虑，就会发现其中的道理，因为我们正在对电感或电容充电，类似第2章的情况。因此，折射波与第2章研究的情况相同，反射波为折射波减入射波。

两个更特殊的情况是线路终端开路或短路。如果终端开路，则 Z_B的特性阻抗无穷大。通过应用式（3.135）和式（3.137)，我们可以得出结论，对于终端开路，反射电压等于注入电压，反射电流与注入电流大小相等，极性相反。

如果线路终端短路，则 Z_B的特性阻抗为零，其行为与终端开路相反。反射电流等于注入电流，电压幅度相同，极性相反。

发电机也可能被视作线路终端。如果是理想发电机，即无穷大短路功率，电压波被反射回线路中，幅度相同，极性相反；反射电流则幅度极性都相同。

3.7　本章小结

本章给出了后续章节仿真和理解分析电磁暂态现象的基本工具。我们首先学习了用于分析导体中行波的经典电报方程。

这些方程可用于分析高压交流电缆中的电压/电流波，但前提是先要写出电缆的串联和并联阻抗矩阵。这些矩阵可依据环路理论求得，具体方法在本章中做了详细解释。

如果上述方程可以解耦，那么电缆的数学和物理分析都将变得更加简单。本章给出了具体的解耦方法和示例。

最后，本章概括叙述了电缆中的波反射原理，为下一章的深入研究做了铺垫。

3.8 习题

1. 假设3.3.1节实例中的电缆是具有3个次换位段的交叉互联电缆，每一段的长度等于该电缆长度的1/3。计算每个换位段以及整个电缆的串联阻抗矩阵(假设交叉互联是完全理想的，即像具有无限多个换位段一样，完美平衡)。

2. 计算3.3.1节实例中电缆的回路矩阵，并应用变换矩阵对其进行变换。并与示例中的矩阵进行比较。

3. 复述铠装电缆的计算方法，并计算其导纳矩阵。

层	厚度/mm
铠装（镀锌钢）	5
屏蔽层外的绝缘	2

$\rho_{\text{Armour}} = 9.1 \times 10^{-7}\Omega\text{m}^{-1}$；$\mu_{\text{Armour\_rel}} = 1000$；$\varepsilon_{\text{Armour\_rel}} = 1$

4. 示例3.4.1.1中的矩阵认为系统已经被完全解耦了。计算50Hz和200Hz下的矩阵。

5. 一条10km长的电缆与一条6km长的架空线相连。电缆和架空线的电气参数如下：

电缆：$R = 0\Omega/\text{km}$；$L = 0.4\text{mH/km}$；$C = 0.16\mu\text{F/km}$

架空线：$R = 0\Omega/\text{km}$；$L = 1.6\text{mH/km}$；$C = 10\text{nF/km}$

假设系统是单相的，并且在 $t = 0\text{s}$ 时刻以峰值电压（1pu）供电。试绘制电压在前190μs的点阵图。

参考资料与扩展阅读

1. Popović Z, Popović BD (2000) Introductory electromagnetics. Prentice Hall, New Jersey
2. Greenwood A (1991) Electrical transients in power systems, 2nd edn. Wiley, New York
3. Marshall SV, Dubroff RE, Skitek GG (1996) Electromagnetic concepts and applications, 4th edn. Prentice Hall, New Jersey
4. Tleis N (2008) Power systems modelling and fault analysis: theory and practice. Elsevier, Oxford
5. Martinez-Velasco JA (2010) Power system transients: parameter determination. CRC Press, Boca Raton
6. van der Sluis L (2001) Transients in power systems. Wiley, New York
7. Dommel HW (1986) Electro-magnetic transients program (EMTP) theory book. Bonneville Power Administration, Portland

8. Wedepohl LM, Wilcox DJ (1973) Transient analysis of underground power-transmission systems: system-model and wave-propagation characteristics. In: Proceedings of the institution of electrical engineers, vol 120(2)
9. Brown GW, Rocamora RG (1976) Surge propagation in three-phase pipe-type cables, Part I: unsaturated pipe. IEEE Trans. Power Apparatus Syst PAS-95(1)
10. Ametani A (1980) Wave propagation characteristics of cables. IEEE Trans. Power Apparatus Syst PAS-99(2)
11. Ametani A (1980) A general formulation of impedance and admittance of cables. IEEE Trans. Power Apparatus Syst PAS-99(3)
12. Noualy JP, Le Roy G (1977) Wave-propagation modes on high-voltage cables. IEEE Trans. Power Apparatus Syst PAS-96(1)
13. Nagaoka N, Ametani A (1983) Transient calculations on crossbonded cables. IEEE Trans. Power Apparatus Syst PAS-102(4)
14. Morched A, Gustavsen B, Tartibi M (1999) A universal model for accurate calculation of electromagnetic transients on overhead lines and underground cables. IEEE Trans Power Delivery 14(3)
15. Yang Y, Ma J, Dawalibi FP (2001) Computation of cable parameters for pipe-type cables with arbitrary thicknesses. In: IEEE-PES transmission and distribution conference and exposition
16. Noda T (2008) Numerical techniques for accurate evaluation of overhead line and underground cable constants. IEEJ Trans Electr Electron Eng
17. Gudmundsdóttir US (2010) Modelling of long high voltage AC cables in transmission systems. PhD Thesis, Aalborg University
18. CIGRE WG B1.30 (2012) Cable systems electrical characteristics. CIGRE, Paris

第 4 章　暂 态 现 象

4.1　引言

本书前几章介绍了从拉普拉斯方程到模态理论的几个主题，为本章描述的几种电磁暂态现象做了准备。

我们首先会对操作过电压进行详细描述，并以此作为分析其他现象和情况的基础。

接下来，我们将研究一些典型现象和电缆供电网络特有的几种现象。本书网站上可以使用 PSCAD 模拟每种现象，以帮助理解其不同之处。

4.2　不同类型的过电压

IEC 标准[1,2]将过电压定义为 4 种不同类型：

1）暂态过电压（Temporary Overvoltages，TOV）。TOV 的特征在于其幅度、电压波形和持续时间，其持续时间可能长达 1min。此类过电压可能由故障、开关条件、谐振条件和非线性引起。

2）缓波前过电压（Slow - Front Overvoltages，SFO）。SFO 的特征在于其电压波形和幅度，其前持续时间最多只有几毫秒，并且自然振荡。SFO 可能由线路通/断电、故障、电容/电感元件（如电缆和并联电抗器）投切或远距离雷击引起。

3）快波前过电压（Fast - Front Overvoltages，FFO）。FFO 主要与雷击有关，其特征为标准的雷电脉冲波（1.2/50μs）。

4）陡波前过电压（Very - Fast - Front Overvoltages，VFFO）。VFFO 与 GIS 投切操作和 SF_6 断路器重燃有关，本书不详细讨论这个问题。

本书中描述的现象属于前三种过电压类型，并且以 TOV 和 SFO 为主。

4.3　操作过电压

我们从最简单的操作过电压开始分析暂态现象，并将深入研究这一现象，为其他现象的分析奠定基础。

为了形成对这一现象的初步概念，我们首先考虑将电缆看作为一个与理想电压源相连的 *LC* 负载。在该系统中，电容器和电感最初都不带电。但是，电容器上的电压（V_c）必须保持连续，因此，当断路器接通一个不为零的电压时，电容器通过电感开始充电，暂态过程就开始了。片刻之后，电容器电压等于电源电压，但此刻电感中的电流也达到峰值（见图4.1），并且由于能量守恒，它不能立即恢复为零。因此，随着电流持续下降，电容器上的电压继续上升，超过电源电压。当电流过零时，V_c 达到峰值，电容器开始放电。

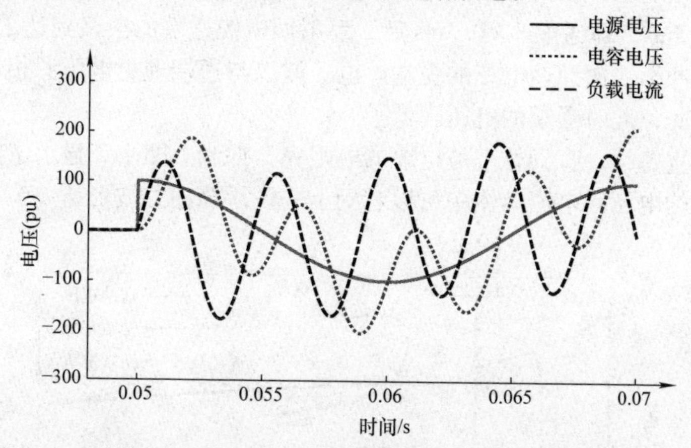

图4.1 在峰值电压时刻连通，*LC* 负载的电压和电流（电流未按比例）

电容器和电感上的电压频率不是电源频率，而是系统谐振频率。因此，电容器上的电压（V_c）在不同处与电源电压相等，而每个谐振周期的 V_c 高低不同，因为电容器两端的参考电压在不断变化。

电容器上电压的初始增加值与通电时刻电源电压和电容器电压之差成正比。如果断路器在零电压时闭合，则在通电时刻电容器和电源之间没有电压差，因此不存在暂态过程。同样，如果电容器没有放完电，且在开关瞬间电源电压与电容器上的“电压”相同㊀，则也不存在暂态过程。

4.3.1 单芯电缆

上一节中给出的简化解释有助于对这一现象建立初步概念，但这并不贴近现实。要做到贴近现实，我们需要应用行波理论。

我们首先考虑在峰值电压时刻通电，由理想电压源供电的一根 50km 长单相单芯电缆。电缆在峰值电压时刻通电，意味着 1pu 电压脉冲被注入到电缆中。大约 0.3ms 后㊁，电压波到达电缆的受端，并完全反射回来。在无损线路中，受端

㊀ 由 $V=Q/C$ 关系给出。

㊁ 以约 50 000m/150m/μs 为单位。

的电压在此时刻将为 2pu，但由于阻尼的存在，电压值将大大降低。因此我们可以得出结论：电缆越短，阻尼越小，第一峰值电压越高。

另一个 0.3ms 后，电压波到达电缆送端，并被反射回电缆。在实际系统中，电缆送端的电压在此刻会畸变（参见 4.3.3 节），但在本例中我们使用了理想的电压源，因此其在送端被电源吸收了。然而，我们可以看到当波到达送端时，电流突然下降。在无损系统中，反射后电流的幅度等于反射前的幅度，且极性相反。在实际系统中，由于存在损耗，幅度会降低。

再过 0.3ms，即通电 3×0.3ms 后，反射回电缆送端的波又到达了电缆受端，即原始波脉冲第二次到达电缆的受端。电压波以与送端理想电压源相反的极性反射回来。因此，此时受端的电压降低了。

反射一直持续，直到暂态被电缆的电阻完全抑制。图 4.2 显示了电缆在峰值电压通电后的电压和电流。图中可以看到上一段所描述的波形。

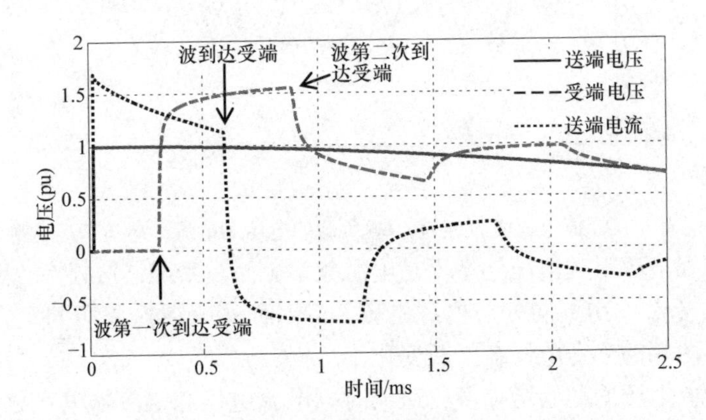

图 4.2 在峰值电压下为电缆供电时的电压和电流（电流未按比例）

图 4.2 说明受端电压不会立即“跳”到最终值，而是持续增加，直到初始波第二次到达受端。送端电流与此类似，持续减少，直到暂态波在受端反射后到达送端。这种特性是线路中电感和电容作用的结果，在第 2 章中我们对集中参数模型进行过说明。

如前所述，暂态行为不直接取决于电源电压的高低，而是取决于电源和电缆在通电瞬间的电压之间的差值。通常，电缆在通电之前不带电，并且最坏的情况（即最严重的暂态）是在峰值电压时刻通电，而最好的情况是在零电压时刻通电，此时几乎不存在暂态过程。

然而，如果电缆没有充分放电，那么零电压时刻的通电就可能不再是最好的情况。电缆主要呈容性，电流和电压之间几乎有 90°的相位差。如果断路器在电流过零时刻断开，则断开瞬间电压约为最大值。例外情况是断路器可以在电流为几个安培时中断电流，但这种类型的断路器并不常见。为了简单起见，我们假设电缆在断电后不放电，并且电压保持不变[一]。

因此，如果电缆以与电缆极性相同的峰值电压通电，则在通电时刻电缆和电源之间的电压几乎没有差异，因而几乎不存在暂态过程。图4.3a给出了这种通电的例子，我们可以看出几乎不存在暂态过程。放大图中所示的小暂态是断开瞬间电缆送端电压小幅增加的结果[二]。理想情况下，它不会存在。另一方面，在零电压时刻给该电缆通电，将产生与前述几乎完全相同的暂态过程，如图4.3b所示[三]。

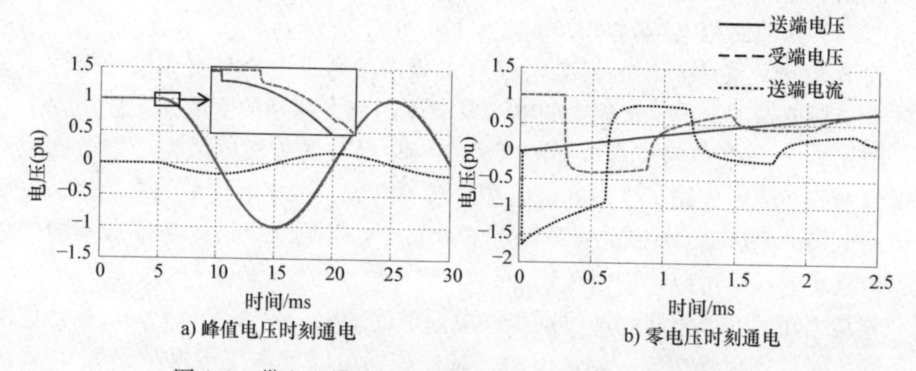

图4.3 带电电缆通电时的电压和电流（电流未按比例）

现在，一些读者应该已经注意到，如果在峰值电压和极性相反时刻通电，则暂态情况将更糟，因为初始电压差将为2pu。我们将把这个案例放在4.7节暂态恢复电压的分析中进行研究。

4.3.2 三相电缆

上一节中研究的情况是单相电缆。更常见的三相电缆通电与单相电缆通电相似，在研究中我们可以应用相同的原理和理论。然而，还有一些细微的差异和细节也必须加以关注。

三相电缆通电时通常使用两种类型的开关。第一种也是较早的经典开关是联动断路器，所有三相都在同一时刻接通。在这种情况下，各相具有不同的暂态波形，因为在通电瞬间，三相中的电压各不相同。此外，通常不能控制通电时刻。

第二种类型的开关是同步开关，也称为单极开关，它将各相在不同时刻接

[一] 实际上，电缆会放电，但这需要几秒钟甚至几分钟。

[二] 在断开瞬间，沿电缆方向的电压是不完全相同的。当电缆的另一端已经断开时，电缆的送端电压通常较低。断开后，电缆电压趋于平衡，因而送端电压增加（此现象参见4.10.1节）。

[三] 在这种情况下，通电瞬间的电压差为-1pu，电压变化与图4.2所示极性相反。

通。通常，各相在相同的电压值时通电，通常为0V，因此所有三相中的波形相似。能够控制各相的通电时刻是大有益处的，因为可以在0V时刻给各相通电，可以避免所有三相中的开关过电压，这在使用联动断路器时是不可能的。然而，使用同步开关会产生其他问题，如缺零现象（见4.5节），或断路器机械问题导致的铁磁共振可能性的增加（见4.9.3节）等。

对三相电缆和单相电缆通电的另一个区别在于相间的互耦，其对峰值幅度上造成小幅影响。

我们从在同一时刻给三相通电，且A相在峰值电压时刻通电的情况开始。通电时刻，其他两相电压为 -0.5pu（±120°相位差）。

在B相和C相中产生的暂态电流与A相中的暂态电流具有相反的极性，这意味着，根据楞次定律，A相中的电流及电压因与另两相的互耦而增加。

图4.4a显示了一根三相电缆的A相和一根等效的单相电缆在峰值电压时刻通电的例子，图中比较了受端的电压和送端的电流。三相电缆中的最高峰值电压比单相电缆的电压高0.102pu，增幅为6.6%。不同的电缆结构会带来不同的结果，但是我们通常可以预期电压增加。

各相之间的互耦也影响通过同步开关通电的情况。不仅因为上一段所述原因的影响，而且还因为在第一相通电后，其他相通电时其电压不再精确为0V。因此，在通电瞬间电源和电缆之间的电压差可能略大于预期，造成更高的峰值电压。图4.4b为这种情况的一个示例，其中A、B和C相峰值电压分别为1.611pu、1.648pu和1.65pu。

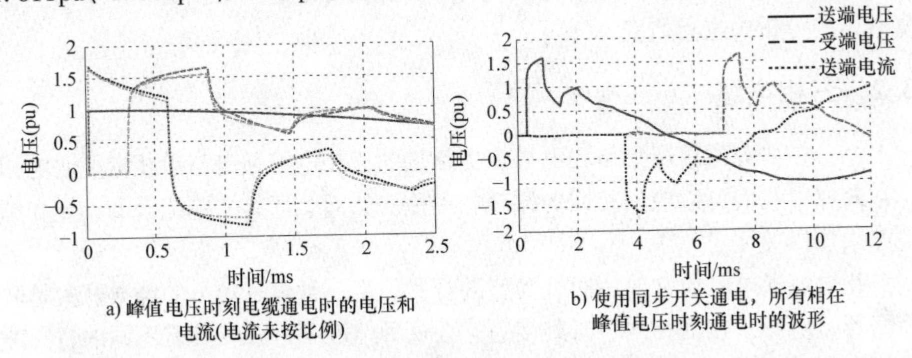

a) 峰值电压时刻电缆通电时的电压和电流(电流未按比例)

b) 使用同步开关通电，所有相在峰值电压时刻通电时的波形

图 4.4

4.3.3 电源建模

电源模型和电缆送端短路功率影响波形形状、峰值电压和过电压持续时间。

在本节中，我们分析送端的反射如何受到电源模型的影响，但仅考虑强健电网，正如通常在欧洲看到的那些电网。

在前述实例中，我们认为电压源是理想电压源，具有无穷大的短路功率。我们现在将模拟同一根电缆在 10000MVA 短路功率电源下的供电情况。我们把供电过程细分为两种情况：其一为使用等效的 *RL* 网络；其二为电缆融合在具有数十条母线和线路的实际输电网络的模型中。

我们从 *RL* 等效网络开始，其主要构成为电压源和电缆之间的集总电阻和电感。在这种情况下，电缆经由电感供电，所以电流必须是连续的，可参见第 2 章。因此，流入电缆的电压波的幅度不会马上等于电源电压的幅度，而是以大致由 L/Z_0 给出的时间常数上升到电源幅度，其中，Z_0 为电缆特性阻抗。由于峰值电压和电流都是错误的[1]，波形不再是准确的实际图像，而表现为一种集总参数和有夸大谐振频率的行波的混合波形。

第二种情况即以输电网模型作为馈电网向电缆供电。换言之，不存在电压源，只有几台远离电缆的发电机。在发电机和电缆之间，有数根电缆/架空线、变压器、并联电抗器和其他实际电网中的常见设备。电网电压等级为 165kV，电缆送端短路功率约为 10000MVA。

在这种情况下，波形更接近于使用理想电源时的情况，但有一些区别。第一个也就是主要区别在于发送到电缆的脉冲低于开关瞬间送端的电压。

当一根电缆与其他电缆相连时，开关瞬间的初始瞬时电压由所有电缆分压。举例而言，如果一根未通电电缆只连接到一根具有相同浪涌阻抗的已通电电缆，用 1pu 的初始电压通电，则 0.5pu 电压波传播到被通电的电缆，-0.5pu 电压波传播到已通电的电缆。在这种情况下，峰值电压的理论最大值为 1pu，是理想电压源获得的值的一半[2]。如果浪涌阻抗不同，则电压将根据相应的值进行分压。

在这一特定例子中，被通电的电缆连接了具有不同浪涌阻抗的两根电缆和一个变压器，开关瞬间的电压为 1.1pu。断路器闭合时，约有 0.78pu 的电压波注入电缆，-0.32pu 的电压波注入相邻电缆；送端电压从 1.1pu 降低到 0.78pu。电缆受端的 0.78pu 电压波增加 1 倍，理论最高峰值电压为 1.56pu，实际上由于阻尼而为 1.41pu。

第二个区别是电缆送端的电压波反射。在理想电压源的例子中，电压波反射回电缆，反射系数为 -1pu，但这种情况下，反射系数绝对值较小，并且取决于电缆和相邻电缆的浪涌阻抗，可参见 3.6 节进行解释。因此，原电压波第二次到达电缆受端时，电缆受端的电压降比理想电压源情况小得多。

图 4.5 为用理想电压源、*RL* 等效网络和输电系统的模型进行供电时电缆受

---

[1] 通常比实际大 10% ~15%。

[2] 该理论最大值不考虑其他相邻电缆中的反射，即被通电电缆比连接到其送端的电缆短得多。两者长度相仿的正常情况参见 5.2 节。

端的电压。图中直观地展示了前几页解释的现象。以使用理想电压源的情况为参照，*RL* 等效网络的波形具有较高的峰值电压和谐振特性，而输电系统模型则由于较小的注入波而具有较低的峰值电压，因为较小的送端反射系数而具有较小的电压梯度。

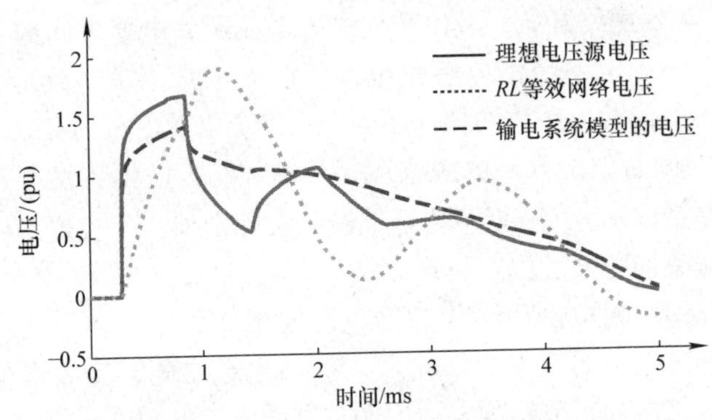

图 4.5　不同等效网络电缆的受端电压

4.3.4　连接方式的影响

我们之前研究过电缆供电，但只关注导体本身。但是，连接结构对波形、峰值电压和电流有很大的影响。然而由于诸多原因，所有交叉互联换位段的建模导致仿真运行时间和设计系统所需时间的显著增加：

1）需要设计 *n* 个小的交叉互联换位段，而不是 1/3 个；

2）软件需要更多时间完成每个步骤；

3）必须缩短时间步长以适应更短的电缆换位段；

4）拟合和存储出现问题的可能性增加。

因此，我们建模时尽可能使用较少换位段。现行 IEC 标准（IEC TR－60071－4）建议对所有交叉互联换位段进行建模。一些现象需要这种程度的细节，而其他现象则可以简化模型。不过，在了解何时以及如何简化模型之前，我们必须了解连接结构如何影响暂态，主要是开关暂态。

下面给出了解释，但是由于这种现象相当复杂，我们作了一些简化。具体而言，我们将不考虑每相之间的相互耦合，并且各数值被取整。

为了简单起见，我们首先分析两端连接电缆。图 4.6 为通过同步开关在峰值电压下对电缆通电时，导体和屏蔽层在不同点的电压和电流。波形显示了送端、第一换位段的末端（电缆 1/3 处）和第二换位段的末端（电缆 2/3 处），也即在交叉互联电缆中可能存在交叉的换位段。图中给出了波形的说明。

我们使用 3.4 节中描述的模型理论分析波形。从电流波形的分析开始

（图4.6中的上图）。

屏蔽层中的电流首先出现在第一换位段末端（图4.6中的A点），与导体中的电流同时达到该点。模型分析告诉我们，同轴模式下，屏蔽层中的电流等于导体中的电流，但方向相反。比较两个电流，我们看到它们具有几乎相同的幅度和相反的极性，从而证实了这一理论。稍后，波到达电缆第二换位段末端（B点），我们观察到相同的现象。

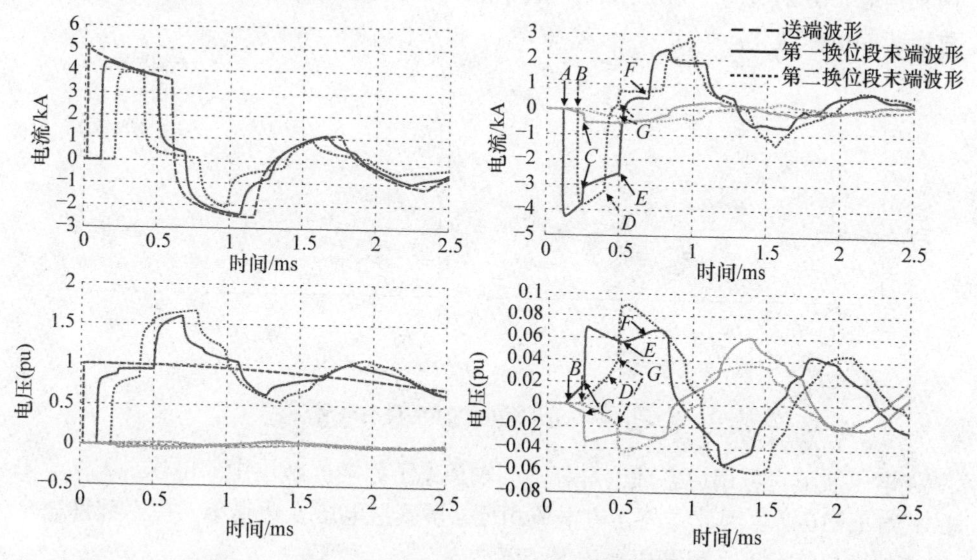

图4.6 两端连接电缆中的电流（上图）和电压（下图）
左图为电缆导体，右图为屏蔽层

到现在为止，屏蔽层与导体中的电流行为都一致。然后，在C点处，第一换位段屏蔽层中的电流突然变化，而导体中的电流没有变化。这种变化是由于通电瞬间产生的护套间模态而出现的；更确切地说是第二种护套间模态（导体间模态），即屏蔽层中的电流细分回流到另外两个屏蔽层中。图4.6中，被通电相的屏蔽层中电流增加了约700A，而另外两相屏蔽层中的电流减少了约350A，与预期结果一致。

我们在前面的示例中计算了本例中使用的电缆的同轴模态速度（约170m/μs）和护套间模态速度（约70m/μs）。示例中每个换位段的长度都为16.666km。因此，我们预期同轴模态的波在约0.1ms后到达第一换位段末端，而护套间模态的波在约0.240ms后到达；仿真中获得了相近的结果。

D点和E点电流减小，因为导体电流在电缆末端以相反极性被反射回来。因此，导体中的电流减少到几乎为零，而屏蔽层中的电流变为正，因为加上了仍在传播到电缆受端的护套间模态电流。如果没有护套间模态电流，屏蔽层中的电流将降低到接近零的负值，与同轴模态产生的导体电流具有对称性。

G 点显示了 C 点的护套间模态电流到达了第二换位段的末端。

F 点显示了在送端和到达第一换位段末端的反射电流，如 4.3.1 节和 4.3.2 节所述。

图 4.7 以通电期间模态电流的波形印证了刚刚给出的结果和说明。存在两种同轴模态，分别对应于第一相和护套间模态，而剩余模态为零。模态电流的变化对应于相电流变化。

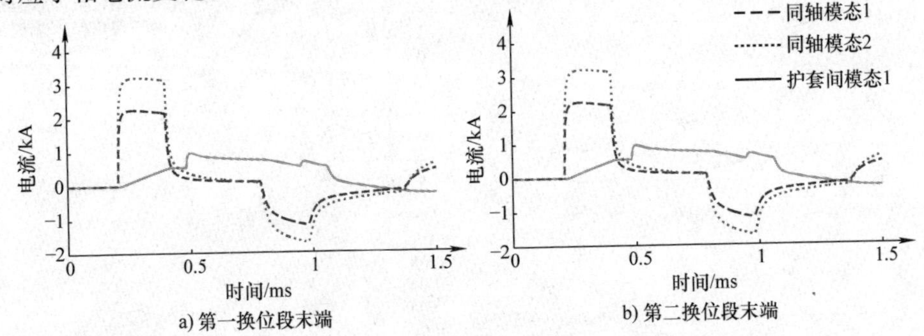

图 4.7　电缆通电期间的模态电流

电压波形也可用模态理论解释。同轴模态不影响屏蔽层中的电压［3.4 节中的式（3.116）］。因此，与 A 点电流相反，屏蔽层电压变化很小。模态部件完全解耦的理想情况下，屏蔽层电压保持不变。

然而，护套间模态改变了导体中的电压，我们可以在 B 点处看到这种变化。对于电流，正在被通电的相的屏蔽层电压增加了 1 倍，而极性与另外两相相反。一个重要的区别在于，护套间模态也会影响导体中的电压，而电流似乎没有变化[㊀]。矩阵 T_V 的分析表明，屏蔽层和导体的电压变化应该相同，仿真结果证实了这个理论。

现在我们可以轻松推导得出判断，剩余波形的行为类似于之前分析的电流。

我们现在结束对两端连接电缆的分析，开始分析具有相同长度的交叉互联电缆。与两端连接电缆类似，交叉互联电缆被分成等长的 3 部分。电缆屏蔽层在各换位段之间换位，从而得到具有一组主换位段的交叉互联电缆。

图 4.8 为通过同步开关在峰值电压下通电的交叉互联电缆的导体和屏蔽层不同点处的电压和电流。

电缆通电后，波在电缆中传播，到达图 4.8 中第一换位段末端的 A 点。在这一瞬间，电流出现在所有 3 个屏蔽层中，第一相和第三相屏蔽层中电流幅度为约 2kA，第二相为约 400A。

㊀ 查看 3.4 节的式（3.116）并比较两个矩阵。

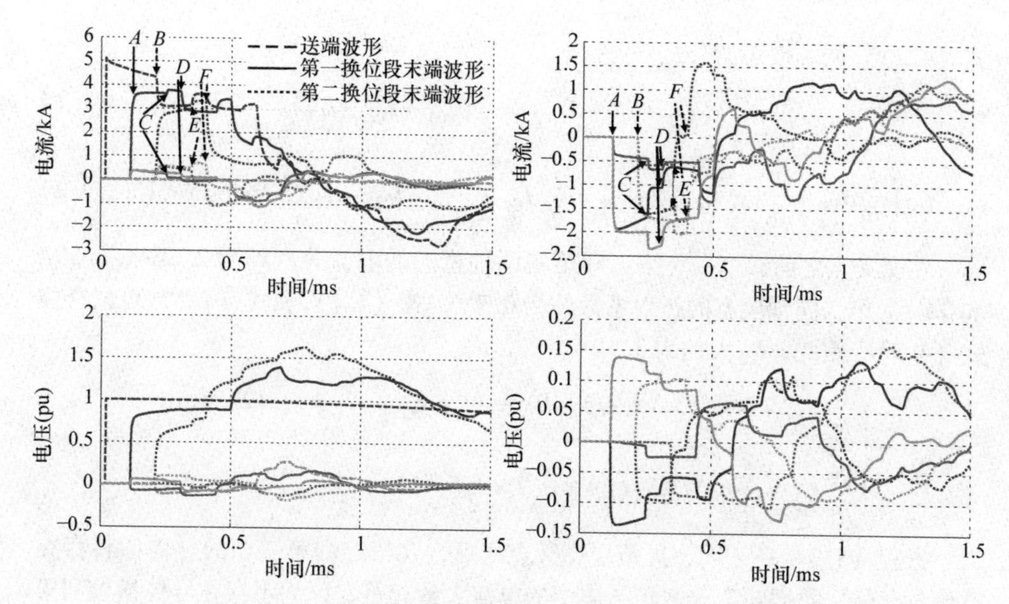

图4.8 交叉互联电缆中的电流（上图）和电压（下图）
左边为导体，右边为屏蔽层

与之前所解释的两端连接电缆的同轴模态一样，第一相第一换位段中的电流在屏蔽层上产生了幅度相同极性相反的电流。

图4.9中第一个交叉点处，屏蔽层换位导致浪涌阻抗变化，从而产生反射和折射。如果考虑6种模态完全解耦，我们可以估算每种模态的反射和折射。然而模态阻抗矩阵取决于频率，想要准确估算反射/折射系数需要知道与开关现象相关的频率。不过，我们仍然可以获得这些模态的总体趋势。

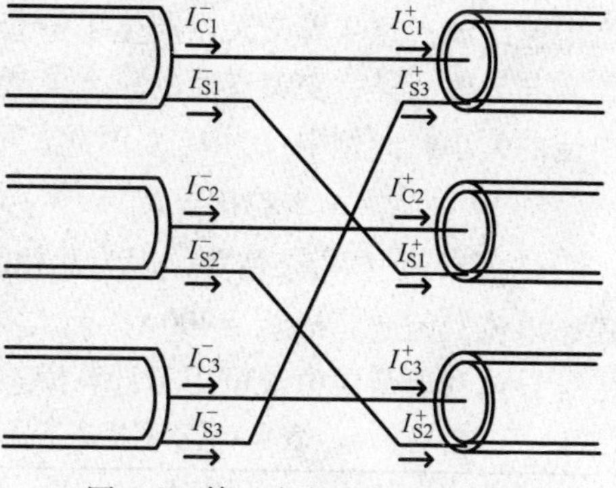

图4.9 第一个交叉点处的导体和屏蔽层中的电流

对不同频率方程的求解表明，接地模态和第一同轴模态不受屏蔽层交叉的影响，且这两种模态的幅度保持不变。方程还表明，第二和第三同轴模态部分以相反极性反射，以小于1的系数折射，而护套间模态具有较小的反射系数和略大于1的折射系数。

现在，我们应当分析相电流并从中获取信息。图4.9为第一个换位段中的电流。此时，在交叉点之前只有第一相的导体电流（I_{C1}^-）和屏蔽层电流（I_{S1}^-），其他电流为零。另外，第一同轴模态的电流不受屏蔽层交叉的影响，而第二和第三同轴模态的电流减小。因此，我们可以写出第一［见式（4.1)］和第二［见式（4.2）］同轴模态的公式。

$$\frac{1}{\sqrt{3}}(I_{C1}^{-}+I_{C2}^{-}+I_{C3}^{-})=\frac{1}{\sqrt{3}}(I_{C1}^{+}+I_{C2}^{+}+I_{C3}^{+}) \tag{4.1}$$

$$x\left(\frac{2}{\sqrt{6}}I_{C1}^{-}+\frac{1}{\sqrt{6}}(-I_{C2}^{-}-I_{C3}^{-})\right)=\frac{2}{\sqrt{6}}I_{C1}^{+}+\frac{1}{\sqrt{6}}(-I_{C2}^{+}-I_{C3}^{+})，当 0<x<1 时 \tag{4.2}$$

在交叉点之前，第一、第二和第三同轴模态的电流分别约为 2.6kA、3.5kA 和 0A㊀。第二同轴模态的折射系数约为 0.7㊁，式（4.1）和式（4.2）可以合成式（4.3），因此，I_{C1}^{+}大约为 3.5kA。

$$\begin{cases}\frac{1}{\sqrt{3}}(I_{C1}^{+}+I_{C2}^{+}+I_{C3}^{+})=2.5\times10^{3}\Leftrightarrow I_{C1}^{+}+I_{C2}^{+}+I_{C3}^{+}=\sqrt{3}\times2.5\times10^{3}\\ \frac{2}{\sqrt{6}}I_{C1}^{+}+\frac{1}{\sqrt{6}}(-I_{C2}^{+}-I_{C3}^{+})=0.7\times3.5\times10^{3}\end{cases} \tag{4.3}$$

方程（4.3）还表明，屏蔽层交叉点之后，在第二和第三相的导体中将存在电流。此外，我们知道这两相导体中的电流大致相等，因为不存在导体换位和第三同轴模态。因此，I_{C2}^{+}和I_{C3}^{+}均约为 400A。

交叉点之后的三个导体电流的总和等于 4.3kA，与交叉点之前的电流相同。

计算了导体中的电流后，我们现在计算屏蔽层中的电流。以图 4.9 作为参考，我们预计I_{S1}^{+}和I_{S3}^{+}在交叉点处相等。因此，屏蔽层总电流由同轴和护套间模态电流组成，意味着交叉点产生了护套间模态。

与导体一样，交叉点后的三个屏蔽层电流的总和应等于交叉前的所有屏蔽层电流的大小，此例中仅为I_{S1}^{-}。因此，可以写出式（4.4）。

$$-4.3\times10^{3}=I_{S1}^{+}+I_{S2}^{+}+I_{S3}^{+}\Leftrightarrow-4.3\times10^{3}=2I_{S1}^{+}+I_{S2}^{+} \tag{4.4}$$

I_{S2}^{+}可以通过I_{C3}^{+}来估算，因为此相的护套间模态电流应取消，而只保留同轴模态电流。因此，I_{S2}^{+}为 −400A，而I_{S1}^{+}和I_{S3}^{+}均为 −1.9kA。

导体和屏蔽层电流可用于计算模态电流。表 4.1 显示了不同模态的导体和屏

表 4.1　不同模态下导体和屏蔽层中的电流（A）

模态	总电流	导体 1	导体 2	导体 3	屏蔽层 1	屏蔽层 2	屏蔽层 3
同轴 1	2 500	1 450	1 450	1 450	−1 450	−1 450	−1 450
同轴 2	2 500	2 050	−1 000	−1 000	−2 050	1 000	1 000
同轴 3	0	–	–	–	–	–	–
护套间 1	750	0	0	0	0	750	−750
护套间 2	1 400	0	0	0	1 550	−750	−750
接地	0	–	–	–	–	–	–
总电流	–	3 500	450	450	−1 950	−450	−1 950

注：表中所示的值不是模态电流，而是每个模态下每个相中的电流。

㊀ 相当于 A 相中电流约 4.3kA，另外两相电流为 0A。

㊁ 频率为 1.5kHz。

蔽层中电流，结果也显示在图4.10中㊀。

屏蔽层的结果相当有趣。举例说明：第一相屏蔽层和第三相屏蔽层中的总电流在交叉点处相同，但同轴和护套间模态电流不相同。同轴模态电流比护套间模态电流传播更快。因此，两个屏蔽层中电流前波不同；这意味着如果我们在几米前的位置“测量”两个屏蔽层中的电流，首先会看到第一相屏蔽层和第三相屏蔽层（现在实为第二相屏蔽层，但是简单起见保留命名）中的第一同轴电流分别为-3500A和-450A，然后看到护套间电流分别为1550A和-1500A。

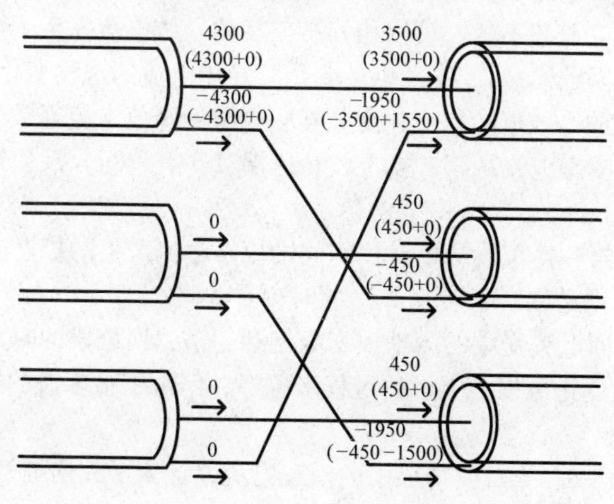

图4.10　电缆交叉之前和之后的导体和屏蔽层中电流

括号中分别为同轴和护套间模态提供的相电流

两个屏蔽层中的电流在护套间模态电流到达之后具有相同的幅度，但在同轴模态和护套间模态电流到达之间是不同的。我们应在第二个交叉点的分析中牢记这一点，因为同轴模态将比护套间模态更快到达。

分析之后，我们再次观察图4.8，看看这个理论是否符合仿真结果。

*A*点表示同轴电流到达第一换位段的末端。在此之前，交叉互联电缆和两端连接电缆的行为一致。此时，第一相和第三相屏蔽层中电流幅度很大（约-2kA），而第二相屏蔽层中电流为约-400A。这三相的电流值都是根据理论得到㊁，而此时第一、第二和第三相屏蔽层中的电流幅度分别为3.6kA、400A和400A。

*A*点还显示了两端连接电缆和交叉互联电缆的其他差异。与第一换位段电缆

㊀ 这些值与之前引用的电流所获得的值略有不同。理论值和获得值存在一些小差异，因为之前在计算部分电流时使用了近似值。

㊁ 表8有一些小差异，但考虑到几个近似值，这是正常的。

相比，交叉互联电缆导体和屏蔽层中的电流幅度有所下降。这一下降是因为之前解释过的第三同轴模态的减少。当同轴电流到达 B 点处的第二换位段末端时，可以看到同样的下降。

C 点是在通电时刻产生的护套间模态电流到达第一换位段的时刻。第一相屏蔽层中的电流收到一个正脉冲，而另外两相屏蔽层中的电流接收到极性相反、一半幅度的脉冲，与两端连接电缆类似。

然而，导体中电流也存在差异。两端连接电缆的导体电流不受护套间电流的影响，交叉互联电缆却不然。第一相和第三相的导体电流发生了微小变化，因为护套间模态 2 和同轴模态 2、3 发生了变化。导体电流的这种变化是非常重要的，因为与两端连接的等效电缆相比，交叉互联电缆的峰值电流通常会增加。

D 点是同轴模态电流从第二换位段和送端（B 点瞬间）反射回来后到达第一换位段的时刻。

E 点是到达第一换位段（A 点）的同轴模态电流产生的护套间模态电流到达第二换位段和电缆送端（长度相等）的时刻。

F 点是反射回电缆受端的同轴模态电流到达第二换位段的时刻。

曲线的剩余变化可以用类似的过程来解释，但由于很多波的叠加而变得相当复杂。

图 4.11 为第一和第二换位段中的模态电流，证实了先前提及的波的行为。

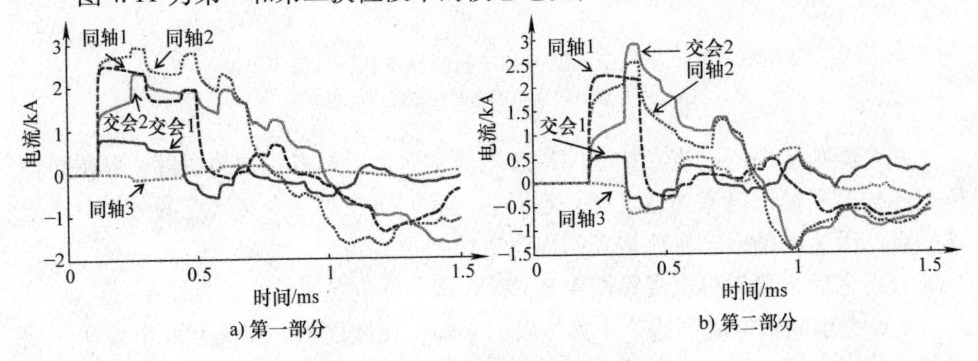

图 4.11　电缆通电期间的模态电流

图 4.8 的电压波形也可用电流波形的模态理论进行说明。电压和电流变换矩阵不同，因而波形不同，但是变化发生在完全相同的时刻。

反射系数和折射系数有些变化：第三同轴模态的折射系数增加，两个护套间模态的折射系数减小；然而，第一同轴模态和接地模态继续不受屏蔽层交叉的影响。与之前类似，已知第一相导体上只有电压和第二同轴模态的折射系数，我们可以为交叉前一点的第一［见式（4.5）］和第二［见式（4.6）］同轴模态写出公式。理想情况下，第一相的电压幅度在交叉点之前为 1pu，然而我们已经在

图4.2和图4.4中看到，因为电缆存在非线性元件，电压达到该值需要时间，导致波到达交叉点的瞬间电压较低。在此例中，电压为0.85pu。

$$\frac{1}{\sqrt{3}}\left[E_{C1}^{-}+E_{C2}^{-}+E_{C3}^{-}-\left(E_{S1}^{-}+E_{S2}^{-}+E_{S3}^{-}\right)\right]$$

$$=\frac{1}{\sqrt{3}}\left[E_{C1}^{+}+E_{C2}^{+}+E_{C3}^{+}-\left(E_{S1}^{+}+E_{S2}^{+}+E_{S3}^{+}\right)\right]$$

$$\frac{1}{\sqrt{3}}\left[E_{C1}^{-}+0+0-(0+0+0)\right]=\frac{1}{\sqrt{3}}(0.85)\simeq 0.5\text{pu} \tag{4.5}$$

$$x\frac{1}{\sqrt{6}}\left(2E_{C1}^{-}-E_{C2}^{-}-E_{C3}^{-}-2E_{S1}^{-}+E_{S2}^{-}+E_{S3}^{-}\right)$$

$$=\frac{1}{\sqrt{6}}\left(2E_{C1}^{+}-E_{C2}^{+}-E_{C3}^{+}-2E_{S1}^{+}+E_{S2}^{+}+E_{S3}^{+}\right)$$

$$1.25\frac{1}{\sqrt{6}}\left(2E_{C1}^{-}-0-0-2\times 0+0+0\right)$$

$$=1.25\frac{1}{\sqrt{6}}\left(2\times 0.85-0-0-2\times 0+0+0\right)=0.85\text{pu} \tag{4.6}$$

从两端连接电缆的示例中可知，在第一换位段末端之前的屏蔽层上没有电压㊀。因此，在屏蔽层交叉后，所有屏蔽层电压的总和必须为零。同时，我们知道$E_{S1}^{+}=-E_{S3}^{+}$，因为这两相连接着已通电相。因此，E_{S2}^{+}为零，而另外两个屏蔽层的电压需要计算。

我们暂时放下屏蔽层，回头看导体电压。第一同轴模态的公式可以写成式（4.7）。导体波形没有重叠，因此$E_{C2}^{+}=-E_{C3}^{+}$㊁。由此可知E_{C1}^{+}约为0.85pu。

我们可以用式（4.8）所示第二同轴模态计算第一相屏蔽层电压。E_{S1}^{+}的最终值约为-0.15pu，而E_{S3}^{+}约为0.15pu。

使用第三同轴模态计算E_{C2}^{+}和E_{C3}^{+}，如式（4.9）所示，幅度分别为-0.05pu和0.05pu。

$$\left(E_{C1}^{+}+E_{C2}^{+}+E_{C3}^{+}\right)=0.5\sqrt{3} \tag{4.7}$$

$$\left(2E_{C1}^{+}-E_{C2}^{+}-E_{C3}^{+}-2E_{S1}^{+}-E_{S3}^{+}\right)=0.85\sqrt{6}\Leftrightarrow 3\left(E_{C1}^{+}-E_{S1}^{+}\right)=0.85\sqrt{6}+0.5\sqrt{3} \tag{4.8}$$

$$E_{C2}^{+}-E_{C3}^{+}+E_{S3}^{+}=0 \tag{4.9}$$

表4.2为不同模态下导体和屏蔽层中的电压，以pu为单位。与电流表相似，最后一行的值已稍作修正，以补偿所有会与理论值产生矛盾的近似值。

㊀ 部分电流来自护套间模态，但是具有较低速度，并将稍后到达。

㊁ 已知第三同轴模态为0，可以得出同样结论。

我们已经看到，同轴模态在交叉点产生了两个护套间模态，两端连接电缆的这种护套间模态会影响导体的电压。因此，交叉互联电缆通常具有比两端连接电缆更大的峰值电压。这不是通用规则，因为峰值电压取决于各段长度和数量，在某些特殊情况下甚至可能更低㊀。

表 4.2 不同模式下导体和屏蔽层中的电压，以 pu 为单位

模态	总电流	导体 1	导体 2	导体 3	屏蔽层 1	屏蔽层 2	屏蔽层 3
同轴 1	0.5	0.3	0.3	0.3	0	0	0
同轴 2	0.85	0.7	-0.35	-0.35	0	0	0
同轴 3	0	—	—	—	—	—	—
护套间 1	-0.15	0	-0.08	0.08	0	-0.08	0.08
护套间 2	-0.25	-0.15	0.08	0.08	-0.15	0.08	0.08
接地	0	—	—	—	—	—	—
总电流	—	0.85	-0.05	0.05	-0.15	0	0.15

表 4.3 为不同连接结构下通电期间的峰值电压值。我们可以看出，交叉互联电缆的峰值电压幅度大于两端连接电缆。此例似乎说明，由于峰值变化相对较小，主要部分数量可能没有很大影响。不过我们稍后会看到，在某些情况下，影响可能会相当大。

交叉互联电缆的峰值过电压瞬间也比两端连接电缆晚。我们已知同轴模态电压在交叉点衰减。因此，当同轴波第二次到达受端时，交叉互联电缆电压降低较少，并且在该瞬间之后到达的护套间模态电压可能使电压增加。

表 4.3 不同连接方式下的峰值过电压，以 pu 为单位

两端连接	主换位段 1	主换位段 2	主换位段 3	主换位段 4	主换位段 5
1.67	1.82	1.80	1.85	1.86	1.81

小结

本节介绍了连接方式的重要性以及它如何影响波形。我们使用解释波形变化所必需的模态理论进行分析。本节给出的解释可能在第一次阅读时看起来很混乱，但读者可以从网上下载仿真软件，并用其分步学习。

护套间模态对结果的影响相当大。护套间模态电压影响导体电压，而护套间模态电流不影响导体电流。另一方面，同轴模态电流影响屏蔽层电流，而同轴模态电压不影响屏蔽层电压。

对于交叉互联电缆，峰值电压通常大于两端连接电缆，具体幅度取决于次换位段长度及其数量。在这一特殊例子中，具有一个或多个大的次换位段没有很大区别。但我们会看到，在某些情况下，差异可能是几 pu。

㊀ 与之前对第一个交叉点进行的分析的类似分析将会非常复杂，因为叠加的波很多。但如需要，读者可以使用在线提供的文件来模拟这种情况。

4.4　并联电缆的通电

我们在4.3节中看到了单根电缆的供电。然而，电缆通常与其他电缆一起安装在电网中，且在某些情况下，电缆是并联供电的，即所有连接到送端（母线）的电缆被同时供电。在这种情况下，由于电缆之间存在相互作用，使供电现象变得更加复杂。

从电气角度看，电缆和电容器很相似。因此，向连接到已通电电缆的电缆供电可看作类似于并联电容器供电。并联电容器组供电造成的浪涌电流的幅度和频率取决于连接瞬间的电压。更重要的是，第二组电容器供电时所产生的浪涌电流的频率和幅度比第一组电容器供电时要高。

电缆的电容沿电缆均匀分布。因此，并联电缆供电时产生的浪涌电流不会比并联电容器组供电时来得大。

然而，这种现象仍有重大意义，并且在某些情况下对断路器很危险。断路器对浪涌电流有一个最大容许振幅和频率，由IEC 62271—100标准定义。超过这个限制会把电弧触点磨损成锥形，导致断路器中断短路电流的能力下降，并会增加故障的次数。

图4.12为这种现象的示例，使用了无数级*RLC*电路进行建模。当断路器开启时，储存在已通电电缆“电容器”中的能量被转移到被供电电缆的“电容器”中，如箭头所示。

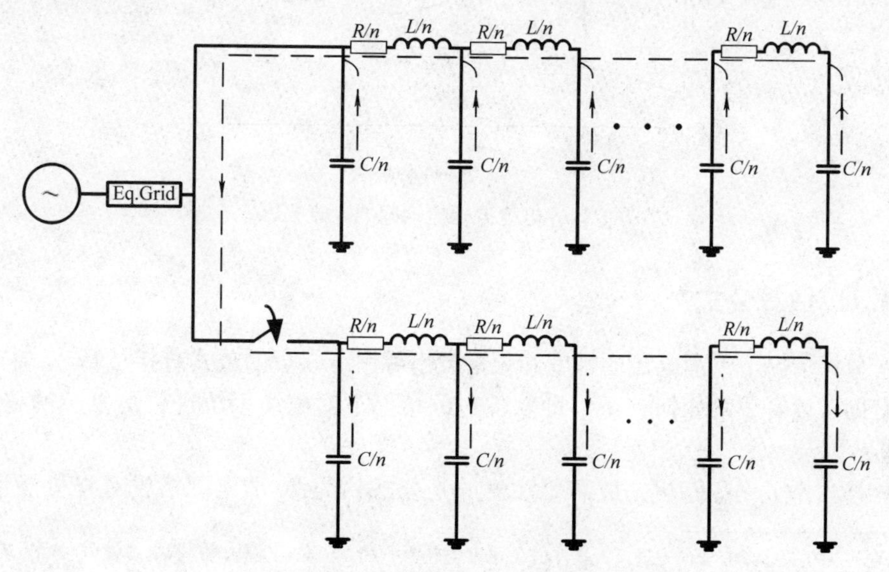

图4.12　并联电缆供电的等效电路

这种现象与电缆送端的短路功率水平极为相关。

举例说明：一个非常强健的电网，即具有无限大短路功率，将不受开关操作的影响，那么前述现象就不会发生。在这种情况下，送端的电压始终保持电网施加的正弦波，并为供电电缆提供所有的能量。换言之，如果并联电缆具有相同的类型和长度，通电瞬变相当于连接到一个理想电压源，且电缆之间没有能量传输。

另一方面，一个很薄弱的电网会受到网络中一切开关操作的强烈影响。一个薄弱电网的馈电网络响应速度慢，被通电电缆的绝大部分能量来自于已通电的并联电缆。在极限情况下，几乎所有的浪涌电流能量都在电缆间传输，同时存在高浪涌电流频率和幅度。

另一种可能引起这种现象的结构是将两根电缆的送端连接到同一母线上，母线仅连接这两根电缆和变压器。在这种情况下，变压器作为大电感会延迟来自馈电网络的响应，于是大部分初始能量由已通电电缆提供。

图 4.13 为一个极弱电网中对并联到相同长度的已通电电缆（电缆 A）的电缆（电缆 B）在峰值电压下供电。通电瞬间两根电缆的电流是对称的，意味着所有的能量都由电缆 A 传送到电缆 B。

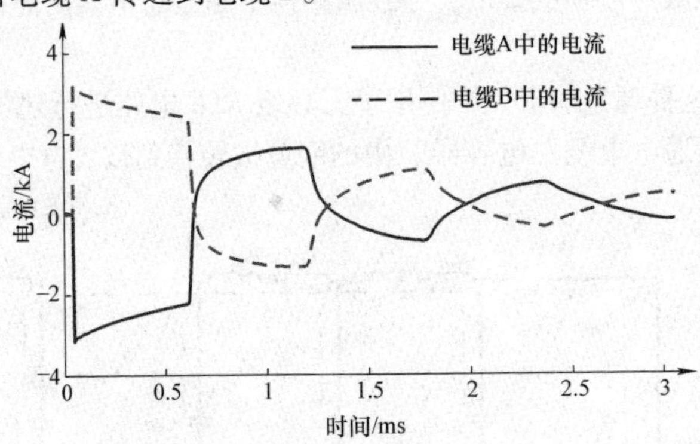

图 4.13　电缆 B 通电期间的电流波形

4.4.1　估算公式

最坏情况下浪涌电流的幅度和频率大小可用下一页的公式直接估算㊀。本节也有助于读者了解如何在不借助软件包的情况下对电缆系统进行更复杂的解析分析。

公式作了一些简化，最需要注意的是公式认为源/馈电网络没有提供能量，

㊀ 对于许多没有任何先进仿真软件的公司来说较为有利，但是仍需知道并联电缆通电时对系统是否造成风险。

并且所有浪涌电流从电缆A传输到电缆B，即仅对薄弱电网成立。我们使用式（4.10）计算电流，其中：U_{m}是施加电压的幅度，U_{t}是电缆上的电压㊀，Z_1和Z_2是电缆浪涌阻抗。不过浪涌阻抗需要根据频率进行校正，如下一节所述。

$$i_{1\ \mathrm{peak}}=\frac{U_{\mathrm{m}}-U_{\mathrm{t}}}{Z_1+Z_2} \tag{4.10}$$

计算浪涌电流频率更为复杂。电缆被视为并联的两个无损π模型（见图4.14）。这种方法的优点是允许以最终结果中出现有限误差为代价来解析系统，从而简化了模型：不存在电阻，换位段数量有限。公式与软件仿真的比较表明，其误差是可以接受的。

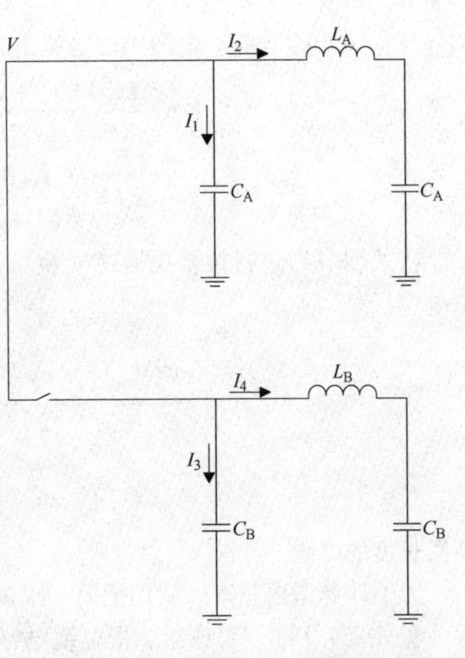

图4.14 用于计算浪涌电流频率的系统

电流计算如式（4.11）。第二根电缆假定为空载，因此电缆中所有初始条件都等于零。

$$\begin{cases} I_1=sC_{\mathrm{A}}V-C_{\mathrm{A}}V\ (0) \\ I_2=\dfrac{sC_{\mathrm{A}}V-C_{\mathrm{A}}V\ (0)\ +sL_{\mathrm{A}}C_{\mathrm{A}}I_2\ (0)\ -L_{\mathrm{A}}C_{\mathrm{A}}\dot{I}_2\ (0)}{s^2L_{\mathrm{A}}C_{\mathrm{A}}+1} \\ I_3=sC_{\mathrm{B}}V \\ I_4=\dfrac{sC_{\mathrm{B}}V}{s^2L_{\mathrm{B}}C_{\mathrm{B}}+1} \end{cases} \tag{4.11}$$

由于电压在电缆沿线上的幅度不同，因此I_1和I_2中的值V（0）并不完全相同。不过，在设计良好的系统中，差异应该很小，因此这些值被看作相等。

$V(0)$被认为等于峰值电压；由于电缆主要呈电容性，$I_2(0)=0$，$\dot{I}_2(0)\approx$峰值电流。

继续推导式（4.11）得到式（4.12）。

$$V\left(sC_{\mathrm{A}}+\frac{sC_{\mathrm{A}}}{s^2L_{\mathrm{A}}C_{\mathrm{A}}+1}+sC_{\mathrm{B}}+\frac{sC_{\mathrm{B}}}{s^2L_{\mathrm{B}}C_{\mathrm{B}}+1}\right)=C_{\mathrm{A}}V(0)+\frac{L_{\mathrm{A}}C_{\mathrm{A}}\dot{I}_2(0)}{s^2L_{\mathrm{A}}C_{\mathrm{A}}+1} \tag{4.12}$$

相同类型和长度的电缆

如电缆相同，$L_{\mathrm{A}}=L_{\mathrm{B}}$，$C_{\mathrm{A}}=C_{\mathrm{B}}$，式（4.12）可写为式（4.13），其中，$C=$

㊀ 通常，电缆在通电瞬间时放电，值为0V。

$C_A = C_B$; $L = L_A = L_B$。电缆中的电流由式（4.14）算出。

$$V = \frac{s^2 LC^2 V(0) + CV(0) + LC\dot{I}_2(0)}{s(s^2 2LC^2 + 4C)} \tag{4.13}$$

$$I = \frac{LC\dot{I}_2(0)}{s^2 CL + 2} + \frac{CV(0)}{2} \tag{4.14}$$

将式(4.14)进行拉普拉斯逆变换可得式(4.15)和式(4.16)(其中 C 为电缆总电容)。

$$I(t) = \frac{\sin\left(\sqrt{\frac{1}{LC}}t\right)\sqrt{LC\dot{I}_2(0)}}{2} + \frac{CV(0)\delta(t)}{2} \tag{4.15}$$

$$\omega_r = \sqrt{\frac{2}{LC}} \tag{4.16}$$

不同长度的电缆

为了计算谐振频率，我们把第一根被通电电缆的电容［见式（4.17）］和电感［见式（4.18）］写成第二根电缆电容和电感的函数。举例来说，如果电缆 A 的电容和电感分别为 5μF 和 6.5mH，而电缆 B 为 3μF 和 5.5mH，则 x 和 y 的值分别为 0.6 和 0.846。

$$C_B = xC_A \wedge C = C_A \tag{4.17}$$

$$L_B = yL_A \wedge L = L_A \tag{4.18}$$

式（4.12）变为式（4.19），电流等于式（4.20）。

$$V = \frac{s^4[yxL^2C^3V(0)] + s^2[yxLC^2V(0) + LC^2V(0) + yxL^2C^2\dot{I}_2(0)] + CV(0) + LC\dot{I}_2(0)}{s[s^4(yx^2L^2C^3 + yxL^2C^3) + s^2(yx^2LC^2 + 2xLC^2 + 2yxLC^2 + LC^2) + (2xC + 2C)]} \tag{4.19}$$

$$\begin{aligned} I = &\frac{C\{s^4[yxL^2C^3V(0)] + s^2[yxLC^2V(0) + LC^2V(0) + yxL^2C^2\dot{I}_2(0)] + CV(0) + LC\dot{I}_2(0)\}}{s^4(yx^2L^2C^3 + yxL^2C^3) + s^2(yx^2LC^2 + 2xLC^2 + 2yxLC^2 + LC^2) + (2xC + 2C)} \\ &+ \frac{C\{s^4[yxL^2C^3V(0)] + s^2[yxLC^2V(0) + LC^2V(0) + yxL^2C^2\dot{I}_2(0)] + CV(0) + LC\dot{I}_2(0)\}}{(s^2LC + 1)[s^4(yx^2L^2C^3 + yxL^2C^3) + s^2(yx^2LC^2 + 2xLC^2 + 2yxLC^2 + LC^2) + (2xC + 2C)]} \end{aligned} \tag{4.20}$$

式（4.20）不能使用部分分式法，因为第一项的分子和分母具有相同量级(s^4)。应用线性处理方法，式（4.20）被分为两项。第一项在频域中以式（4.21)表示。因此，I_3的频率等于 V 的频率，V 的频率可按式（4.19）计算。

$$I_3 = C_B \frac{dV}{dt} \tag{4.21}$$

将部分分式法应用于多项式的第二部分，代表式（4.22）中的电流 I_4。

$$V = L_B \frac{dI_4}{dt} + \frac{1}{C_B}\int I_4 dt \tag{4.22}$$

其根为共轭复数［见式(4.23)］。因此，式（4.20）的第二部分可写成式（4.24）。

$$\begin{cases}\alpha_1 = \pm\sqrt{-\dfrac{1}{LC}} \\ \alpha_2 = \pm\sqrt{-\dfrac{yx^2+2yx+2x+1-\sqrt{y^2x^4+4y^2x^3-4yx^3+4y^2x^2-6yx^2+4x^2-4yx+4x+1}}{2CL(yx^2+yx)}} \\ \alpha_3 = \pm\sqrt{-\dfrac{yx^2+2yx+2x+1+\sqrt{y^2x^4+4y^2x^3-4yx^3+4y^2x^2-6yx^2+4x^2-4yx+4x+1}}{2CL(yx^2+yx)}}\end{cases} \tag{4.23}$$

$$I = \frac{A_1 s + A_2}{(s-\alpha_1)(s-\alpha_1^*)} + \frac{A_3 s + A_4}{(s-\alpha_2)(s-\alpha_2^*)} + \frac{A_5 s + A_6}{(s-\alpha_3)(s-\alpha_3^*)} \tag{4.24}$$

求解式（4.24）得到式（4.25）。

$$\begin{cases}A_1 = 0 \\ A_2 = yx^2L^3C^4\dot{I}_2(0) + yxL^3C^4\dot{I}_2(0) \\ A_3 = 0 \\ A_4 = yxL^2C^3\left[\dfrac{K_1[V(0) - L\dot{I}_2(0) - xL\dot{I}_2(0)] + K_2}{K_3}\right] \\ A_5 = 0 \\ A_6 = -yxL^2C^3\left[\dfrac{K_1[-V(0) + L\dot{I}_2(0) + xL\dot{I}_2(0)] + yx^3L\dot{I}_2(0) + K_2}{K_3}\right]\end{cases} \tag{4.25}$$

其中，K_1、K_2和K_3由式（4.26）给出。

$$\begin{cases}K_1 = \sqrt{y^2x^4+4y^2x^3-4yx^3+4y^2x^2-6yx^2+4x^2-4yx+4x+1} \\ K_2 = yx^3L\dot{I}_2(0) + yx^2[3L\dot{I}_2(0) - V(0)] + \\ \quad 2yx[L\dot{I}_2(0) - V(0)] - 2x^2L\dot{I}_2(0) - 3xL\dot{I}_2(0) + V(0) - L\dot{I}_2(0) \\ K_3 = 2\sqrt{y^2x^4+4y^2x^3-4yx^3+4y^2x^2-6yx^2+4x^2-4yx+4x+1}\end{cases} \tag{4.26}$$

因此，谐振频率由式（4.27）（C 现在是电缆的总电容）计算。式（4.20）第一项的频率等于式（4.27）。

$$\omega_{r1,2}^2 = \frac{(yx^2+2yx+2x+1) \pm \sqrt{y^2x^4+4y^2x^3-4yx^3+4y^2x^2-6yx^2+4x^2-4yx+4x+1}}{CL(yx^2+yx)} \tag{4.27}$$

与 A_2 项对应的谐振频率不予考虑，因为 A_2 项对应的电容和电感值比 A_4 和 A_6 小几千倍。

如果两根电缆为同一类型，则 $y=x$，式（4.27）可简化为式（4.28）（C 现在是电缆的总电容）。

$$\omega_{r1,2}^2=\frac{(x^3+2x^2+2x+1)\pm\sqrt{x^6+4x^5-6x^3+4x+1}}{CL(x^3+x^2)} \tag{4.28}$$

总而言之，浪涌电流的频率计算如下所示：

1）如果两根电缆具有相同的特性和长度，$\omega_r=\sqrt{\frac{2}{LC}}$。

2）如果两根电缆具有相同的特性，但长度不同，

$$\omega_r^2=\frac{(x^3+2x^2+2x+1)\pm\sqrt{x^6+4x^5-6x^3+4x+1}}{CL(x^3+x^2)}。$$

3）如果两根电缆具有不同的特性，

$$\omega_r^2=\frac{(yx^2+2yx+2x+1)-\sqrt{y^2x^4+4y^2x^3-4yx^3+4y^2x^2-6yx^2+4x^2-4yx+4x+1}}{CL(yx^2+yx)}。$$

4.4.2 高频率下电感的调整

与浪涌电流相关的频率数量级为数百 Hz 或甚至上千 Hz。在如此高频下，电缆的电阻和电感不再是数据表给出的 50/60Hz。

我们在 3.3 节中看到了电缆参数的计算。电阻随频率增加而增大，而电感则随之减小。因此，在计算浪涌电流频率时，必须校正电感，否则计算值会低于实际值。

通过频率函数精确计算电感值需要使用贝塞尔方程和计算串联阻抗矩阵，见 3.3节中的解释。

用这种方法计算电感是一个相当复杂的过程。如果可以，许多人希望避开这一过程，尤其是在项目的初始阶段。表 4.4 列出了一些经验公式，用以估计单芯交联聚乙烯电缆频率函数中的电感⊖。

表 4.4 电感计算的经验公式 （单位：H/km）

横截面积/mm^2	铜 66kV
800	$L(f)=9.93\times10^{-4}f^{-0.6398}+0.93\times10^{-4}$
1200	$L(f)=8.88\times10^{-4}f^{-0.6605}+0.77\times10^{-4}$
2000	$L(f)=4.68\times10^{-4}f^{-0.5628}+0.60\times10^{-4}$
横截面积/mm^2	铝 66kV
800	$L(f)=5.62\times10^{-4}f^{-0.4741}+0.88\times10^{-4}$
1200	$L(f)=6.48\times10^{-4}f^{-0.5483}+0.75\times10^{-4}$
2000	$L(f)=6.61\times10^{-4}f^{-0.6071}+0.62\times10^{-4}$

⊖ 作者们想要着重指出，这些公式针对常见电缆，并会根据电缆特性和安装布局而改变。

（续）

横截面积/mm^2	铜 150kV
800	$L(f)=2.83\times10^{-4}f^{-0.3358}+1.31\times10^{-4}$
1200	$L(f)=2.63\times10^{-4}f^{-0.3633}+1.12\times10^{-4}$
2000	$L(f)=2.08\times10^{-4}f^{-0.3601}+0.93\times10^{-4}$
横截面积/mm^2	铝 150kV
800	$L(f)=2.42\times10^{-4}f^{-0.2307}+1.14\times10^{-4}$
1200	$L(f)=2.66\times10^{-4}f^{-0.3162}+1.06\times10^{-4}$
2000	$L(f)=2.56\times10^{-4}f^{-0.3662}+0.92\times10^{-4}$
横截面积/mm^2	铜 400kV
800	$L(f)=2.70\times10^{-4}f^{-0.33}+1.95\times10^{-4}$
1200	$L(f)=2.61\times10^{-4}f^{-0.3611}+1.57\times10^{-4}$
2000	$L(f)=2.12\times10^{-4}f^{-0.3616}+1.33\times10^{-4}$
横截面积/mm^2	铝 400kV
800	$L(f)=2.34\times10^{-4}f^{-0.2268}+1.78\times10^{-4}$
1200	$L(f)=2.65\times10^{-4}f^{-0.3159}+1.52\times10^{-4}$
2000	$L(f)=2.59\times10^{-4}f^{-0.3663}+1.32\times10^{-4}$

然而，首次计算浪涌电流频率时，该值未知，因此无法调整电感。解决方案是使用迭代过程，先按50/60Hz计算频率，然后将电感调整到新值并继续计算，直到不再变化。

我们用两根电缆进行测试，以演示公式。这两根电缆具有不同的特性和长度，由一个非常薄弱的电网供电。已通电电缆（电缆A）是一根150kV铜缆，横截面积为800mm^2，长度为50km；被通电电缆（电缆B）为150kV铜缆，横截面积2000mm^2，长度从5~100km不等，步距5km。

图4.15显示了4种不同类型计算方法得到的对应于电缆B长度的浪涌电流频率。第一种方法是在PSCAD中进行的模拟，作为参考。第二种方法是使用提出的公式进行计算，并使用3.3节中的方程校正电感。第三种方法类似于第二种，但使用表4.4的经验公式校正电感。第四种方法与前两种类似，但是电感未进行高频校正，而是使用数据表的值。

比较结果表明，只要根据频率对电感进行校正，用于估算频率的公式是非常准确的。如果电感没有校正，则无法得到相同结果，且误差达到几百赫兹数量级[⊖]。

⊖ 这也能够再次体现根据频率校正正确的电气参数的重要性。很多时候我们使用50Hz的值，因为它们是数据表中唯一可用的值。然而，这种简化往往会导致不准确的结果。

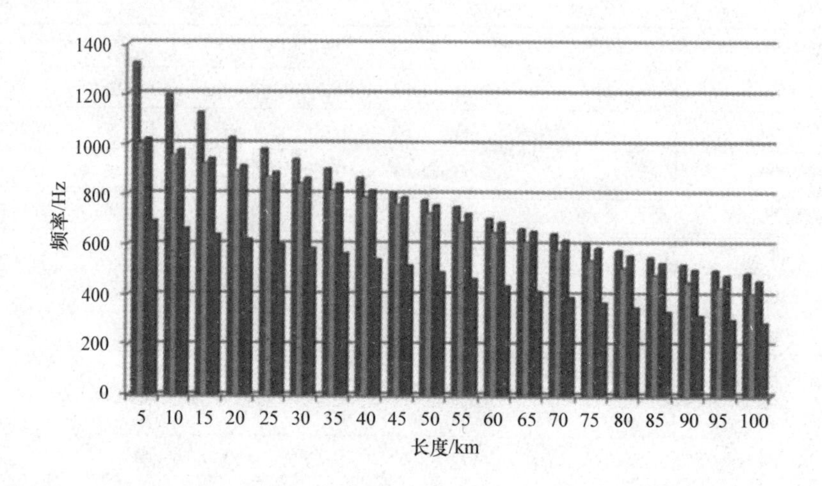

图 4.15 不同长度电缆的浪涌电流频率
第一列 PSCAD 仿真，第二列采用电感校正公式，第三列采用经验
校正电感的公式，第四列采用公式不校正电感

在电缆 B 比电缆 A 短几倍的极限情况中，似乎存在较大的误差。这是因为当一根电缆比另一根电缆长几倍时，PSCAD 模拟难以获得精确频率，因而出现异常波形。由于与 PSCAD 模拟相关的频率计算精度较低，我们不能断定错误是由公式造成的。

在估计浪涌电流（4.10）的幅度时，我们也必须对电感进行校正，因为特征阻抗取决于频率。

在 PSCAD 中模拟得到的峰值浪涌电流为 3615A。如不校正电感，式（4.10）给出的峰值电流估计为 2370A；如果根据频率校正电感，则电流为 3583 ~ 3691A。因此，对电感进行校正可以得到更精确的结果。

4.5 缺零现象

在某些情况下，特别是对于长电缆，电缆和并联电抗器一起被通电，而这可能导致缺零现象。这种现象只有在与电缆一起通电的并联电抗器补偿电缆无功功率超过 50% 时才会发生，如图 4.16 所示。

发生缺零现象时，断开断路器必然会损坏断路器，除非断路器设计成可以中断直流电流或在非零电流值时断开。

缺零现象可能持续几秒钟，并会对电网设备造成严重威胁。举例来说，电缆在通电期间发生故障，如果发生缺零，则不太可能在正常阶段打开断路器的接线

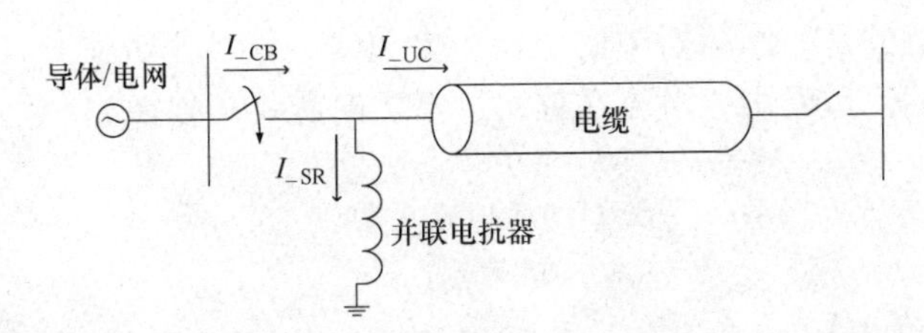

图4.16　包含电缆、并联电抗器和断路器的系统单线图

端而不损坏断路器[㊀]。

理解缺零现象的一个简单方法是通过分析并联的电感（等效于并联电抗器）与等阻抗的电容器（等效于电缆）。在这种情况下，电容和电感中的电流幅度相等，相位相反。电感器中的电流也可以具有直流分量，其值取决于通电时刻的电压。

电感中的电流和两端的电压有90°相位差。如果电压为零，电流则为最大值，反之亦然。由于能量守恒，电感中的电流是连续的，在通电前为零，通电后也必须为零，与通电时的电压无关。因此，如果电感在零电压时刻接入，为了保持其连续性，则电流将具有幅度等于交流分量的直流分量。如果电感在峰值电压时刻接入，则不存在直流分量[㊁]。

因此，如果在电压过零时 *LC* 电路通电，则电感器中的直流电流分量最大，电感性和电容性交流电流分量相互抵消，断路器中的电流仅包含衰减的直流分量。在这种情况下，由于电流不过零，所以不能打开断路器。

如果当电压为峰值时，断路器闭合，则不存在直流电流分量，因此没有缺零现象，断路器中的电流为0A。对于0V与峰值电压之间的情况，缺零现象的存在取决于开关相角。

用并联电抗器代替电感和用电缆代替电容器可以得到类似的结果，但由于系统电阻而产生阻尼。在这种情况下，除了开关相角之外，补偿程度也会影响该现象的存在，因为它决定了断路器产生的交流电流的大小。

图4.17为150kV、50km电缆的缺零现象的示例，其中70%的无功功率由安装在电缆送端的并联电抗器补偿。电压为零时系统通电，直流分量处于最大值，而断路器中交流电流的大小等于并联电抗器中电流幅度的43%。在这种情况下，直流电流大于产生的交流电流，并且存在缺零现象。

图4.17a显示了断路器（实线）、并联电抗器（虚线）和电缆（点线）中的

㊀ 在某些情况下，这可能不是一个问题，因为在使用同步切换的断路器时，故障相仍然可以断开。然而，一相断开而另两相闭合可能会导致铁磁谐振和长时间瞬时过电压，这是我们更不希望发生的。

㊁ 电感性负载通电的更多信息可参见第2章。

电流。需要注意的是，断路器中的电流不会过零。图 4.17b 显示了 5s 内断路器中的电流，我们可以看出，电流在首次过零之前需要几秒钟。

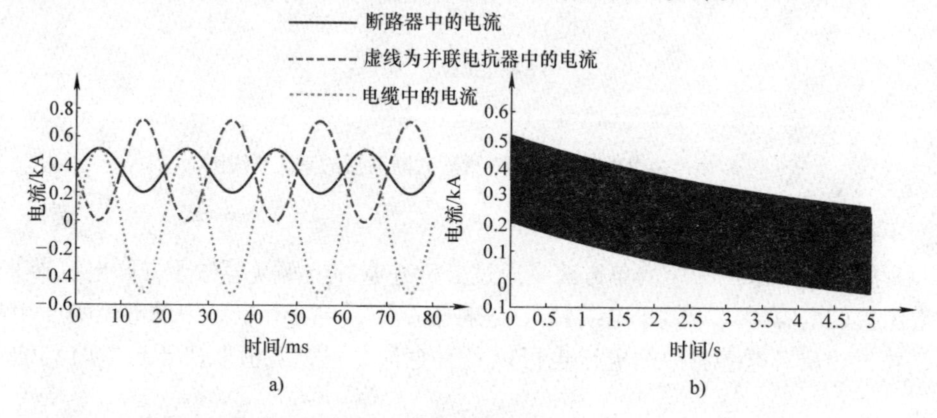

图 4.17　电缆通电期间的电流 + 并联电抗器系统在零电压和 70% 无功补偿时的电流

在一个并联电抗器安装在电缆送端的实际系统中，直流电流分量的衰减可能需要几秒，这由电缆和并联电抗器的电阻决定，而其初始值取决于并联电抗器端子上的电压值和无功功率补偿，换言之是并联电抗器的电感。

在一个有理想电压源和电缆送端安装并联电抗器的系统中，衰减时间常数主要取决于并联电抗器的 X/R 比，而不同的并联电抗器间相差很大。在前面的例子中，衰减时间常数是 4.3s。断路器中电流过零所需的时间由式（4.29）估算，约为 3.6s，仿真结果证实了该值。

$$t = -\frac{L_S}{R_S}\ln\left(\left|\frac{x-1}{x\cos\theta}\right|\right) \tag{4.29}$$

式中　L_S——并联电抗器电感；

R_S——并联电抗器电阻；

x——无功补偿比；

$\cos\theta$——由余弦函数定义的电压开关角，即 0°等于正极性峰值电压，90°等于零电压，180°等于负极性峰值电压。

并联电抗器的位置是影响缺零现象持续时间的另一个因素。在电缆的受端安装并联电抗器可以显著减少该现象的持续时间。在这个特定案例中，它将把该现象的持续时间从 3.6 降低到 0.63s。

持续时间减少可由电流闭合回路的变化来解释。如果并联电抗器安装在电缆受端，电流闭合回路必须通过电缆，回路 X/R 比并联电抗器小 100 倍。因此，回路电阻增加，而暂态直流电流分量衰减更快。

图 4.18 显示了由理想电压源供电、安装在电缆受端的并联电抗器的直流电流回路。电缆的电容对直流电流就像开路一样，唯一的电流回路是由理想电压源

和电缆串联阻抗组成的电流闭合回路。

在这种情况下，我们需要改变式（4.29），纳入电缆电阻、电感和等效电网阻抗。因此，最坏的情况是并联电抗器安装在电缆送端。

在补偿电缆无功功率的超过 50% 以上时，电网操作者似乎必须在开关过电压或缺零现象之间选择其一（假设断路器具有同步开关且操作者能瞬间控制开关，否则开关将是随机的，无法“选择”）。

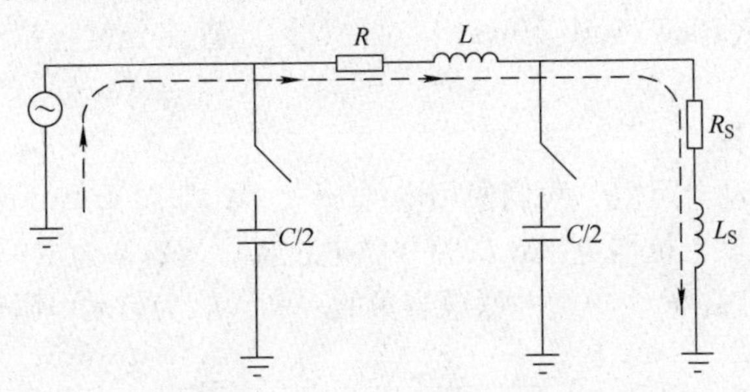

图 4.18　安装在电缆接收端的并联电抗器的直流电流回路

在这种情况下，我们通常会选择缺零现象，因为它对电网的危害较小。因此，有必要采取相应的对策。

4.5.1　对策

避免缺零现象的最简单对策是进行推演。如果并联电抗器通过断路器连接到母线或电缆，则可以控制其闭合时间，并为峰值电压下的并联电抗器供电，以避免直流电流。这一对策的缺点是需要额外断路器；为了达到 100% 的效果，该断路器应具有同步开关能力，导致财务成本增加。因此，我们需要其他对策。

不同的无功功率补偿程度和位置

存在缺零现象时，并联电抗器必须补偿电缆产生的无功功率的 50% 以上，且并联电抗器必须与电缆一起通电。

由长电缆产生的无功功率很高，以至于通常由多个并联电抗器进行补偿。当这种情况发生时，并联电抗器可以并且应该安装在不同的位置，一种可能性是将部分无功补偿（小于 50%）直接连接到电缆，剩余的连接到母线，这也可以用于控制电网电压。

这种方法适用于环形电网，其中多根电缆连接到同一母线，并且需要使用并联电抗器来控制系统电压。

使用启动电阻

启动电阻由电阻模块组成，与断路器断路室并联连接，通常在触点电弧放电之前 8 ~ 12ms 关闭电路（在此分析中取 10ms）。

启动电阻的值应该使直流分量在10ms后变得非常小（理想中为零），换言之，直流分量在前10ms内衰减。

为了在前10ms内消除直流分量，启动电阻值应该大小合适。如果电阻值太小，将无法在仅仅10ms内衰减全部的直流分量。

如果启动电阻太大，则等效于开路。因此，当启动电阻被旁路时，暂态与不使用启动电阻时相似。由于启动电阻在10ms内接入，断开时发电机的电压值与连接时的值［$V_1(10\text{ms}) = V_1(0\text{ms})$］对称，因此直流分量将持续存在，但极性相反。

启动电阻值的计算

为了计算启动电阻值，我们使用电缆π模型，如图4.19所示，其中，V为电压源；R_S为并联电抗器电阻；L_S为并联电抗器电感；R为电缆的串联电阻；L为电缆的串联电感；C为电缆并联电容量的一半，R_p为启动电阻值。

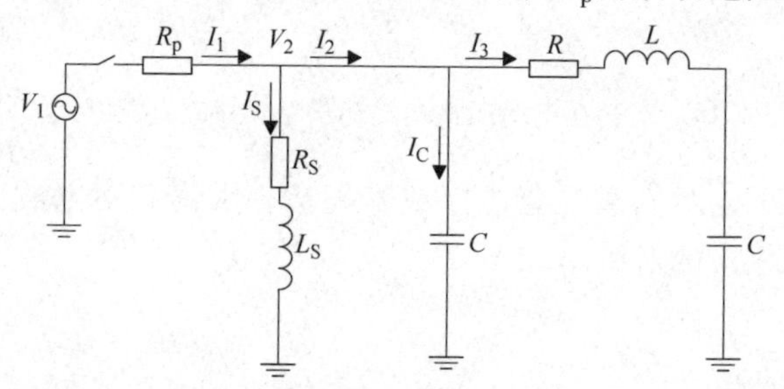

图4.19 使用启动电阻时并联电抗器和电缆的等效方案

系统方程如（4.30）所示。由于无法用解析法求解，我们必须采用数值方法。

$$\begin{cases} V_2 = L_\text{S}\dfrac{\text{d}I_\text{S}}{\text{d}t} + R_\text{S}I_\text{S} \\ V_2 = \dfrac{1}{C}\displaystyle\int I_\text{C}\,\text{d}t \\ V_2 = RI_3 + L\dfrac{\text{d}I_3}{\text{d}t} + \dfrac{1}{C}\displaystyle\int I_3\,\text{d}t \\ I_1 = I_2 + I_3 + I_\text{C} \\ V_2 = V_1\cos(\omega t) - R_\text{p}I_1 \end{cases} \tag{4.30}$$

不过，为了获得启动电阻值的第一近似值，可以进行一些简化，通过计算启动电阻的耗散能量来实现［见式（4.31）］。

$$W = \frac{1}{2}L_\text{S}(I_\text{S}^\text{DC})^2 \tag{4.31}$$

预插入电阻消耗的能量由式（4.32）中的积分计算，积分限为预插入电阻连接的时间。

$$W = \int P\mathrm{d}t = \int_{0}^{0.01} R_{\mathrm{p}} I_1^2 \mathrm{d}t \tag{4.32}$$

我们的目的是计算 R_{p}，其中 I_1 和 $I_{\mathrm{S}}^{\mathrm{DC}}$ 都取决于连接时刻，并且是未知的。为了达到100%无功补偿，并联电抗器和电缆电流的交流分量彼此抵消，而在连接时刻，$I_1 = I_{\mathrm{S}}^{\mathrm{DC}}$，并在10ms后两者理论上为零。

考虑到电流 I_1 线性减小（这是一个近似值，但 R_{p} 大，所以误差小），忽略 R_{S}（$\ll R_{\mathrm{p}}$），式（4.32）可以简化为式（4.33），R_{p} 的值可通过式（4.35）计算。

$$W = 0.01 R_{\mathrm{p}} \left(\frac{I_1(0)}{2}\right)^2 \tag{4.33}$$

$$0.01 R_{\mathrm{p}} \left(\frac{I_1(0)}{2}\right)^2 = \frac{1}{2} L_{\mathrm{S}} (I_{\mathrm{S}}^{\mathrm{DC}})^2 \Leftrightarrow 0.01 R_{\mathrm{p}} \left(\frac{1}{2}\right) = \frac{1}{2} L_{\mathrm{S}} \tag{4.34}$$

$$R_{\mathrm{p}} = \frac{2L_{\mathrm{S}}}{0.01} \tag{4.35}$$

由于进行了简化，这种方法并不始终准确。如果直流分量最大，则可以忽略误差，但如果直流分量较小，即开关切换角度不为零，则误差增加。

使用微分方程可以更准确地计算启动电阻值，但需要一个迭代过程来计算 R_{p} 的值。我们不断增大 R_{p}，直到达到一个值，使直流分量在10ms内衰减。

要验证直流分量是否衰减，我们在连接10ms后计算 I_{S} 的峰值。要使该值等于交流分量的幅度，直流分量必须为零。因此，当计算值等于式（4.36）加一个小偏差时，迭代过程停止。V_2 的值取决于变量 R_{p} 的值，由式（4.37）计算。使用部分分数法求解方程，最后一步应用拉普拉斯反变换。

$$I_{\mathrm{S}}^{\mathrm{peak}} = \frac{V_2}{\sqrt{R_{\mathrm{S}}^2 + (\omega L_{\mathrm{S}})^2}} \tag{4.36}$$

$$V_1(s) = V_2 \left[\frac{A}{N} + R_{\mathrm{p}} \frac{B(1) + B(2)}{N}\right] \tag{4.37}$$

其中：

$$\begin{aligned}
A = {} & s^5 L L_{\mathrm{S}} C\omega^2 + s^4 (L_{\mathrm{S}} R C\omega^2 + L_{\mathrm{S}} R_{\mathrm{S}} C\omega^2) + s^3 (L_{\mathrm{S}}\omega^2 + R C R_{\mathrm{S}}\omega^2 + L L_{\mathrm{S}} C\omega^4) \\
& s^2 (L_{\mathrm{S}} R C\omega^4 + L C R_{\mathrm{S}}\omega^4 + R_{\mathrm{S}}\omega^2) + s(L_{\mathrm{S}}\omega^4 + R C R_{\mathrm{S}}\omega^4) + R_{\mathrm{S}}\omega^4 \\
N = {} & s^3 L L_{\mathrm{S}} C\omega^3 + s^2 (L_{\mathrm{S}} R C\omega^3 + L C R_{\mathrm{S}}\omega^3) + s(L_{\mathrm{S}}\omega^3 + R C R_{\mathrm{S}}\omega^3) + R_{\mathrm{S}}\omega^3 \\
B(1) = {} & s^4 L C\omega^2 + s^3 R C\omega^2 + s^2 (\omega^2 + L C\omega^4) + s R C\omega^4 + \omega^4 \\
B(2) = {} & s^6 L C^2 L_{\mathrm{S}}\omega^2 + s^5 (L C^2 L_{\mathrm{S}}\omega^2 + R L_{\mathrm{S}} C\omega^2) + s^4 (R R_{\mathrm{S}} C^2\omega^2 2 C L_{\mathrm{S}}\omega^2 + L L_{\mathrm{S}} C^2\omega^4) \\
& + s^3 (2 C R_{\mathrm{S}}\omega^2 + L R_{\mathrm{S}} C^2\omega^4 + R L_{\mathrm{S}} C^2\omega^4) + s^2 (R R_{\mathrm{S}} C^2\omega^4 + 2 C L_{\mathrm{S}}\omega^4) + s 2 R_{\mathrm{S}} C\omega^4
\end{aligned}$$

启动电阻值取决于直流分量的初始值。由于这个值取决于通电时刻，所以通常在最坏情况即最大直流电流下求解方程。此时 R_p 的计算值是理想的，而在其他情况下误差很小。如果需要，方程可以在其他初始直流电流值时求解。

为了检查启动电阻器的效率，我们给 50km 长且无功补偿达 70% 的电缆通电，其原始通电情况如图 4.17 所示。

根据这一方法，启动电阻应为 264Ω。图 4.20 比较了有和没有启动电阻的系统的通电情况，启动电阻如何在 10ms 内完全衰减直流电流，而无启动电阻将需要 3.6s。在 10ms 时启动电阻被旁路，此时观察到断路器电流的暂态变化。

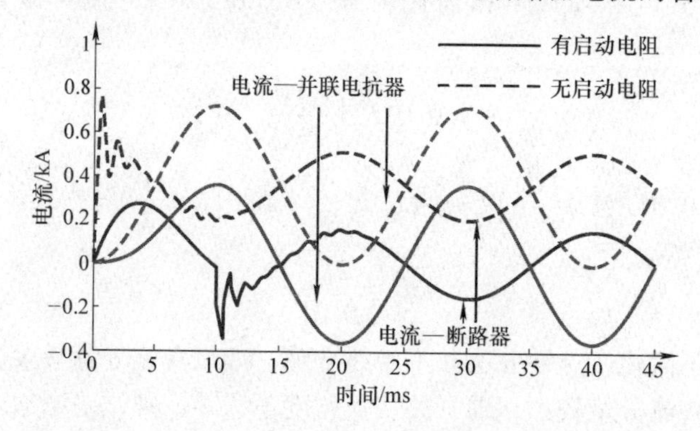

图 4.20　电缆通电期间断路器和并联电抗器中的电流电缆 +0V 时并联电抗器系统

即使启动电阻值不理想，并联电抗器电流的直流分量也会减小。图 4.21 显示了启动不同电阻值的情况下电缆和并联电抗器连接零电压时 10ms 后的直流分量。

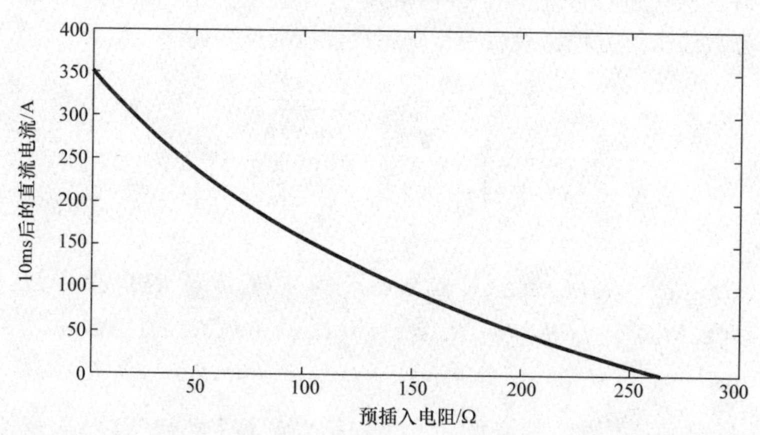

图 4.21　零电压和 100% 无功补偿时合闸，旁路启动电阻后的直流分量

图 4.21 中的曲线是非线性的，对于接近理想的启动电阻值，直流分量非常

小。然而，电阻值与理想值相差较大时，缺零现象可能持续较长时间。

如果用能量方程（4.35）代替微分方程计算启动电阻值，10ms后初始直流电流约为19.5A，小于断路器中的交流电流，不会出现缺零现象。

事实上，对于这一具体案例，大于103Ω的启动电阻（假定为相同数量级）不存在缺零现象，因为10ms后的直流电流等于交流峰值且电流过零。然而，仍要几个周期才能完全抑制直流电流。

不过，随着无功功率补偿量的增加和交流电流的减小，计算启动电阻值时需要更高的精度。在100%无功补偿的极限情况下，该值需精确计算。

4.6　电缆的断电

当一根电缆断开时，由于其电阻低、电容大，电缆中储存的能量必须消耗，而这可能需要几秒钟。

电缆断开的过程在许多方面与电容器断开过程相似，我们先解释更容易理解的后者。理想电容的电流相位超前电压90°。因此，电容器断开时处于充满电的状态，且端口处具有±1pu的电压[㊀]。电容器的能量通常通过电阻放电，但与容抗相比电阻值通常较低，电容完全放电可能需要很长时间。

单独的电缆断电与电容器断电相似，不同在于断开后由于电缆电阻的存在，电压会略小于1pu，并且由于电缆阻抗比电容器组高，衰减更快。因此，典型的电缆断电不会对电网造成问题；因为电缆储存了能量，我们只需注意不要在断开后立即对电缆重新通电。

在上一节中，我们讨论了电缆和并联电抗器的通电情况。如果它们一起通电，它们也将一起断电。

由此，电压不再是衰减的直流分量，而是以谐振频率振荡的衰减的交流分量，其近似幅度由式（4.38）给出。其中，L_S为并联电抗器电感，C为电缆电容，R为电缆电阻和并联电抗器电阻之和，$V_1(0)$为无并联电抗器时断路最后时刻的电压，$V_2(0)$为连接并联电抗器时断路最后时刻的电压[㊁]。

$$V=\frac{V_1(0)+V_2(0)}{2}\cdot\frac{\cos\left(\frac{1}{\sqrt{L_S C}}t\right)}{\exp\left(\frac{R}{8L_S}t\right)} \tag{4.38}$$

式（4.38）表明，谐振频率是关于电缆电容量和并联电抗器电感量的函数；

㊀ 如果操作正确，断路器通常会在0A关闭。

㊁ $V_1(0)$和$V_2(0)$应该是相似的，若存在差异则是费兰蒂效应的结果。

如果并联电抗器补偿电缆产生的所有无功功率，则谐振频率等于 50Hz。通常并联电抗器不会补偿这么大的无功功率，因而谐振频率低于 50Hz，往往在 30Hz ~ 45Hz 之间㊀。

式（4.38）中的电压是衰减的正弦波，其衰减率与提供给并联电抗器的无功功率成反比，并且没有与其相关的过电压。

如果电网是单相的，分析已经可以结束了，但是由于是三相电网，故需要作进一步的研究。当电缆断开时，三相断开的时刻不同，且每相的断开通常有大约 3.333ms 的时间差㊁。第一相断开后，该相中的电压和电流开始以谐振频率振荡，另两相中的电压和电流在系统频率下继续振荡。因此，在所有三相断开之后，系统不再平衡，相间的相位差不再是 120°。

到现在为止，我们尚未考虑到各相之间的相互耦合。电缆各相间的相互耦合几乎不会改变波形，但并联电抗器各相间的相互耦合情况可能不一样㊂。

我们首先假设各相之间的相互耦合是相同的，并联电抗器补偿了电缆所产生的 70% 的无功功率，断相顺序为 A – C – B。

在断开之前，两相间相位差为 120°。然后，第一相断开，A 相开始以 42Hz 振荡，而另外两相继续以 50Hz 振荡。3.33ms 后，C 相断开。在这 3.33ms 内，B 相和 C 相旋转 60°，而 A 相旋转 50.4°。因此，A 相断开后 3.33ms 后的相位差为 AB——110.4°；AC——129.6°；BC——120°。

C 相断开后，A 相和 C 相以 42Hz 振荡，而 B 相继续以 50Hz 振荡。再过 3.33ms，B 相断开。在这 3.33ms 内，B 相旋转 60°，A 相和 C 相旋转 50.4°。因此，所有三相断开后的相位差为 AB——100.8°；AC——129.6°；BC——129.6°。

表 4.5 显示了断电过程中每相的角度，图 4.22 显示了三相断开后所有三相的相量和相互耦合引起的电压。

表 4.5　断开期间电流矢量的位置

	$\boldsymbol{I}_A$	$\boldsymbol{I}_B$	$\boldsymbol{I}_C$
断开 A 相	0°	–120°	120°
断开 C 相（断开 A 相以后 3.33ms）	50.4°	–60°	180°
断开 B 相（断开 C 相以后 3.33ms，断开 A 相以后 6.66ms）	100.8°	0°	230.4°

㊀ 谐振频率也可以通过 $f_r = f_N x$ 计算，其中，f_N 是系统频率，x 是无功补偿比。

㊁ 这一数值对应 50Hz 系统，60Hz 系统则为 2.778ms。

㊂ 有关并联电抗器的更多信息，包括互相耦合，见 1.4 节。

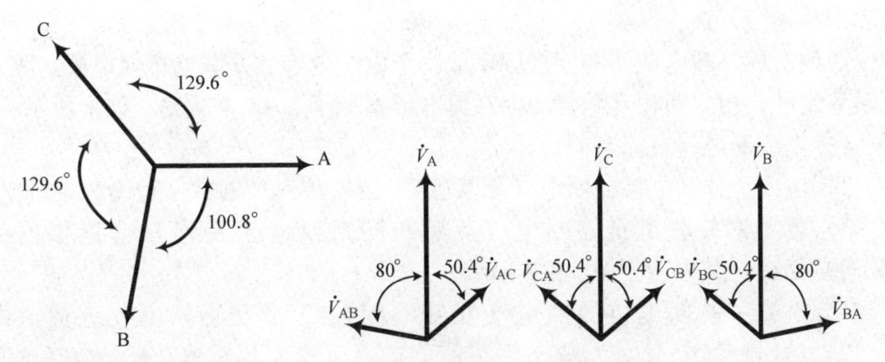

a) 三相断开后的电流相量　　b) 三相断开后所有相的自电压和由于相互耦合而产生的电压(未标定)

图　4.22

相量表示显示，在这一特定情况下，我们预期作为第二相断开的 C 相电压较其他两相更大。不过这确实说明 C 相存在过电压，而这取决于相之间电感耦合的值。我们应记住，电压在断开瞬间开始衰减，并且由于互相耦合而导致的电压增加不一定能导致过电压。因此，如果耦合较小，C 相中的电压仍然大于其他两相中的电压，但小于 1pu。

图 4.23 显示了先前描述的系统断电过程中电缆受端电压。为了更好地观察这种现象，相之间的相互耦合被认为是 -0.1H。

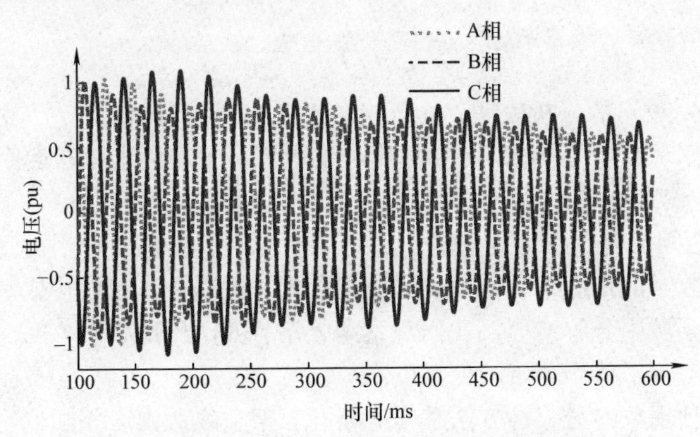

图 4.23　电缆 + 并联电抗器系统断电期间末端电压

仿真结果表明，在 C 相中有一个小的过电压，峰值为 1.09pu，并且在所有三相中似乎是低频分量。那么，接下来的问题是了解这低频从何而来。

相之间的相互耦合增加了对该现象的数学分析的复杂性，式（4.38）不再有效。公式的完整数学推导相当冗长，本书未列出推导过程[㊀]，仅给出最终结果

㊀ 完整的数学推导参见参考文献 [3]。

和理论描述。

如前所述，断电期间的谐振频率取决于电缆电容和并联电抗器电感。除了谐振频率之外，相之间相互耦合的存在对波形增加了 2~3 个频率，如下所示：

1）电缆断电：直流衰减；

2）电缆+并联电抗器断电（无互感）：谐振频率（通常 <50Hz）；

3）电缆+并联电抗器断电（互感相同）：2 个互感频率（近似值由式（4.39）给出，其中 M 为相间的互感）；

4）电缆+并联电抗器断电（互感不同）：3 个互感频率（近似值由式（4.40）给出，其中 M_{min} 为较小互感值，M_{max} 为较大互感值，M_{avg} 为互感平均值）。

$$\begin{cases} f_1 \approx \dfrac{1}{2\pi}\sqrt{\dfrac{1}{C(L_S - M)}} \\ f_2 \approx \dfrac{1}{2\pi}\sqrt{\dfrac{1}{C(L_S + 2M)}} \end{cases} \tag{4.39}$$

$$\begin{cases} f_1 \approx \dfrac{1}{2\pi}\sqrt{\dfrac{1}{C(L_S - M_{min})}} \\ f_2 \approx \dfrac{1}{2\pi}\sqrt{\dfrac{1}{C(L_S - M_{max})}} \\ f_3 \approx \dfrac{1}{2\pi}\sqrt{\dfrac{1}{C(L_S + 2M_{avg})}} \end{cases} \tag{4.40}$$

对式（4.39）的分析表明，由于相互耦合，谐振频率（f_1）发生变化，增加了第二频率（f_2）。图 4.23 中似乎存在的低频分量实际上是这两个分量之间的差异。

f_1 和 f_2 之间的差异仅为几赫兹。因此，当两个信号叠加时，我们认为存在低频分量。从数学的角度来看，它只是由不同频率的两个正弦波构成。

如果在频域中分解波形，我们观察到频率 f_1 的电压比频率 f_2 的电压幅度大几倍，这似乎解释了低频分量的低幅度。

观察这种现象的另一种方法是考虑断开长架空线；由于相间电容耦合，我们能观察到类似现象。

方程（4.40）表明，如果相互耦合的值不同，则会存在 3 种不同的频率。准确地说，所有相位的相互耦合值相同，数学上也存在 3 个频率，但是其中两个是相等的；从式（4.40）中很容易看出，在所有相互耦合值相等的系统中，f_1 和 f_2 是相同的。

在这种情况下，我们难以分辨主频率，因为与 f_1 和 f_2 相关的电压波幅差异不如之前那样大。然而，在实际系统中，这两个频率应该非常接近，从而消除了这个问题。

并联电抗器的位置也会影响断电波形。如果并联电抗器安装在电缆的中间，无功功率补偿将分为相等的两部分，如1.4节所述。换言之，电缆中感应电流的大小是并联电抗器安装在电缆一端时的一半。

如果相间相互耦合不同，则图4.22所示相互耦合感应的电压矢量表示也发生变化。角度保持不变，但所有6个感应电压的幅度都不相同。在这种情况下，我们不再能说C相中的电压大于其他两相。

若将电缆视为与电容器串联的电阻（与并联电抗器相比电缆的电感很小），我们可以看到，如果并联电抗器安装在电缆中间，则每侧有并联RC负载（见图4.24）。

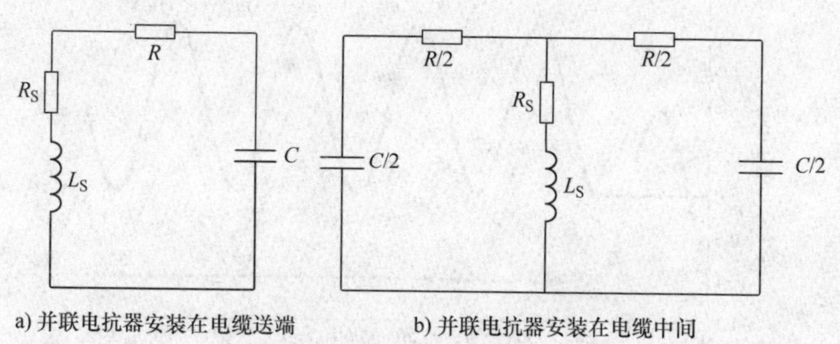

图4.24 电缆和并联电抗器的等效电路

因此，并联电抗器安装在电缆中间时，断电时时间常数中的电阻较低，时间常数较小，断电时间也更长。

我们已经看到，由于并联电抗器相间的相互耦合，电缆+并联电抗器系统断开之后可能产生过电压。然而，本节提供的示例表明过电压很小。此外，该例针对高于正常情况的电感耦合，实际系统中的过电压通常甚至更小。

从实际的角度来看，这一问题可能影响与再通电相关的过电压。但是进一步分析之前，我们需要了解什么是暂态恢复电压（Transient Recovery Voltage，TRV）。

4.7 暂态恢复电压和再通电

我们已经看到，电缆断开后，电缆中的电压是衰减的直流或交流波形，取决于电缆是否与并联电抗器相连。

为了简单起见，我们首先解释衰减直流电压的暂态恢复电压。在这种情况下，断路器关断后，电缆送端电压为±1pu。电缆中的电压需要几秒才会衰减，断电瞬间的电压可视作常数，等于±1pu。

在理想的瞬间断开情况中，断路器断开后电源/电网侧的电压以工频和断路器开启前相同的幅度持续振荡㊀。因此，断路器端子上的电压为正弦波，幅度为1pu，偏移为±1pu，取决于电缆电压的极性。断路器端子上的电压称为暂态恢复电压（TRV）。

图4.25显示了连接到理想电压源的电缆送端和电源侧断路器端子上一相的电压。该图显示，关断后断路器端子处的电压增加，在半个周期（10ms）后达到2pu的峰值。

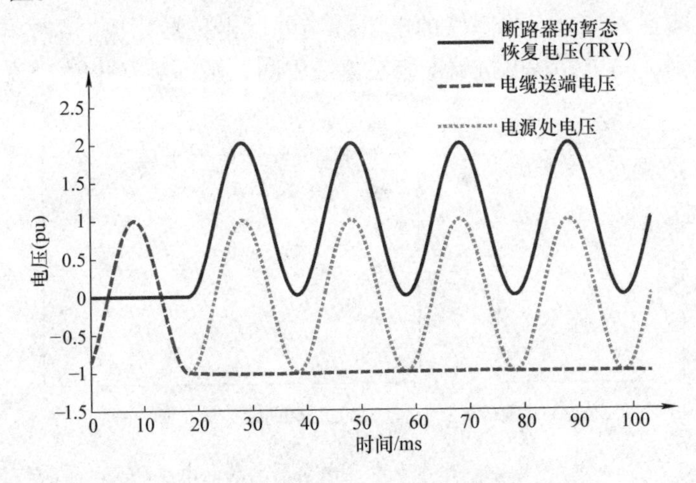

图4.25 断路器断开后瞬间的电压

到目前为止，我们都在假设一个理想的断路器瞬间断开，但断路器的触点不立即分离。在触点分离前，可能会发生再通电/再起弧现象。

再通电/再起弧的发生取决于断路器的绝缘强度。图4.26显示了普通断路器耐压关于时间的函数（应注意的是，该曲线是线性的，是对实际曲线的近似）。正如预期，随着断路器触点进一步分离，耐压随时间增加。

如果暂态恢复电压（TRV）超过耐压，则可能会发生再通电/再起弧。图4.26所示例子中，暂态恢复电压（TRV）一度高于耐压，并且系统在该时刻被重新通电。由于断路器重新闭合发生在第一个1/4周期，这种现象称为再通电，而不是再起弧。

发生再通电/再起弧时，断路器触点处有电弧，造成电流在触点之间流动，导致两个触点中电压均衡。这一现象被初始化为开关暂态。

因此，最坏的情况是电源电压和电缆电压之间有2pu的电压差，即断路器打开后半个周期发生再通电。我们在4.3节看到，开关过电压的峰值幅度取决于断路

㊀ 假设电网强健。在薄弱电网中，电缆断开时电压会发生变化。

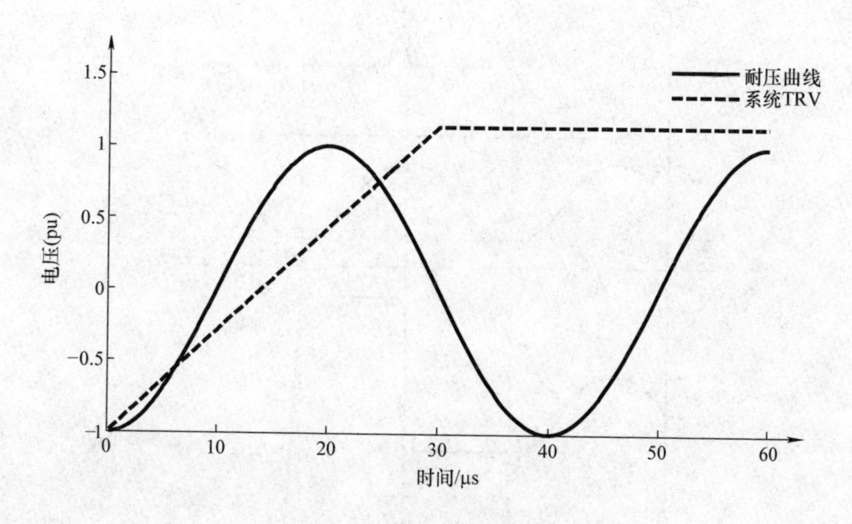

图 4.26 耐压曲线与系统 TRV

器端子在开关瞬间的电压差。所以在最坏的情况下，即切换时刻断路器端子处电压差为2pu 时，如果不存在阻尼，电缆中的电压可能达到3pu 的理论峰值电压。

当再通电/再起弧发生时，还存在叠加到系统频率的高频分量。高频电流的频率高于电源电流的频率，通过断路器的电流过零。如果断路器有能力消除这种高频电流，断路器可能会在再起弧后马上打开。如果断路器无法中断高频电流，则只能在工频电压过零时打开。

高频电流的这种中断在某些情况下会使工作状况变差，引起多次再通电，导致电压升高，除非发生电缆故障或外部闪络。

图 4.27 为电容器断路器中可能出现的多次再通电的示例㊀。图中给出了断路器打开的顺序，t_1处电流过零时，该断路器被打开。断开后电容的电压保持在 -1pu，而电源上的电压则会持续振荡。t_2时刻出现再通电和电容器重新通电。此时断路器端子电压差为 2pu，而电容电压为 -1pu。因此，电容器中的电压变为 3pu（-1+2×2）。再通电期间，有电流流入断路器。我们按正常的开关暂态计算电流和频率的大小。

t_3时刻又出现再起弧，波形与之前形状相同，幅度较大，因为再通电时刻断路器端子上的电压较大。

需要重点指出的是，再通电/再起弧只是对断路器中空气的破坏，而不是重新闭合断路器的触点，这些触点在现象期间继续彼此分离。

㊀ 简单起见，我们用电容器代替电缆。由于电缆的电阻和行波在电缆中产生反射，电缆电压较低。这也是在发生再通电的最坏情况。

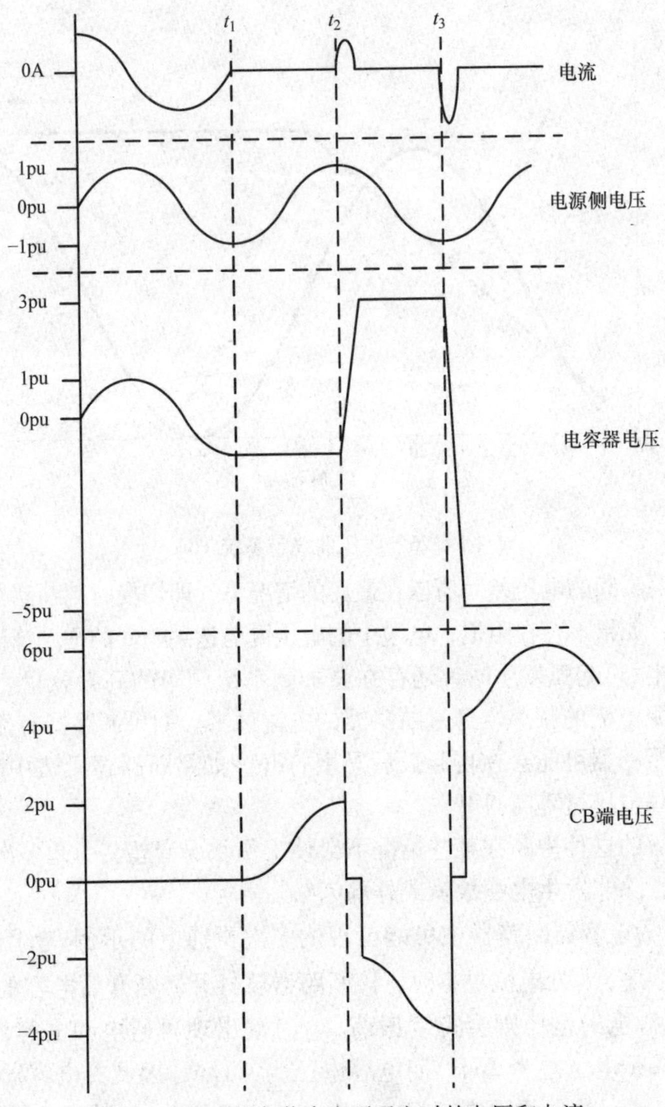

图 4.27　电容性负载多次再通电时的电压和电流

4.7.1　连接方式的示例和影响

我们已经在 4.3 节中看到，由于在屏蔽层交叉点产生的模态波，电缆的连接方式会影响峰值电压的幅度。由于最坏情况下再通电时刻断路器处的较大差异，再起弧中峰值电压的幅度可能更大。因此，我们预测连接方式和主换位段的数量也会影响峰值之间的差异。我们以模拟前述 165kV－50km 电缆进行验证。

模拟包括断路器在第一相（A 相）打开约半个周期后重新闭合，以模拟最坏的情况。对应于最大过电压的时刻取决于几个方面，如电缆参数、短路阻抗值、长度等，事先难以计算。因此我们使用标准差为1.8ms的高斯分布，运行统计切换（50次仿真）。表4.6显示了模拟再起弧时A相和C相峰值电压的最大幅度。

表4.6　不同连接方式下再通电后电缆受端的最大电压（pu）

	峰值电压（A相）	峰值电压（C相）
两端连接	2.47	2.63
交叉互联：1个主换位段	2.79	3.13
交叉互联：2个主换位段	2.59	3.29
交叉互联：3个主换位段	2.97	3.46
交叉互联：4个主换位段	2.98	3.41

与预期相反，最差的情况似乎并不是在第一相打开正好半周期后重新闭合断路器，因为C相的峰值电压比A相更大。

实际上，最坏的情况是断路器在半周期之前某时刻重新打开，具体时刻难以精确估计，因此我们使用统计切换。总电压（V_T）是两个分量的总和，即工频分量（V_P）和高频分量（V_{HF}），峰值过电压等于峰值高频电压加上该时刻的功率频率。

峰值电压不是在半周期后立刻出现，而是数百微秒后，A相中电源电压不再处于峰值时。CB重合闸和峰值过电压瞬间之间，工频电压（V_P）按正常50Hz正弦曲线于A相减少、C相增加。因此，C相中可能出现比A相中更高的峰值过电压。然而应当注意，即使A相中过电压较低，该相仍具有较大的高频分量（V_{HF}）。

图4.28显示了不同连接方式下再通电引发的电缆受端电压。交叉互联电缆中易观察到大量小反射，某些情况下甚至可能降低电压。峰值电压值与表4.6不同，因为本次模拟是针对三种连接方式下关断后10ms的情况。

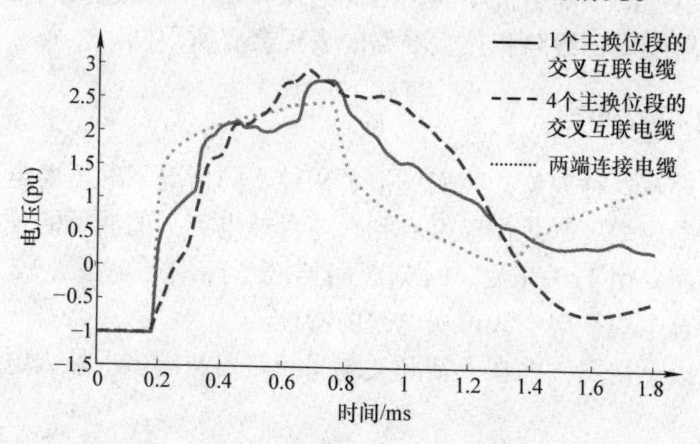

图4.28　再起弧引发的电缆受端电压

4.7.2 电缆和并联电抗器

在4.6节中，我们研究了连接到并联电抗器的电缆的断电过程，并看到电压不再是衰减的直流，而是衰减的谐振频率振荡的交流。

因此，断路器端子的最大电压差不再是发生在断开半个周期后。对于无损的50Hz系统，断路器端子获得2pu电压差所需的时间由式（4.41）给出；对于典型的30~45Hz谐振频率，相当于工频的2.5~10个周波。

如谐振频率为50Hz，断路器两侧的波形与相同幅度的初始相位相同。随着电缆电压的衰减，电压梯度缓慢增加。

$$t=\left|\frac{1800}{180-3.6f_{\mathrm{r}}}\right|,\ t\text{ 为毫秒} \tag{4.41}$$

如再通电在断路器端子处电压最大（即2pu）时发生，则过电压与不连接电缆的并联电抗器所获得的过电压幅度相似。然而，由于断路器端子的最大电压差稍后发生，再起弧不太可能发生，因为暂态恢复电压（TRV）较平滑。

最后需要提到的是并联电抗器的相之间相互耦合的影响。我们已经看到耦合可能会在断路器关断后的第一时间增加电缆上的电压。因此在某些情况下，断路器端子电压可能大于2pu。不过暂态恢复电压（TRV）保持较平滑，断路器端子在相对较长时间后达到最大值，从而大大降低了再起弧的可能性。

4.8 混合电缆—架空线

当需要穿过较长的水道、人口密集的区域或特别美丽的景点时，部分长架空线必须用电缆代替，因而常常用到混合电缆—架空线㊀。

架空线和电缆的浪涌阻抗不同，因此电缆和架空线的连接点处会发生反射和折射；与仅使用电缆的线路相比，线路的表现会有所不同。

4.8.1 通电和再通电

为了初步理解这种现象，我们模拟了9种不同情况下的再通电，并记录了每种情况的最大电压幅度。我们已经看到，与再通电有关的波形的理论解释与正常通电相同。然而，由于“开关”时刻断路器端子两端的电压差较大，所以我们更容易看到混合电缆—架空线再通电时的特性。

我们模拟以下情况，即在重新开关瞬间断路器两端出现最大电压差，且使用统计开关：

㊀ 常用“虹吸线”这一术语表示。

案例1：一半电缆——半架空线
案例2：三分之一电缆—三分之二架空线
案例3：三分之二电缆—三分之一架空线
情况4：一半架空线——半电缆
案例5：三分之二架空线—三分之一电缆
案例6：三分之一架空线—三分之二电缆
案例7：三分之一电缆—三分之一架空线—三分之一电缆
案例8：三分之一架空线—三分之一电缆—三分之一架空线
案例9：纯架空线

前面我们已经看到了电缆的连接方式如何影响峰值电压的波形和幅度。因此，我们对三种不同的连接方式进行模拟：两端连接、一个主换位段的交叉互联和三个主换位段的交叉互联。

表4.7和图4.29显示了不同情况下的最大峰值电压。

表4.7 重新通电期间混合线路受端最大电压

	两端连接		交叉互联：1个主换位段		交叉互联：3个主换位段	
	A相最大	C相最大	A相最大	C相最大	A相最大	C相最大
纯电缆	2.47	2.63	2.79	3.13	2.97	3.45
案例1	5.26	5.37	4.99	4.11	5.19	6.25
案例2	5.59	5.74	6.13	6.48	6.42	7.16
案例3	4.85	4.95	5.12	5.27	4.58	4.46
案例4	2.59	2.87	2.63	2.90	2.64	2.95
案例5	2.65	2.95	2.64	2.94	2.65	2.95
案例6	2.58	2.85	2.63	2.98	2.64	2.96
案例7	2.75	3.04	2.74	3.06	2.80	3.24
案例8	2.67	2.96	2.85	3.19	2.94	3.49
案例9	3.00	3.00	3.00	3.15	3.15	3.15

模拟表明，峰值电压受连接方式和混合线路布局影响很大。前者在先前的部分中已有说明，而后者是电缆和架空线连接点处不同的行进时间和反射/折射的结果。两个通用浪涌阻抗的反射和折射电压由式（4.42）计算，其中，V_1是发送电压，V_2是反射电压，V_3是折射电压，Z_A和Z_B是线路的浪涌阻抗㊀。

㊀ 3.6节介绍了这个主题。

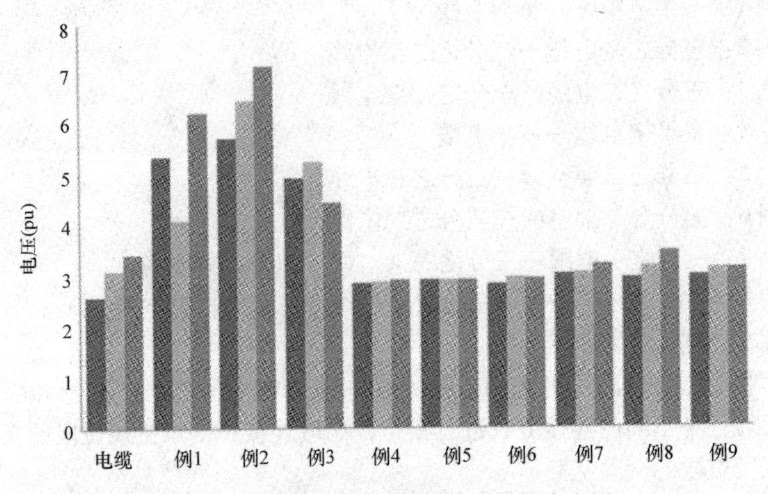

图 4.29　再通电期间混合线路受端最大电压

左列两端连接，中列交叉互联（1 个主换位段），右列交叉互联（3 个主换位段）。

$$V_3 = V_1 \frac{2Z_B}{Z_A + Z_B}$$

$$V_2 = V_1 \frac{Z_B - Z_A}{Z_A + Z_B} \tag{4.42}$$

架空线浪涌阻抗通常高于电缆浪涌阻抗，因此当波从架空线流入电缆时电压减小，从电缆流入架空线时电压增大。

将电缆和架空线浪涌阻抗（按先前所做模拟分别为 38.86Ω 和 462.6Ω）代入式（4.42），得到式（4.43）和式（4.44）为从电缆流入架空线的入射波，式（4.45）和式（4.46）为从架空线流入电缆的入射波。

$$V_3 = V_1 \times 1.845 \tag{4.43}$$

$$V_2 = V_1 \times 0.845 \tag{4.44}$$

$$V_3 = V_1 \times 0.155 \tag{4.45}$$

$$V_2 = V_1 \times (-0.845) \tag{4.46}$$

从式（4.43）可以看出，重新通电时，理想情况下电缆端电压应该增加到 1.845 倍，解释了纯电缆线路案例 1－3 中的电压增加。

同理，混合线路的电缆侧发生再通电时，预期电压升高；根据式（4.45），架空线侧发生再通电时，预期电压下降。然而，模拟结果似乎与公式相矛盾：交叉互联电缆的电压大致相同，而在两端连接（案例 4-6）中电缆的电压甚至更大。

为了理解这一点，我们需要记住电缆中波速低于架空线，因此在峰值电压瞬间出现之前，我们可能看到几个反射波到达受端。对于这个具体的例子，架空线和电缆的速度分别约为 298m/μs 和 176m/μs。

图 4. 30 显示了混合架空线电缆线路再通电期间送端、连接点和电缆受端的电压。简单起见，电缆为两端连接，架空线连接到理想电压源，因此架空线送端产生 -1 反射系数。对于交叉互联的电缆，会有更多的反射/折射，正如我们在前面的章节中看到的那样。

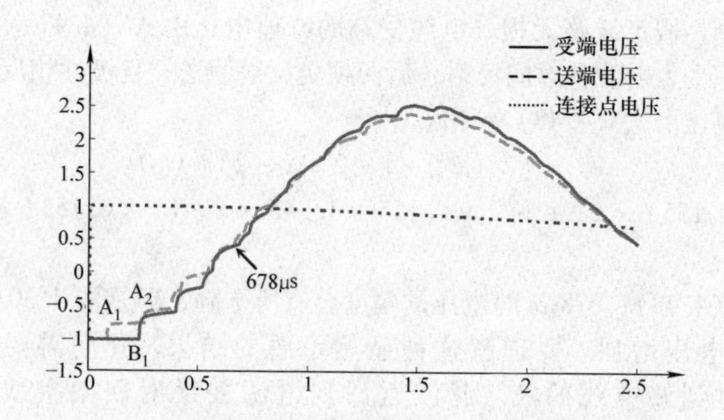

图 4. 30　架空线电缆线路再通电期间送端、连接点和受端的电压

再通电瞬间，断路器两端的电压差为 2. 028pu[⊖]，架空线和电缆行波时间分别为 83μs 和 143μs。

A_1（83μs）时，电压波到达架空线和电缆之间的连接点。在无损线路中，约有 0. 31pu（2 ×0. 155）传播到电缆中，而 -1. 69pu（2 ×（ -0. 845））反射回架空线中。图 4. 30 显示了 A_1 点 -0. 79pu ~ （ -1 + 0. 31）的连接点电压，这个值仍可以认为是在预期的区间内。

B_1（226μs）时，波到达线路受端。我们从 A_1 知道约 0. 21pu 注入电缆。电缆是开路的，这个值将从受端反射回来，导致 -0. 56pu(-1 +2 ×0. 21）的预期电压。模拟获得的值是 -0. 64，是电缆中波的阻尼造成的差异。

A_2 时，反射回 A_1 的波在发送端被反射后到达连接处。A_2 的表现与 A_1 类似，但由于波的幅度较小，因此斜率较小。我们需要记住，这种情况负负得正。A_1 时，反射回到架空线的波的极性被反转，并且在送端被理想电压源再次反转。

我们可以继续使用相同程序来解释这个冗长过程中波形的其余变化，但最好还是将注意力放在期望的峰值电压瞬间。

我们已经看到，连接到理想电压源的电缆在波第二次到达电缆受端时达到峰值电压，即在受端和电压源被反射两次后。

⊖ 由于相间的电容耦合，架空线电压在断开后增加。因此，再通电瞬间断路器端子处电压大于 2pu。但我们在这个现象的演示中认为是 2pu。

在这个示例中，对应的时刻为678μs（83 + 2×143 + 2×83 + 143），而峰值电压发生在约1480μs，且并不像单一电缆那样容易检测。而且我们可以看到，对于单独的电缆，受端电压在峰值时刻到来之前只变化了两次（见图4.2），而长度相同的混合线路变化十几次。

我们必须记住，连接处的反射系数完全改变了波的大小，还产生了其他几个波。作为示例，假定线路无损，电缆受端的峰值电压由式（4.47）给出，其中前两项是第一个入射波和对应反射，后两项是反射回送端且极性相反的波。混合线路的相应电压由式（4.48）给出。

$$V_P = [2 + 2] + [-2 + (-2)] = 0 \tag{4.47}$$

$$V_P = [(2 \times 0.155) \times 2] + \{[2 \times 0.155 \times 1.845 \times (-1) \times 0.155] \times 2\} \approx 0.44 \tag{4.48}$$

根据式（4.48），678μs时电压的幅度会有所下降，但是图4.30的模拟结果表明该瞬间电压增加。要理解这种显然矛盾的结果，我们需要跟踪 A_1 处（83μs）反射到架空线的波。此波返回到电源并反射回架空线，在 A_2 处（83μs +2×83μs）到达连接点。当此波在143μs后完全反射回来时，一部分波被折射到电缆受端。再经过143μs，波达到连接点，部分波被反射回电缆。这个反射波经过143μs又到达了电缆受端。将所有这些行程时间相加，得到最终值678μs，并且我们看到这个波同时到达线路受端，而不是那个预期会减小电压幅度的波。式（4.49）给出了与此波有关的受端峰值电压。

等式的第二部分给出了电压幅度在678μs时的变化，是正信号。如果加上式（4.48）（−0.1773pu）和式（4.49）（+0.4427pu）的第二部分，我们得到最终结果0.2654pu，解释了电压在678μs时的正变化。

$$\begin{aligned} V_P &= \{[2 \times (-0.845) \times (-1) \times 0.155] \times 2\} \\ &\quad + \{[2 \times (-0.845) \times (-1) \times 0.155 \times 0.845] \times 2\} \\ &\approx 0.966 \end{aligned} \tag{4.49}$$

这些计算表明，仅仅因为连接点处的反射，峰值电压瞬间的估算就变得复杂得多。事实上，对于混合线路，我们不能再预测何时出现峰值电压，除非电缆比架空线长得多，或恰好相反。

峰值电压的大小很大程度上也受到电缆和/或架空线长度的影响，并且可能在电缆或架空线的长度仅增加或减少几百米时，变化就会很大。

4.8.2 小结

本节解释了混合线路的通电，并演示了电缆和架空线之间电涌阻抗的差异如何改变波形、峰值电压的大小和对应瞬间。

最糟糕的情况是波从电缆流向架空线，因为电压在连接点放大。作为示例，我们在模拟中看到，与等长电缆相比，在三分之一电缆加三分之二架空线情况下，峰值电压的幅度增加了100%以上。不同的连接方式和/或电缆/架空线几何布局可能会导致更大的差异。

对于从架空线到电缆的波，电压大幅降低，但因为所有反射/折射和在连接点产生的波，峰值电压仍然可能大于相同长度的电缆。

我们也看到了估算峰值电压瞬间及其如何受到行进时间和反射/折射系数的影响是多么困难。

理论上而言，两根不同特性的电缆连接时，也会有类似的现象㊀。但是两种电涌阻抗之间的差异通常很小，所以现象并不明显。

最后，需要注意连接方式的影响，在混合线路中尤为明显，因为这种现象发生时往往电压较大。

4.9　电缆和变压器之间的相互作用

4.9.1　串联谐振

变压器的串联电感可以与电缆的电容产生谐振电路，影响暂态波形。

我们首先分析最简单的情况：一根电缆与一台变压器串联，一起由一个理想电压源供电，如图4.31所示。

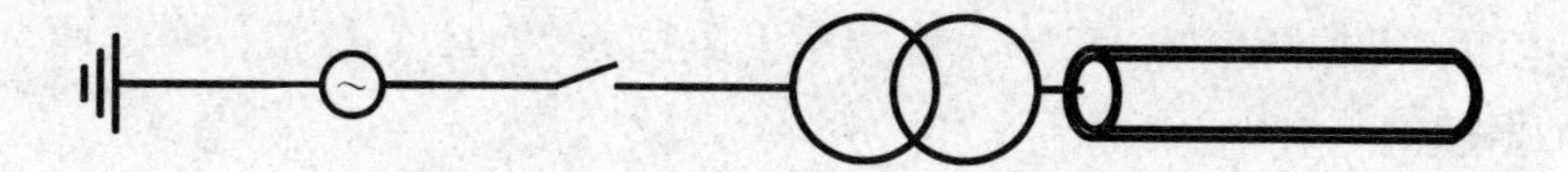

图4.31　变压器电缆电路示例

表4.8和表4.9显示了对于两个不同的变压器漏感和6种电缆长度而言变压器初级串联谐振点的频率和阻抗㊁。随着电缆长度增加，由于电缆电容增加，谐振点频率降低。当变压器漏感增加时，由于变压器电感增加，谐振频率也会降低。串联谐振的幅度也有明显的变化，随着电缆电容的增加和变压器电感的增加而增加。

㊀ 这种类型的一个很好示例是海上风力发电场的连接，其中部分线路是海底电缆，其余部分是陆地电缆。

㊁ 电缆的连接方式会影响频谱，如3.5节所示。简单起见，本节中电缆被认为是两端连接。

表 4.8　漏抗为 0.1pu 的变压器串联谐振点的频率和幅度

	10km	20km	30km	40km	50km	60km
频率/Hz	346	243	198	170	152	138
幅度/Ω	13.1	15.8	18.2	20.2	22.2	23.8

表 4.9　漏电抗为 0.0335pu 的变压器串联谐振点的频率和幅度

	10km	20km	30km	40km	50km	60km
频率/Hz	593	414	334	286	252	228
幅度/Ω	15.7	19.6	22.8	25.6	28.1	30.3

电缆通过变压器供电，由于变压器的高电感，不会再出现 4.3 节所述的开关过电压。相反，波形可以看作是两个正弦分量，一个稳态分量和一个暂态分量的总和。暂态分量的频率是串联谐振的频率，其阻尼与谐振频率点处阻抗幅度的负指数成正比。

从理论角度来看，这种现象可看作类似 *RLC* 负载供电。实际上，如果设计一个等效 *RLC* 电路并模拟其通电，我们获得的波形将与使用变压器模型和电缆模型非常相似。

图 4.32 显示了变压器电缆系统通电期间的电压和电流。第一个仿真系统是连接到一个 0.1pu 漏抗变压器的 20km 电缆。根据表 4.8，该系统谐振频率为 243Hz，谐振频率下阻抗为 15.8Ω。第二个系统是连接到 0.0355pu 漏抗变压器的 50km 电缆，谐振频率为 252Hz，该频率下阻抗为 28.1Ω。模拟证实了两个暂态分量的谐振频率和相应衰减。

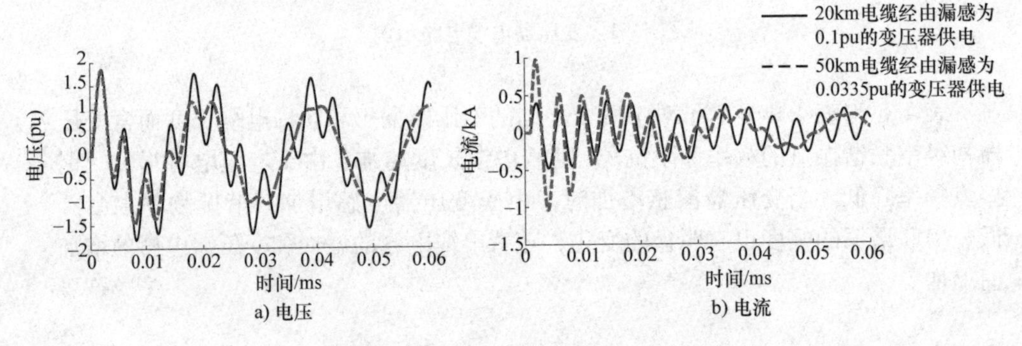

图 4.32　电缆通过变压器时的波形

模拟还表明，暂态的持续时间比电缆直接连接到电压源的时间长得多，这是一个我们不希望出现的情况。这是由于系统在谐振频率下阻抗低，谐振频率也是暂态分量的频率。当电缆直接由电压源供电时，会有一个高频分量，其相关阻抗很高，从而导致更快的衰减。

如前所述，此情况下的这种现象与 *RLC* 电路的通电相同，正如我们在第 2 章中看到的那样，取决于开关时刻。在图 4.32 所示例子中，通电是针对峰值电压进行的。如果电压是零电压，暂态仍然存在，但暂态分量会低得多。

网格化电网

我们已经看到这个现象在一个只有电压源、变压器、电缆和断路器的系统中的情况。然而，如此简单的系统在现实生活中是不太可能出现的。

电缆和变压器一起通电是不太可能的。对于前一个示例中使用的最简单系统，这一点无关紧要，因为变压器和电缆一起通电和电缆在变压器之后通电的暂态变化是相同的，真实的系统不会发生同样情况。

通常有几条线路连接到母线。现在我们认为变压器具有 400/150kV 电压比，电缆连接到二次侧。在这种情况下，很可能有更多的电缆/架空线也连接到母线，并且在切换时刻已经通电。

因此，电缆不再完全通过变压器供电，而是仅通过变压器提供部分能量，其余部分则来自连接到母线的线路。变压器提供的功率大小取决于几个因素：连接到母线的线路长度、短路功率水平、变压器电感。作为示例，如果线路另一端连接弱电网或线路很长，那么暂态过程中的大部分功率将继续通过变压器提供。另一方面，如果线路很短且连接到强电网，则通过变压器提供的功率较小，且暂态类似于 4.3 节中所述的开关瞬变。

并联电缆的通电

串联谐振发生的另一种情况是电缆与已通电的变压器 + 电缆系统并联时。

图 4.33 说明了这一现象。变压器的电感与电缆的电容（C_1）在给定频率下形成串联谐振电路。第二根电缆的通电（C_2）会产生浪涌电流，频率取决于电缆长度和电气参数。变压器 + 电缆电路串联谐振点处的阻抗非常低，因此，具有相同频率的电流主要流向谐振电路，而非电压源。

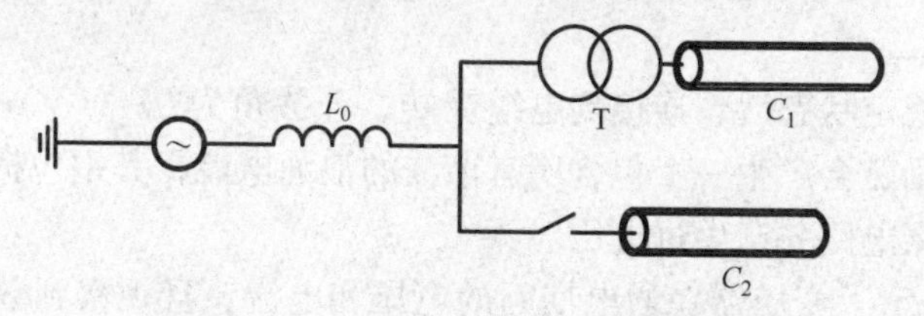

图 4.33　电缆通电引起的单线串联谐振

因此，如果浪涌电流的频率与串联谐振电路的频率匹配，则变压器的二次侧将出现过电压，因为大部分电流将流入变压器 + 电路。

4.9.2 并联谐振

并联谐振的特征是谐振频率处有较大的阻抗；如果受到相同频率的电流激励，可能产生高电压。

可能发生这种现象的情况是通过弱电网中的长电缆对变压器进行供电，如图4.34所示。电缆的并联电容可看作与等效网络的电感和并联电抗器（如存在）并联㊀。并联谐振的频率与电缆电容的二次方根、等效网络和并联电抗器的电感成反比。因此，长电缆和弱电网中的频率较低。

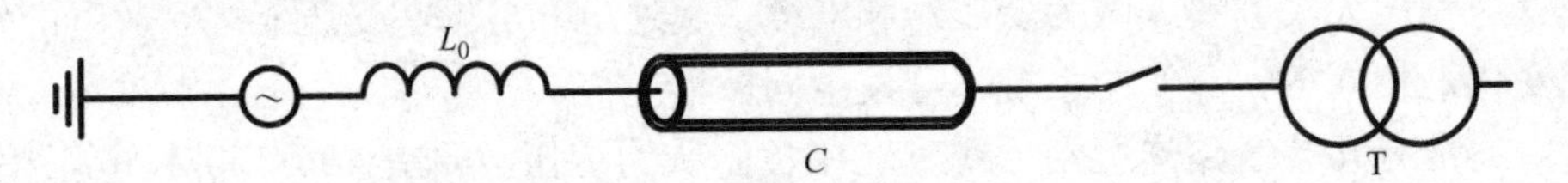

图4.34　变压器激励引起的单线并联谐振

根据合闸角度不同，变压器的通电可能产生包含所有谐波的浪涌电流；如其中有频率与电路的并联谐振频率匹配，则会出现过电压。

变压器是一个电感元件，正如我们所知，在低电压下通电时会吸收更大的电流㊁。当变压器中的电流超过饱和电流时，电感降到极低，变压器阻抗随之大大降低。因此，电流幅度变得极高。

变压器中的电流是振荡的，只有大约半个周期保持饱和。因此，谐波电流产生并传播到系统中。在某些情况下，这也被称为并联谐振。

通常，X/R 比值越大，由于变压器越大，浪涌电流的持续时间就越长。影响浪涌电流大小和持续时间的其他因素是剩余磁通量和磁化特性。

示例

这个示例使用了前面示例中长度为100km的同一条电缆，补偿了70%，并且连接到一个870MVA短路功率的网络。该网络的并联谐振频率约为100Hz，对应于二次谐波。

电缆达到稳定状态后，连接到电缆受端、开关角为0°（0V）的变压器被通电。变压器的励磁会产生一个包含所有谐波的浪涌电流，其中包括二次谐波，它会激励并联谐振电路并产生过电压。

图4.35显示了变压器在通电期间的电压和电流，且观察到数个周期持续时间内的暂态过电压（TOV）。在通电的第一个周期内也观察到变压器的浪涌电流。

㊀ 等效网络的电感是为了表述方便而人为设置的，但物理表现是相似的。

㊁ 从更正式的角度来看，零电压下的激励导致了对应于 $B-H$ 曲线中接近饱和点的最大通量。

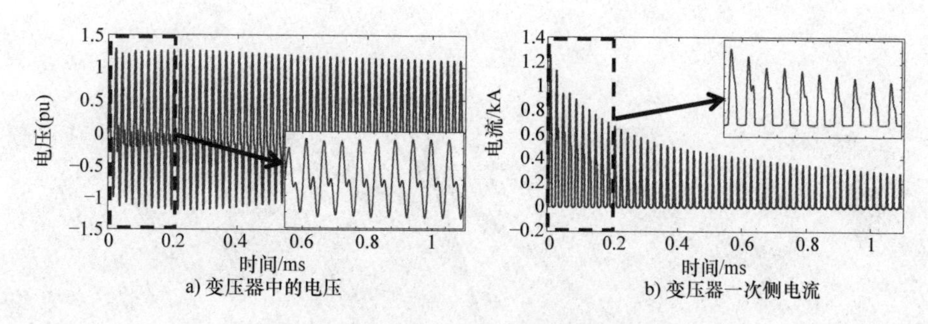

a) 变压器中的电压　　b) 变压器一次侧电流

图4.35　变压器通电期间的电压和电流

如前所述，这一现象取决于并联谐振的频率。举例而言，如果电缆长度为80km，则谐振频率约为120Hz。变压器中的电流仍然等于图4.35b中所示的电流，但过电压的幅度和持续时间将会更小，因为在100Hz处阻抗不再那么高。

4.9.3　铁磁谐振

铁磁谐振是本书中提到的最复杂和最具挑战性的现象之一。这种现象在100多年前第一次被观察到，90多年前被认知。简而言之，铁磁谐振被定义为电容器和可饱和铁心电感器之间的相互作用，因此这一术语由“铁磁”和“谐振”构成。

从实际的角度来看，当变压器和电缆相互隔离，电缆的电容与变压器的磁化特性串联时，会出现持续的长时间暂时过电压，这是我们最不希望发生的。

理论描述

我们首先考虑一个由交流电压源、电感和电容串联组成的简单电路。我们已经知道，对于这样的电路来说，电感器（X_L）的电抗消除了给定频率电容器（X_C）的电抗，并且发生串联谐振。

然而，变压器由于饱和而不能完全用线性电感代表。如果想要一个更精确的模型，我们必须用非线性电感来代替线性电感。

图4.36显示了电流与电压的函数关系，其中V_S是电源电压，V_L是电感电压，V_C是电容电压，$C > C_2$。该电路的解如式（4.50）所示。

$$V_S = V_L + V_C \tag{4.50}$$

图4.36显示了三个可能的运行点：

1）点1：非铁磁谐振稳定点，即使用线性电感也能得到的点，对应于电路的感性解（$X_{L\_LIN} > X_C$）；

2）点2：铁磁谐振稳定点，电流和电压都很大，对应于电路的容性解（$X_C > X_{L\_SAT}$）；

3）点3：不稳定的点，解不会保持稳定状态。

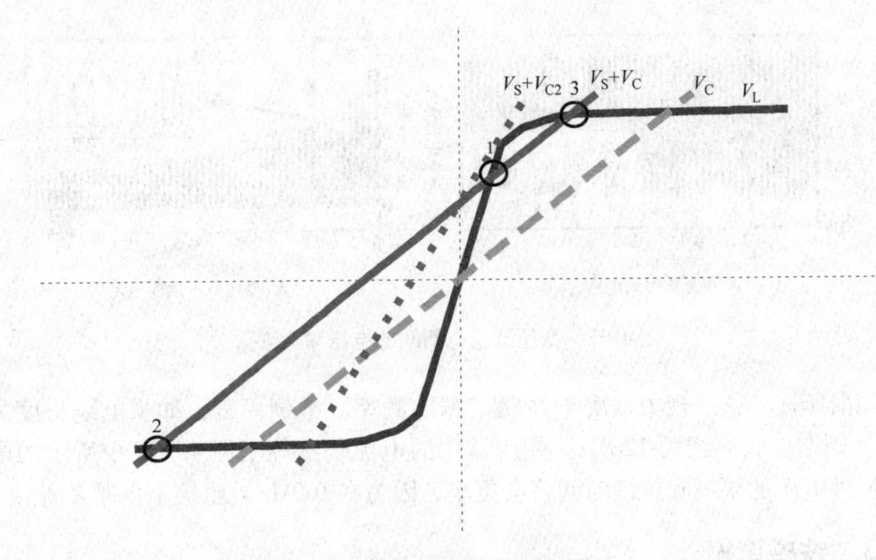

图 4.36　铁磁谐振电路图解

因此，铁磁谐振电路可以有两个稳定工作点，从一个稳定点到另一个稳定点的过程中电压和电流可能发生突变。

为了理解这种行为，我们来分析一个连接到交流电压源、含一个可饱和电感的 LC 电路。电路通电，电流和电压以共振频率（$1/\sqrt{L_{LIN}C}$）振荡，如第 2 章所述，对应于运行点 1。

随着系统振荡，电压和电流增加，在某一点电感饱和，电流极大增加。另一种理解这一现象的方式是考虑可饱和电感器的电感减小到几十分之一，即 $L_{SAT} \ll L$。因此，$X_C > X_{L\_SAT}$，电路行为和共振频率改变，现在频率由 $1/\sqrt{L_{SAT}C}$给出，系统运行点为点 2。

此外，由于电感值现在很小，电流很大，当电感器中的磁能等于前一刻电能时电流达到峰值，如式（4.51）所示，其中，V 为饱和时刻电容器端电压。

$$\frac{1}{2}L_{SAT}I^2 = \frac{1}{2}CV^2 \Leftrightarrow I = V\sqrt{\frac{C}{L_{SAT}}} \tag{4.51}$$

饱和半周期后，在饱和电路的谐振频率下，磁通量低于饱和极限，可饱和电感器的电感再次为 L_{LIN}，即系统回到运行点 1。在此期间，电压改变极性，且在不饱和瞬间幅度约等于饱和前瞬间，但极性相反。

在这样的工作条件下，系统将继续在这两个运行点之间持续振荡。

因此，如果我们想一想，此处发生的情况几乎与普通 LC 电路中相同，但是两个电感值会导致波形的突然变化，使其似乎不可预测，并且由于饱和时电感器的低电感，波形幅度更大。

图 4.37 为铁磁谐振示例，水平虚线表示饱和限制，当前电流（实线）过线时系统饱和。这种情况发生时，电流快速变大，电压快速变化，变化幅度与当系统返回到运行点 1 时近似对称。

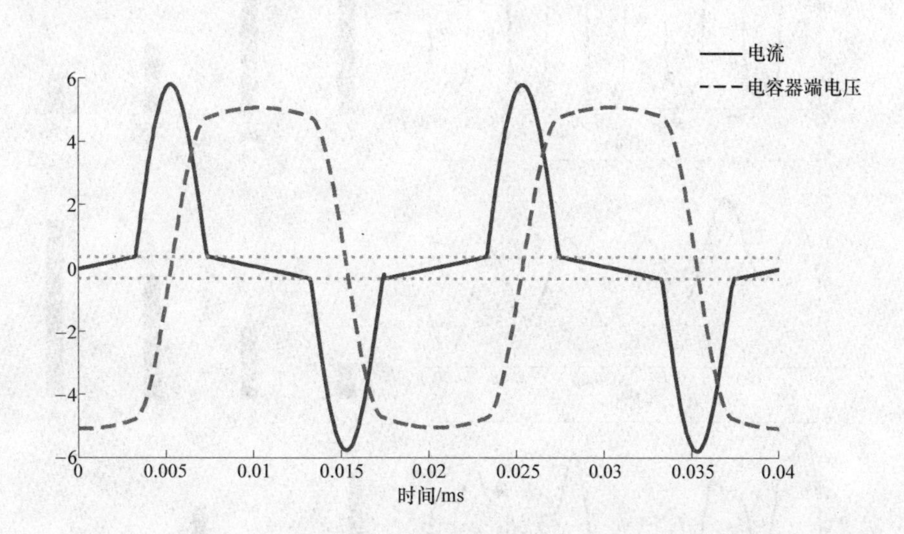

图 4.37　*RLC* 电路中的铁磁谐振示例（不按比例）

铁磁谐振的类型和初始条件

铁磁谐振可以分为 4 种不同的类型：

1）基本模式：电压和电流是周期性的，频谱包含基波及其谐波（nf）。

2）次谐波模式：电压和电流是周期性的，周期是源周期的倍数。频谱包含基波及其次谐波（f/n）。

3）准周期模式：电压和电流是伪周期性的，频率定义为 $nf_1 + mf_2$，其中 n 和 m 是整数，f_1/f_2 是无理数。

4）混沌模式：电压和电流表现出不可预测的行为，频谱是连续的。

图 4.38 显示了时域和频域中每种类型铁磁谐振的示例。

铁磁谐振类型取决于电容和电感之间的关系，以及初始切换时刻。

最常见的类型是两种周期性类型：基本模式和次谐波模式。只有当式（4.52）为真时，才会出现这两种模式。对于超出这个时间间隔的电容值，仍然可能发生铁磁谐振，但是类型可能是准周期模式或混沌模式。

$$\frac{\omega_0 L_{\mathrm{LIN}}}{n} < \frac{n}{\omega_0 C} < \frac{\omega_0 L_{\mathrm{SAT}}}{n} \tag{4.52}$$

我们没有在分析中考虑损耗，但如预期，损耗增大时，铁磁共振的可能性会降低。

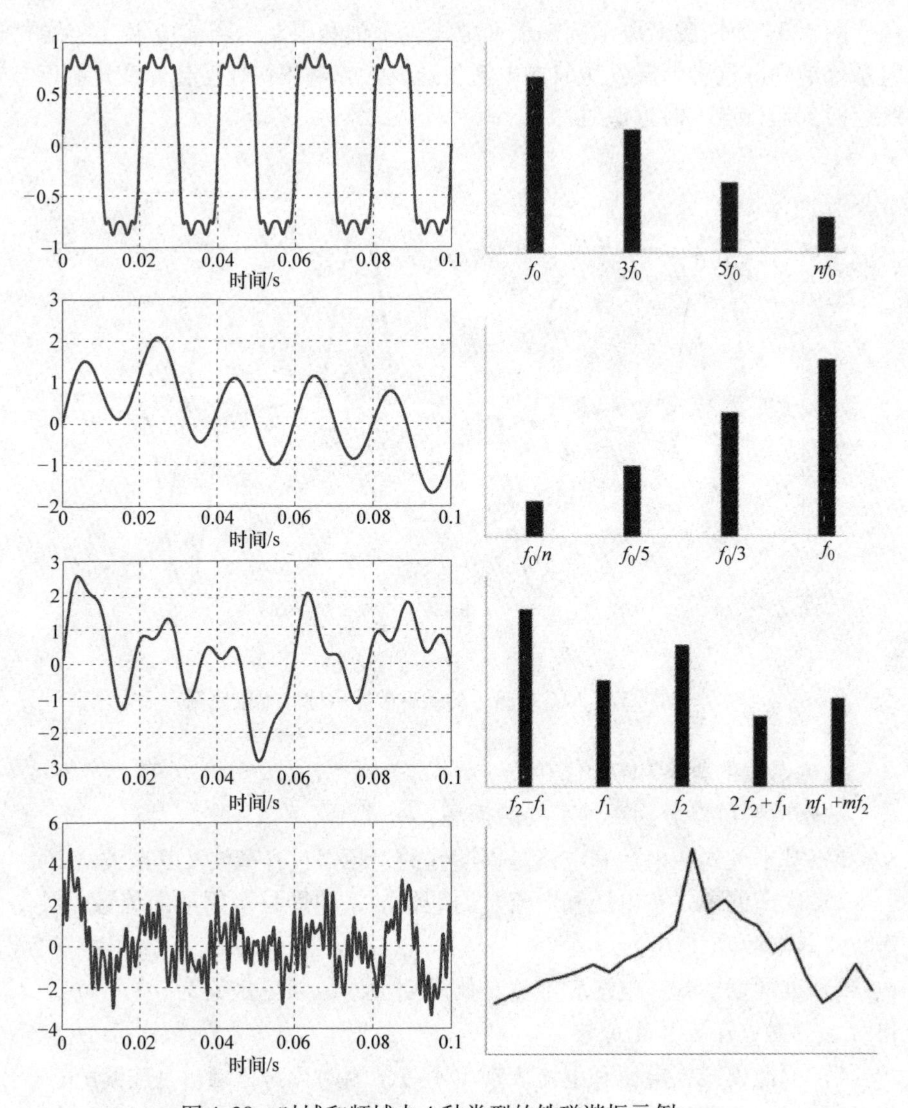

图 4.38 时域和频域中 4 种类型的铁磁谐振示例

如果系统在零电压时通电，铁磁谐振更可能出现，因为感性负载通电时，与此开关角相关的暂态电流较高[㊀]。由于电流更大，也更可能饱和，导致铁磁谐振出现的可能性提高。

同样，可饱和电感器中剩余磁通的存在也增加了发生铁磁谐振的可能性，因为更可能发生饱和。

最后，电压的大小也会影响这个现象，因为电流的大小与它成正比。

㊀ 变压器的通电亦然，这种现象称为浪涌电流。

电缆-变压器系统

看过理想 LC 电路中的铁磁谐振，现在我们需要研究更实际的系统了。

此现象出现的必要条件之一是系统负载轻或短路功率低。由于电容较大，长电缆出现此现象时情况更糟。低电容系统（即短电缆）的运行点2不会导致高电压。

有几种配置可能会导致这种现象的发生，特别使用仪用变压器时；这种变压器通常负载轻且损耗低。我们不分析这些情况，而关注电缆连接到电力变压器的系统。

正常运行的电缆—变压器系统中不太可能发生铁磁谐振，极弱电网除外。

然而，如果断路器触头存在问题且处于不同的开关状态（即其中一些打开，其余长时间保持关闭），则电缆电容和变压器电感可能串联。

图4.39显示了一个电缆（用电容器对地表示）和一个变压器相连后通电现象的例子，其中只有一个相位闭合，变压器为星形配置，没有接地中性线。两个开路相的电缆电容与变压器的电感串联，如箭头所示，形成可能的铁磁谐振电路。

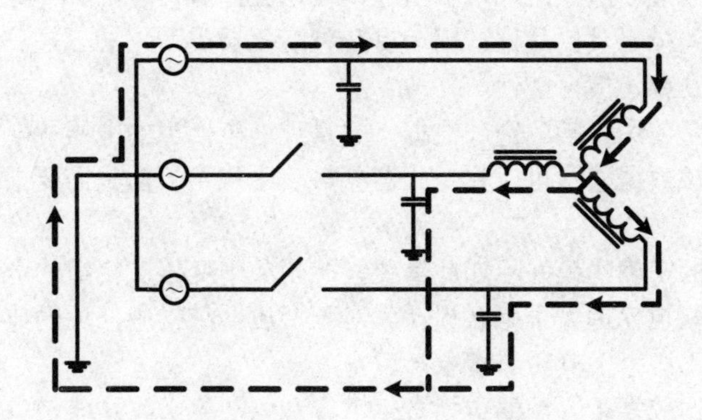

图4.39　电缆—变压器系统中可能的铁磁谐振情况

如果两个相位闭合，一个保持断开，或者在断电中（如不是所有的相位断开），也可能发生相同的情况。

变压器联结类型会影响这一现象的出现。如果变压器以三角形方式联结，分析将一致。但如果变压器中性点接地，铁磁谐振将不太可能出现，因为大部分返回电流将通过变压器中性点而不是“电容器”流向地面。

图4.40显示了其中一相不打开的电缆—变压器系统断开时的铁磁谐振的示例。我们对△/Yn 和 Yn/Yn 变压器联结进行了仿真，可以看到只有前者有过电压。

必须记住，系统如上运行是铁磁谐振的必要条件，但这是不够的。这个现象

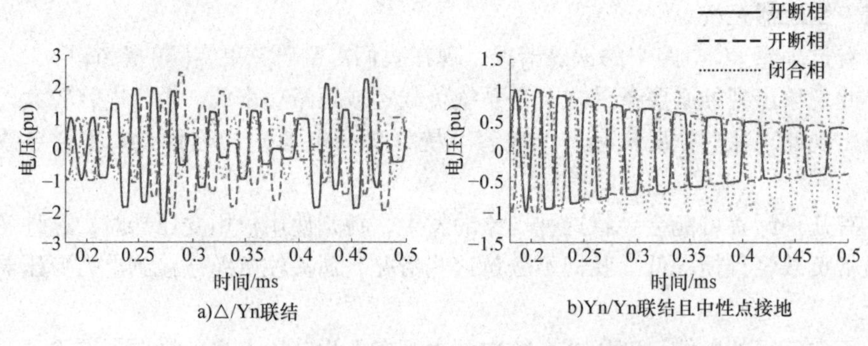

图 4.40　断路器在 0.2 s 时断开后的电缆电压

还取决于变压器中的剩余磁通量、开关时刻以及电容和电感的值。

建模

为了正确模拟铁磁谐振，我们需要对所有设备进行恰当的建模。这种现象是非线性的，这意味着我们不能使用集总参数。它依赖于频率，因此有必要使用 FD 模型。

电缆的建模继续按照之前章节所述，使用已经解释过的 FD 模型。

变压器的建模更具挑战性，因为有几种变压器类型，如三柱、四柱、芯式或壳式等，以及几种建模可能性。

最重要的是使用正确的饱和数据，并设计一个恰当的电压—电流曲线或通量—电流曲线。该数据通常可以在变压器参数表中找到，但是需要根据某些软件进行调整。

串联损耗的正确建模并不如此重要。此现象中变压器绕组的电压高于额定电压。因此，并联损耗远大于串联损耗。对于变压器结构中使用的典型材料，在研究铁磁谐振时不必考虑其磁滞现象。

高频建模比较复杂，需要包括寄生电容和内部绕组。这些信息很难获得，导致模型的复杂性大大增加。但是，在研究此现象时通常不考虑这一点，因为相关频率并不是很高。

4.10　故障

电力网络中的绝大多数暂态现象与故障直接或间接相关。我们已经研究了暂态恢复电压（见 4.7 节）以及正常电缆断开时的波形是怎样的，下一步是研究故障如何影响电压和电流波形以及暂态恢复电压。

4.10.1　单相

像往常一样，我们从一个单相电缆电路和一个单相接地故障开始，以便更容易地获取知识。

故障发生时，故障点的电压几乎降为零伏，随着电路阻抗大大降低，电流增大。电压和电流之间的相位差也受到故障的影响。

此外，如果我们认为电缆由无限多个微元段或 π 形等效电路串联而成，并且在随机点出现故障，那么该点电压将变为零。因此，送端（连接到理想电压源时等于 1pu）到故障点（等于 0pu）处的电压持续减小。由于电缆电压较低，对地电压也较低，意味着电容电流也较小。

我们了解到，对于正常的电缆断开，电缆中的电压会非常缓慢地下降，故障期间则相反，存储在电缆中的所有能量在故障位置通过接地在几微秒内释放。

因此，电缆由于故障而断开时，重燃或再起弧的可能性似乎较低。然而我们必须记住，这是一个单相电缆，对于三相电缆还有更多的方面需要考虑，即相间耦合。不过在分析这些情况之前，我们应该首先研究单相情况下的波形。

电缆的任何一点都可能发生故障，极端情况包括从几米到几公里的情况，故障会影响暂态恢复电压的形状。

简单起见，我们先不分析电缆，而是对连接到理想电压源的单相 30km 的架空线进行分析，模拟架空线在不同点发生单相接地故障的情况。

我们在 4.6 节中看到，断电期间线路中的电压是衰减的直流波形，暂态恢复电压是以工频振荡的正弦波。然而，在图 4.41 所示的仿真中，暂态恢复电压的波形在断开后片刻为锯齿形状，特别是对于靠近断路器的故障，在一些高频周期之后变得更加像正弦波。

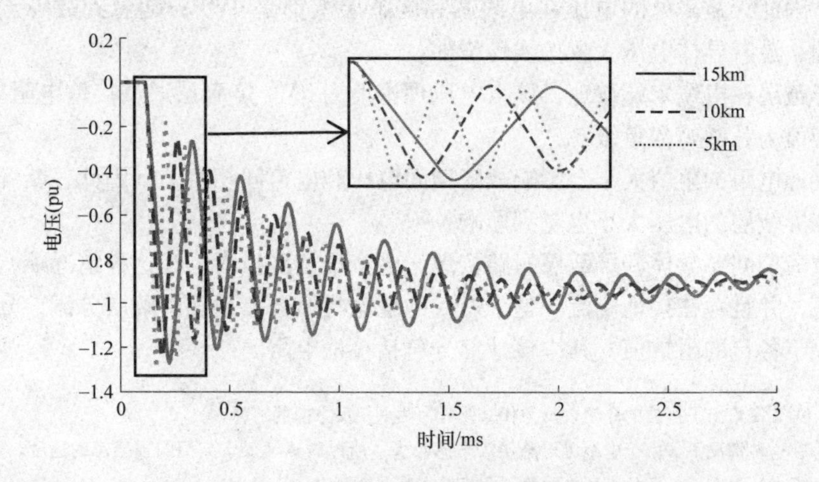

图 4.41　不同故障位置的暂态恢复电压

锯齿波形是断路器和故障点之间反射的结果。很明显，断开瞬间，故障位置的电压为零，送端的电压较高，在两点之间以近似线性的方式减小。断开之后，架空线中的电荷需要平衡自身，从而产生行波。

这个瞬间会产生两个波，一个向前传播，一个向后传播[一]。波沿线路呈三角形，以表示断开前线路上的电压。线路上各波的幅度等于断开前沿线电压的一半。总电压波由这两个波叠加给出。

波在断路器和故障点之间反射，直到最后由于损耗而消失。在这个过程中，它会产生仿真中看到的锯齿形状。

图4.42显示了无损线路中不同时刻线路上正向和反向的电压波形。图4.43显示了送端和线路中电压随时间的变化。图中显示送端电压为三角形，解释了锯齿形的暂态恢复电压。

在具有阻尼和电感的实际线路中，波在片刻之后失去三角形状并变得更像正弦，解释了仿真中的锯齿波形仅出现在断开后片刻和接近断路器的故障中的原因。

了解架空线的现象后，我们准备好进入下一个层面，针对电缆进行研究。第一章描述了电缆的典型层，并解释了屏蔽层的一个功能是为故障电流提供循环路径。从这里可以直接推导出，电缆短路和架空线短路的相关波形存在差异，且连接方式也影响波形。

如果电缆仅仅为导体和绝缘层，那么波形将与架空线类似，但传播速度低得多[二]。

电缆的导体被屏蔽层包围，如果屏蔽层没有故障，导体实际上不可能有外部故障。因此，故障处的电压在电缆芯和屏蔽层上都是0V[三]；随着到故障点距离的增加，沿着导体电压大致按线性增加。

屏蔽层在电缆末端接地，该点电压理论上为0V。屏蔽层通过接地电阻接地，其典型值为几欧姆数量级[四]。

接地电阻的阻值大小会影响故障期间电压和电流间相位差。因此，断开瞬间缆芯和屏蔽层的电压大小也受到影响。

故障期间，导体和屏蔽层短路接地，电流增加到极高。在这种情况下，系统不平衡，并且存在接地电流。这个返回的电流将通过接地和屏蔽层分流，分流大小取决于各自的阻抗值，其中接地部分包括接地电阻。

[一] 第3章给出了行波的介绍以及为什么波分为两个相反方向的解释。

[二] 在这种情况下，由于电缆无屏蔽层时电感较大，所以波速远低于典型同轴模态的速度。但是现实中，没有屏蔽层的高压电缆绝不会直接安装在地面上。

[三] 简单起见，我们考虑故障电阻为0Ω的理想短路。

[四] 不应将中性点与接地混为一谈。如果有接地网，接地网为中性点，但电压与接地略有不同。

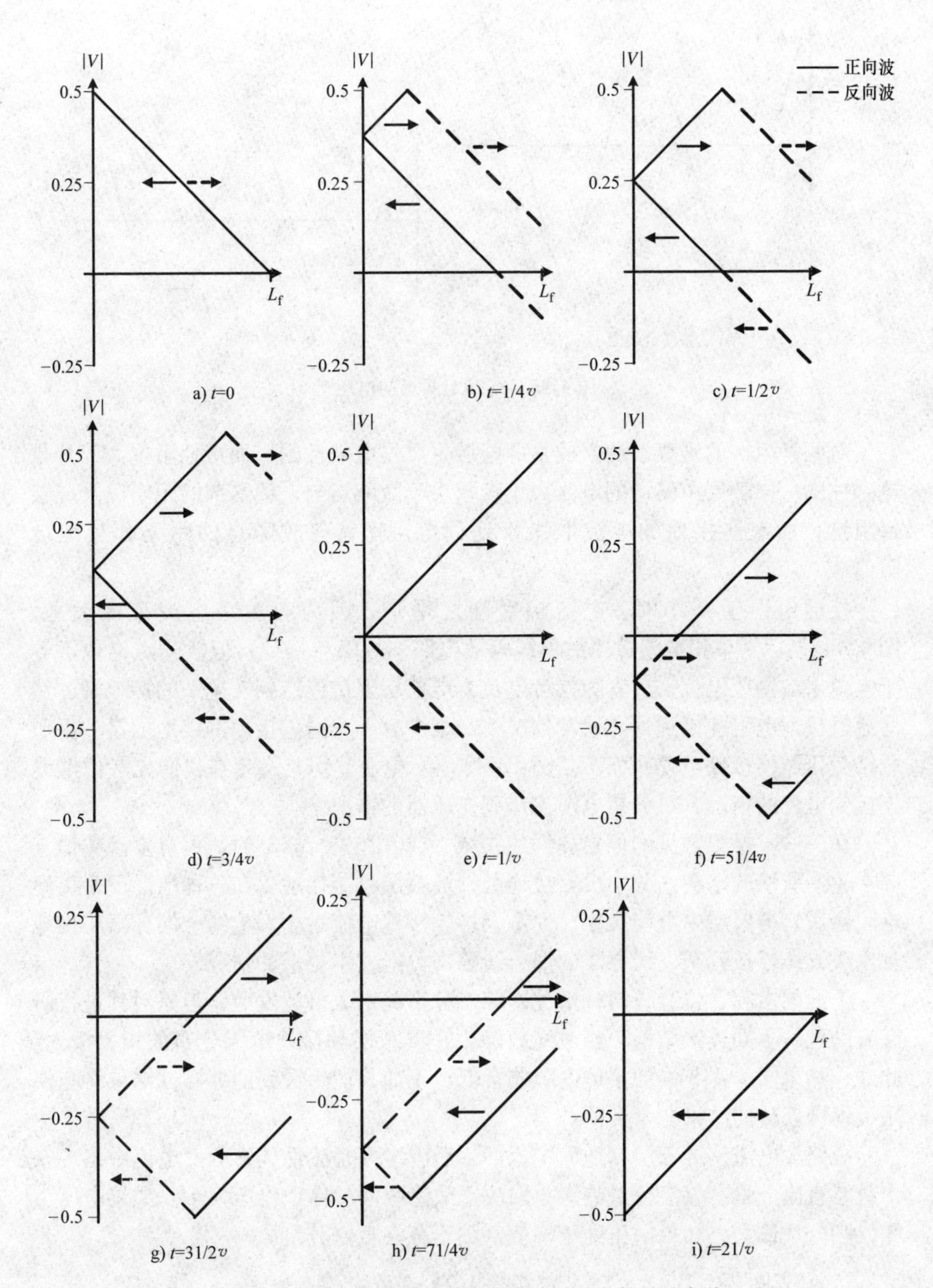

图4.42　断开断路器后发生故障的架空线中电压波形

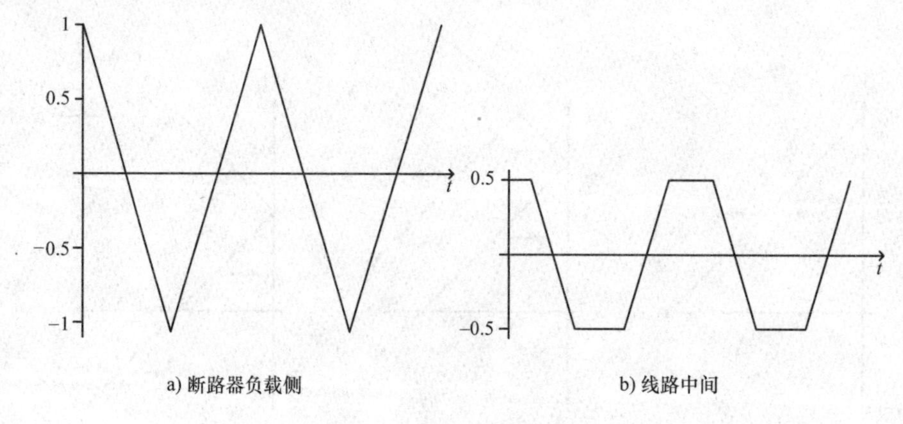

a) 断路器负载侧　　b) 线路中间

图 4.43　线路上两点的电压

对两种阻抗的观察表明，通常屏蔽层主要是电阻性的，而接地阻抗大部分是电感性的。屏蔽层中流动的电流大小仅取决于故障点与电缆端部的距离以及屏蔽层阻抗，而流向接地的电流取决于地面电阻率、离故障点的距离和接地电阻值㊀。

接地电阻值减小时，电流幅度随之增加，因为有更多电流流入大地。图 4.44a显示了单相电缆故障的单线等效电路。故障点接地，但故障点电位不等于电缆末端期望电位，后者为参考电位。屏蔽层阻抗连接到变电站的接地网，然后通过接地电阻连接到地。通常情况下，至少有一个通过接地网接地的星 - 星形联结变压器连接到电缆，而不是图 4.44a 所示电源。但是，现在我们先考虑电缆连接到电源的情况，再分析电缆连接到变压器的情况。

在一些不是很常见的但更高深的领域，或者在进行修复时，可以发现类似于图 4.44b 所示的结构，其中没有接地网，屏蔽层直接接地。在这种情况下，接地电阻会影响屏蔽层中电流大小，而不会影响接地电流大小。电缆末端屏蔽层接地且电缆导体连接到架空线导体的混合线路中可能发生类似的情况。

下面的内容，将分析两种情况。第二种情况不太可能发生，但是对其进行研究有助理解不同连接结构三相电缆故障中，屏蔽层和接地电流分布的相关概念。此外，如果图 4.44b 中的接地电阻非常低，正如我们将看到的那样，结果将与使用接地网获得的结果非常类似。

短路大电流从屏蔽层和地面中返回。后者主要是感性的，因此电流中出现一个暂态直流分量。直流分量的大小取决于故障瞬间导体中电压大小。如果电压为零，则分量最大，如果电压处于峰值，则不存在直流分量㊁。

㊀ 还有其他因素影响电流，如变电站结构，但这些参数通常不那么重要。

㊁ 如果我们将接地看作一个大电感和一个小电阻串联，这种现象就像一个并联电抗器通电。

在图 4.44a 所示结构中，屏蔽层返回电流与接地电阻无关，而接地电阻增加时接地电流减小，从而导致直流分量减小。因此，接地电阻越高，与交流分量相比，直流分量越低。

在图 4.44b 所示结构中，直流分量几乎保持不变，接地电阻减小时交流分量增加；接地电阻变化将导致电压和电流之间相位差产生微小变化，从而改变直流分量。因此，接地电阻越高，与交流分量相比直流分量就越大，这与图 4.44a 所示情况完全相反。这一直流分量在几个周期后衰减，但由于断路器通常尽可能快地断开，所以直流分量在断开瞬间仍然很大。换言之，在这种情况下，接地电阻增加时，相角和相关直流电流都会增加。

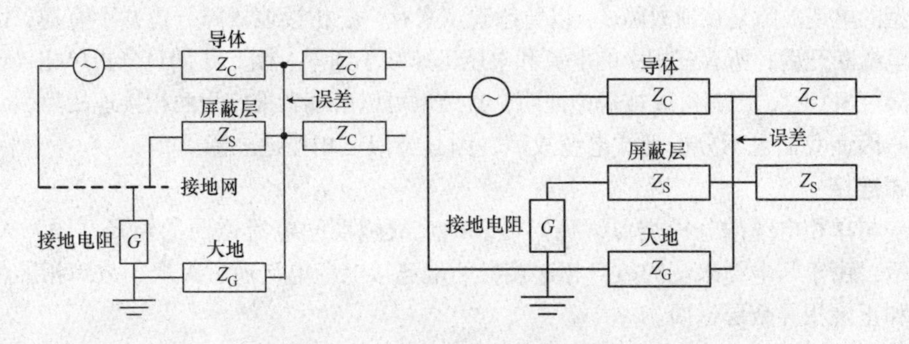

图 4.44　故障期间单相电缆的等效电路

图 4.45 显示了 5km 长电缆中间点出现故障时上述两种情况的结果。故障按两种不同的接地电阻模拟：10Ω 和 0.1Ω。

如存在接地网，则两个接地电阻只有很小的差别，即两者交流分量大致相同。较小电阻的直流分量较大，为 45.5A 而非 2A，相位角差异则较小，这是因为与屏蔽层返回电流相比，接地返回电流幅度较小。

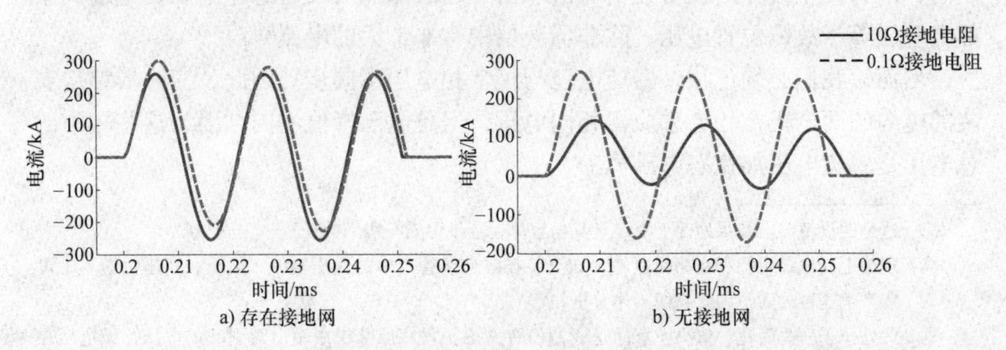

图 4.45　故障期间针对不同接地电阻单相电缆导体中的电流

如无接地网，而经由屏蔽层接地，则较低接地电阻的交流电流较大，而两个接地电阻中直流电流大致相同。因此如预期，对于较大的接地电阻，相关的直流电流也较大。10Ω 接地电阻的电压和电流之间的相位差约为 74°，0.1Ω 的接地电阻约为 27°。

可以得出这样的结论：具有接地网与很小的接地电阻非常相似；如果无接地网，与流入屏蔽层的电流相比，流向大地的电流很小[一]。

4.10.2 三相电缆

了解了单相电缆故障现象的特点后，我们将开始研究三相电缆中的故障现象。典型的电缆故障是接地故障[二]。以暂态观点来看，三相接地故障分析并不有趣，因为电缆断开后，所有三相中的电流和电压迅速减小到零。因此我们只分析单相接地故障（SPGF），因其可以被理论证明，且结果可以由读者推广为两相接地故障。

因而我们也不分析管式电缆故障，因其类似三相接地故障。

两端连接

与单相电缆的分析类似，我们可以确定故障期间电流返回的路径。图 4.46 显示，由于与电缆末端的故障相连接，两端连接电缆电流通过大地、故障相屏蔽层和正常相屏蔽层返回。

故障相导体中的大电流在正常相中感应电压，从而增加了这些相上的电压，这将影响暂态恢复电压（TRV）。

然而，导体电压不恒定。考虑到三相电缆中间点的单相接地故障（SPGF），故障相的电压幅度从电缆末端到故障点减小。

简单起见，我们认为电缆一端是开路，因此导体电流在故障点和开路端之间为零。在这种情况下，电压不是沿着正常相全部感应，而是仅在通电端和故障点之间，因为发生故障后没有任何电流。由于在故障点后没有感应电压，电缆其余部分电压等于故障位置电压，除非屏蔽层中有非常大的电流[三]。

然而，我们必须记住，感应电压与正常相电压不同步。因此，三叶形结构安装的电缆的两个正常相会感应出相同电压，但是电压峰值不同，因为这些相中的总电压是感应电压加稳态电压[四]。

[一] 这是假设情况。如果地面上安装了其他导体，结果可能有所不同。

[二] 理论上，电缆可能存在相间故障，如安装在隧道或管道中的低压电缆。然而，高压电缆不太可能产生这种故障，因此我们不作分析。

[三] 此处作了一些简化，值得注意的是我们没有考虑正常相屏蔽层中由电流引起的电压，该电压在故障期间也增加了。稍后我们会看到，接地电阻低和/或存在接地网时，故障点之后的电压会改变。

[四] 可下载并运行提供的 PSCAD 文件，以详细观察这种差异。

我们还需考虑屏蔽层中由较大电流引起的电压。然而，正常相屏蔽层中的电流与故障导体中的电流相位近乎相反，因此减小正常相导体电压的峰值幅度。

总而言之，正常相中的电压继续以 50Hz 振荡，但幅度可能因故障相中同样以 50Hz 振荡的电流而增加。

理解故障期间返回电流如何通过相和大地传播后，我们需要弄清断路器打开并清除故障时电压波形会发生什么变化。由于现象的复杂性，我们用模态理论来解释波形。简单起见，首先只考虑没有接地网的情况。这并不意味着缺乏相关知识，因为我们已经知道存在接地网的情况与接地电阻极低的情况非常相似，且在下面的分析中两者被认为是等效的。

无屏蔽层电缆

我们首先考虑一根只有导体和绝缘层的电缆，即无屏蔽层。我们知道这种情况不太可能在高压电网中发生，相反可能在低压电网中发生。这是介绍波形的一个好方法。

A 相导体中发生接地故障，另外两相保持正常。简单起见，我们假设 A 相最迟被断开。

当断路器在故障相打开时，如此前对单相例子的解释那样产生暂态电压波。通过电磁耦合，另外两相导体中也产生电压波，这些电压波与已经存在于这些导体中的波叠加。

此时我们引入模态域。存在三个导体和接地，说明有两个导体模式[㊀]和一个接地模式。通过应用 3.4 节中解释的方法，我们得到式（4.53）所描述的系统电压变换矩阵，其中第一列是接地模态，第二列是导体模态，第三列是导体间模态。

$$[\boldsymbol{T}_{\mathrm{V}}]=\begin{bmatrix}1/\sqrt{3} & 2/\sqrt{6} & 0\\ 1/\sqrt{3} & -1/\sqrt{6} & -1/\sqrt{2}\\ 1/\sqrt{3} & -1/\sqrt{6} & 1/\sqrt{2}\end{bmatrix}\tag{4.53}$$

导体间模态对 A 相电压为零，且不影响暂态现象。接地模态中所有三相电压的大小和极性都相等。导体间模态表明，A 相中产生的暂态电压波在其他两相中具有一半幅度和相反极性。

我们也知道导体和接地模态中波的传导速度不同，说明导体中有两个不同速度的波。

我们不知道每种模态的幅度。通过分析单相接地故障（SPGF），我们预估接地模态幅度较大，可以使用式（4.54）和式（4.55）的逆变换矩阵来推导。

㊀ 其中一种模态是导体间模态，不受暂态影响。

$$[\boldsymbol{T}_{\mathrm{V}}]^{-1}=\begin{bmatrix}1/\sqrt{3} & 1/\sqrt{3} & 1/\sqrt{3}\\ 2/\sqrt{6} & -1/\sqrt{6} & -1/\sqrt{6}\\ 0 & -1/\sqrt{2} & 1/\sqrt{2}\end{bmatrix} \tag{4.54}$$

$$[\boldsymbol{T}_{\mathrm{V}}]^{-1}V_{\mathrm{P}}=V_{\mathrm{M}} \tag{4.55}$$

我们已经看到，故障期间正常相电压会发生变化。因此，在断开瞬间，这些相的电压不再为约1pu。现在的问题是这些电压是大于还是小于1pu。理论上讲，故障相的电流和电压的相位差在0°~90°之间，具体大小取决于接地电阻值，但典型值在30°~60°之间[㊀]。该电流在正常相中产生一个与电流导数相反极性的感应电压。因此，正常相中感应电压与故障相电压相位差在120°~150°之间，感应电压与正常相电压的相位差在其中一相为0°~30°之间，另一相为90°~120°之间。由于这些值和通常的耦合因子正常相的电压往往会增加。

如果连接到理想电压上，送端和故障点之间正常相电压会增加，故障点之后导体中没有电流，因此，在正常相没有感应电压。我们还看到单相的例子中，断开瞬间电缆中的电荷需要平衡，产生脉冲电压。

理解这一信息连同式（4.54）和式（4.55），我们就能理解为什么接地模态幅度通常大于导体模态。导体和接地模态的计算如式（4.56）所示。ΔV_{PhA}的幅度约为1pu，而ΔV_{PhB}和ΔV_{PhC}的大小取决于系统结构，但通常小于1pu。简单起见，我们认为后两者是相等的。很容易看出，这种情况下接地模态幅度将大于导体模态幅度。

$$\begin{cases}M_{\mathrm{C}}=\Delta V_{\mathrm{PhA}}\dfrac{2}{\sqrt{6}}-\Delta V_{\mathrm{PhB}}\dfrac{1}{\sqrt{6}}-\Delta V_{\mathrm{PhC}}\dfrac{1}{\sqrt{6}}\\ M_{\mathrm{G}}=\Delta V_{\mathrm{PhA}}\dfrac{1}{\sqrt{3}}+\Delta V_{\mathrm{PhB}}\dfrac{1}{\sqrt{3}}+\Delta V_{\mathrm{PhC}}\dfrac{1}{\sqrt{3}}\end{cases} \tag{4.56}$$

为以上现象奠定理论基础后，我们终于可以看波形了。图4.47显示了电缆中两点上所有三相的电压波形。左侧波形是电缆送端电压，右边波形是送端和故障距离相等点的电压。

第二张图中可以看到这些模态。在约0.05ms处（A点），A相电压增加，另外，两相电压降低。我们还观察到，A相的变化大约是其他两相变化的两倍。因此可以得出结论，这些变化与导体模态有关。

在约0.1ms处（B点），A相斜率增加，而其他两相的电压开始增加。因此，可以得出结论，接地模态电压此时已到达该点。由于两个模态电压具有不同的速度，所以波形出现图中所示的扭曲形状。B相和C相的失真较大，因为这两个模态对于这两相具有不同的极性，接地模态增加了电压，而导体模态降低了

㊀ 这些值已经有一定余量，实际情况中区间更窄。

电压。

这种瞬变的结果，是断路器触头处B相和C相电压可能比正常断开时高得多。在图4.47所示的例子中，断路后半周期内，两相电压大于1pu，断路器端电压大于2pu。此外，暂态恢复电压（TRV）斜率大于正常断电时的斜率，从而增加了重燃或再起弧的风险。

带屏蔽层电缆

前述分析针对没有屏蔽层的电缆。下一步是看两端连接的带屏蔽层电缆在同样情况下会发生什么。和以前一样，为了得到暂态波的大小，我们需要知道断开前沿电缆的电压分布情况。已知存在接地网或不存在时接地电阻的值是非常重要的，因其影响短路期间电流，说明感应电压也受到影响。

如前所述，返回电流取决于接地电阻值（请记住极低接地电阻相当于接地电网），并由屏蔽层和接地分流（见图4.46）。如果这个电阻很大，那么屏蔽层中返回的电流与故障相导体电流相比很小，因为大部分电流返回到接地。因此，故障期间正常相屏蔽层中感应电压主要由与具有较大电流的故障相导体相互耦合而产生的。假设电缆放置得很近，正像大多数情况那样，所有三个屏蔽层产生的电压大致相同，故障相屏蔽层上稍大一些，因其靠近导体，且该屏蔽层上电流较大。相同推理也适用于正常相导体。

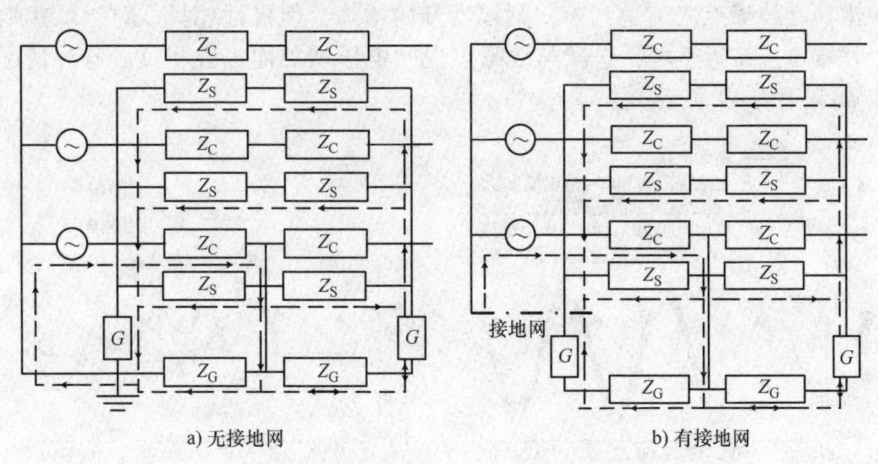

图4.46　单相接地故障期间两端连接的三相电缆等效电路

然而需要记住的是，在这种情况下，这些相屏蔽层中的电流与故障相导体中的电流是相反的，且有助于在短路期间稍稍降低由故障相引起的正常相导体中的感应电压。如果电缆为平面敷设，若故障未发生在安装在中间的电缆，感应电压也会有一些差异。

但是，如果我们试图对这种现象进行仿真时，我们通常会看到送端和故障点

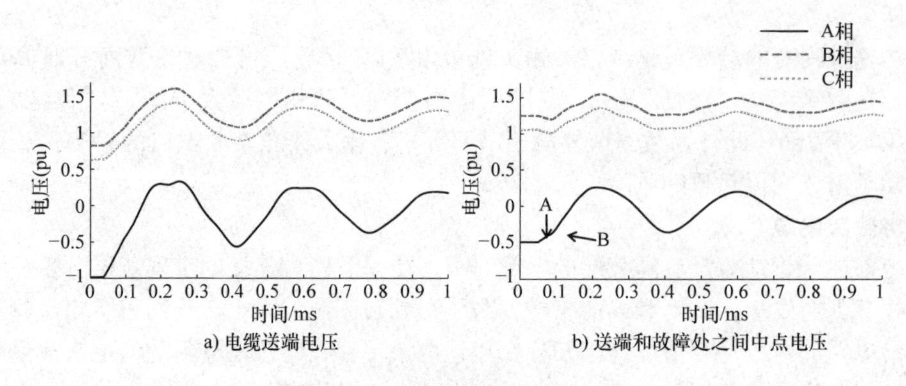

图 4.47　断路器关断后三相电压

之间的正常相导体电压增加，而在屏蔽层上电压减小，这似乎与理论相矛盾。我们必须记住，导体和屏蔽层上的电压是不同相的。因此，当正常相导体电压由于与之前解释的故障相的相位差而增大时，同一相屏蔽层电压与其他两相屏蔽层电压大致同相，因为它们之间的连接位于电缆的两端。其结果是，屏蔽层中的电压与故障相导体电压同相，而感应电压反相。

接地电阻较大时，送端电压幅度较大，因此，送端与故障点之间电压下降。如果电压在故障点之前达到零，则幅度开始增加，但极性相反。对于低接地电阻，送端电压接近于零，送端与故障点之间电压增加而极性相反。这种情况如图 4.48和图 4.49 所示。

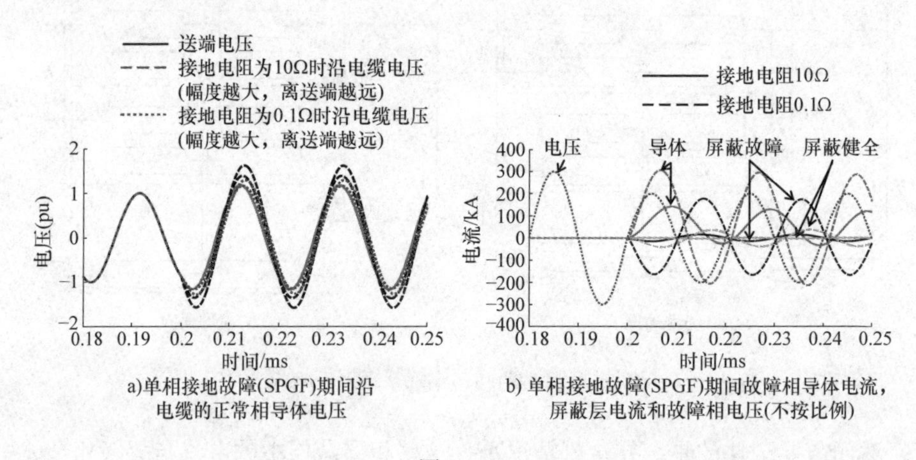

图　4.48

低接地电阻或接地网

前面的描述适用于较高接地电阻，但不适用于接地电阻较低或有接地网的系统。在这种情况下，屏蔽层中的返回电流增大，大到在数量级上接近故障相导体

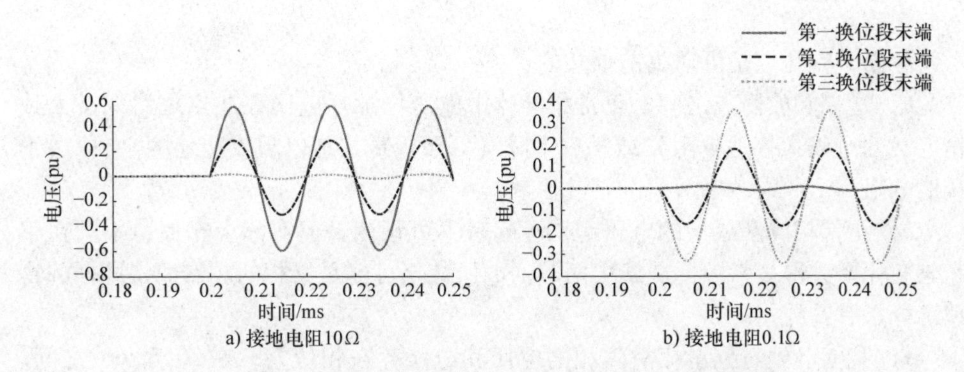

图 4.49　单相接地故障（SPGF）期间电缆正常相的屏蔽层电压

电流；因系统总阻抗减小，故障相导体电流增大。其结果是，在正常相导体和屏蔽层上感应的电压也取决于屏蔽层中的电流，不再可以忽略不计。

在这种情况下，很难预测正常相波形的幅度和相位。简单起见，我们继续假设故障发生在电缆的中间。故障相导体电流在送端和故障点之间具有很高的幅度，该点之后为零。

故障相屏蔽层电流的大小和相位在故障点发生变化。向送端返回的电流与导体电流近似反相，而流向受端的屏蔽层电流与导体电流近似同相。后者接下来将返回到正常相屏蔽层中。

我们现在开始分析从送端到受端的电压，假定电流方向相同。与其他电流相比，正常相导体电流太低，可以忽略。因此，需要考虑的电流仅为三相屏蔽层中的电流和故障相导体中的电流。三个屏蔽层中送端和故障点之间的电流近似同相，而故障相导体中的电流近似与这三个电流反相。导体电流幅度大于所有三个屏蔽层电流的总和[㊀]。因此，正如在无屏蔽层电缆中所解释的，正常相屏蔽层和导体中感应的电压通常会增加。

故障点之后，故障相导体中的电流为零，只有屏蔽层中有电流。亦有电流通过接地流向受端，然后通过屏蔽层回到送端。在这种情况下，正常相屏蔽层中的电流总和大于故障相屏蔽层电流。因此，故障点与受端之间的感应电压和送端与故障点之间的感应电压相位相反。

因此，送端和故障点之间的电压增加，且在故障点达到最大。在这点和受端之间，电压下降。如果电压达到零，则会再次开始增加，但与之前的极性相反[㊁]。

总之，存在接地电网或接地电阻值很小的话，对电压波形的幅度和极性有很

㊀ 应记住部分电流在接地处返回。

㊁ 对于导体实际上是不可能的，但是对于屏蔽层可能会发生这种情况。

大的影响。

然而，有几点是可以提前预知的：

1）送端和故障点之间的正常相导体中电压增加。电压在此点之后保持大致恒定（对于较大接地电阻）或稍有下降（对于极低接地电阻或接地网），取决于接地电阻。

2）正常相屏蔽层上的电压起初看起来不可预测，但实际上相似，不同在于相对变化要大得多，因此屏蔽层两端的电压甚至可能是反相的。然而，同样的物理解释是有效的。

3）我们已经看到单相故障相的电压和电流存在相位差，在30°和60°之间。通常情况下，由该电流引起的电压将会增加故障期间正常相中的电压。

图4.48显示了针对两个不同接地电阻在单相接地故障期间正常相导体上的电压、故障相导体中和所有屏蔽层中的电流。可以看出，接地电阻越大，电压越大；接地电阻越大，电压、电流的相位差越大，这是由于流向接地的相对电流较大。如预期的那样，接地电阻较小时，故障电流较大，因其为屏蔽层中的电流，在接地电阻较大时实际上可以忽略。

具有接地网的情况与接地电阻较低时相似，但由于屏蔽层和公共点之间没有0.1Ω的阻抗，所以电流会略大。

图4.49显示了单相接地故障（SPGF）期间两种不同接地电阻时正常相屏蔽层上的电压。可以看出，对于较大的接地电阻，屏蔽层中的电压从送端到故障端是降低的，而对于较小的接地电阻时情况相反，如前所述。

应用这些知识和三叶形电缆的反向电压变换矩阵（4.57），我们可以尝试预测断路器断开后的暂态电压。

$$[\boldsymbol{T}_{\mathrm{V}}]^{-1}=\begin{bmatrix} 0 & 0 & 0 & 2/\sqrt{6} & 2/\sqrt{6} & 2/\sqrt{6} \\ 0 & 0 & 0 & 0 & 1 & -1 \\ 0 & 0 & 0 & 2/\sqrt{3} & -1/\sqrt{3} & -1/\sqrt{3} \\ 1/\sqrt{3} & 1/\sqrt{3} & 1/\sqrt{3} & -1/\sqrt{3} & -1/\sqrt{3} & -1/\sqrt{3} \\ 0 & 1/\sqrt{2} & -1/\sqrt{2} & 0 & -1/\sqrt{2} & 1/\sqrt{2} \\ 2/\sqrt{6} & -1/\sqrt{6} & -1/\sqrt{6} & -2/\sqrt{6} & 1/\sqrt{6} & 1/\sqrt{6} \end{bmatrix} \tag{4.57}$$

我们首先考虑一个理想的电压源和较大接地电阻的情况，说明所有三个屏蔽层上的电压大致相等，并且电压在正常相导体的送端和故障点之间增加，在该点之后保持恒定。故障相沿导体的电压分布与其他情况类似，送端的1pu电压沿电缆减小，在故障处达到零。

我们可以直接说护套间模态近似为零，不受关断的影响。我们也知道三个屏蔽层相互连接，说明三个屏蔽层都会连接到故障。因此，屏蔽层中的能量将通过故障非常迅速地衰减，几毫秒后接地模态将消失。

导体中电压的变化是电荷根据前述电压分布平衡的结果。对于较大的接地电阻，正常相导体中感应的电压与屏蔽层上感应的电压相似[㊀]。因此，送端和故障点之间电压幅度的变化和正常相导体和屏蔽层大致相同。所以，因所有分量的总和接近于零，其中一个导体模态在关断之后保持恒定，而其他两个导体模态仅取决于导体和故障相屏蔽层中的电压分布。

因此，断开后的电压幅度变化主要取决于接地模态[㊁]。由于这种模态衰减极快，与短路有关的暂态也消失得非常快，此后电压分布类似于正常的电缆断电。

现在的问题是，与接地模态相关的电压是否会增加或降低正常相的电压。我们已经看到屏蔽层中的电压是感应电压，以及感应电压如何增加正常相中电压的大小。因此，我们可以得出结论，与接地模态相关的电压将会在断路器断开之后增加正常相中的电压。

现在可以研究另一个极端情况，看一看接地电阻极低或存在接地网时会发生什么情况，也就是说更现实的情况。

我们知道，正常相的屏蔽层电压相近，因此，可以立刻得知其中一个护套间模式为零。其余模式的分析相对复杂，可能会发生几种情况，取决于电缆故障发生的位置。

不过，我们可以在不过于损失精度的情况下进行一些简化。对于极低的接地电阻，屏蔽层两端的电压接近地电位。由于屏蔽层两端的电压相似且较低，关断后的暂态电压幅度极低，可以忽略，而不会降低精度。因此，我们可以说在这种情况下，接地模态和护套间模态对暂态没有实质影响。

之前我们已经看到，接地电阻越低，故障相电压和电流之间的相位差越小。因此，在断开时刻，故障相送端的瞬时电压低于接地电阻较大时的瞬时电压。

正如在无屏蔽层电缆部分解释的那样，相位差的另一个结果是，正常相中感应电压的叠加会导致两个正常相的电压波形不同。因此，正常相之一在送端和故障点之间通常具有比另一相更大的电压变化。

另外，对于较大的接地电阻，故障相断开时，正常相中的电流变化较大，大到使此电流过零，从而令正常相立即断开。对于接地电阻较低的情况则非如此，正常相的电流幅度只发生很小的变化。因此，如故障相先断开，此后正常相仍然

㊀ 应记住，对于较大的接地电阻，屏蔽层中电流幅度相当低。

㊁ 故障相（1pu）的导体电压变化大于屏蔽层（≤1pu）的电压变化。其结果是，在两个同轴模态中有一个小的初始变化。但接地电阻越大，屏蔽层中的电压变化越大，并且在极限情况下，电压几乎相等（假设电缆之间距离不太远）。

连接几毫秒是很常见的。

因此，预测电压如何变化并不容易。不过，如果把我们知道的都归纳在一起，可以得出结论：原则上讲，接地电阻较大时，电压不会增加。接地电阻较小时，关断瞬间故障相和正常相的电压变化都更小，前者由于相位差较小，后者则因故障相屏蔽层电流较大，感应出一个与导体电流感应电压极性相反的电压。实际上，在某些情况下，关断后电压甚至会有小幅下降。

图 4.50 显示了接地电阻极高和极低时关断瞬间的相电压和模态电压。我们可以看到，接地电阻较大时，断开后正常相电压明显增加，但对于接地电阻较小的情况增幅并不显著，且其中一相电压甚至略微下降。其中一个正常相在故障相之前断开，并且由于与故障相的耦合，该相中电压增加，所以当故障相断开时，可以看到电压不再增加。

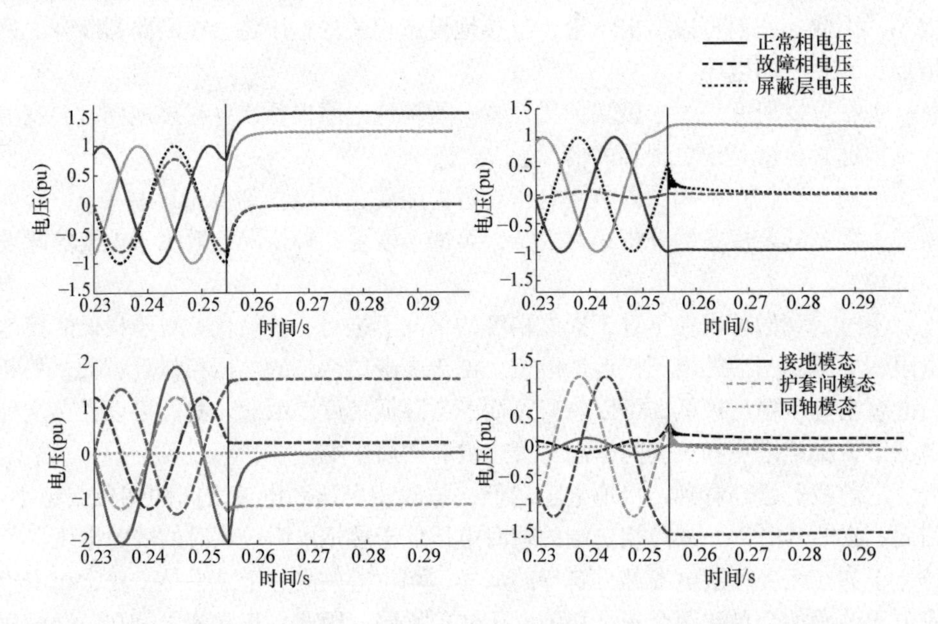

图 4.50　接地电阻极高（左图）和极低（右图）时关断前后电缆送端相电压（上图）和模态电压（下图）实例

我们还能观察模态电压并发现，接地电阻较大时接地模态是唯一变化的模态，接地电阻较小时仅有两个同轴模态发生较小变化。

交叉互联电缆

前述说明针对两端连接电缆。如果相同电缆交叉互联，情况会发生怎样的变化?

无论是稳态运行还是故障期间（故障发生在电缆同一位置），交叉互联电缆的串联电阻都比等效两端连接的电缆低。图4.51显示了有两个主换位段的交叉互联电缆上可能发生的单相接地故障以及部分电流返回路径。在这一示例中，故障出现在第一主换位段㊀。对于具有接地网的系统，图像类似，但从屏蔽层返回的电流将流向电源而不经过电阻，流向接地的电流却会经过电阻。两端连接电缆实例可见图4.46。

部分电流从故障相屏蔽层返回，和两端连接电缆类似，不同之处在于屏蔽层连接到正常相，由于相互耦合而影响这些相的波形。通过接地直接返回送端的电流也与两端连接的电缆类似。

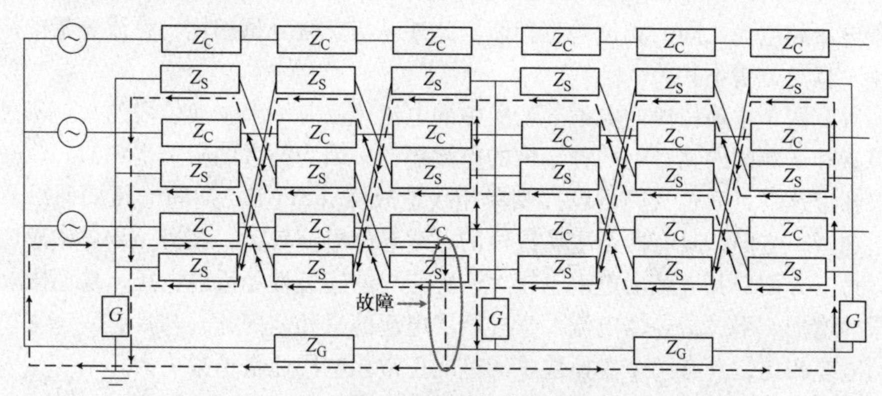

图4.51　交叉互联电缆故障和部分电流的返回路径

主要区别在于其他方面。在两端连接电缆中，部分电流流向接地受端和故障相屏蔽层，到达受端接地点后返回到正常相屏蔽层的送端。在这一例子中，接地点靠近故障点，一部分返回电流从故障相的接地和屏蔽层流到该点，然后返回正常相屏蔽层的送端，不再需要一直流到电缆的末端㊁。因此，等效阻抗更低，短路电流的值也更大。

即使故障发生在第二主换位段，通过故障相接地和屏蔽层返回送端的电流本身会在接地点分流给大地和屏蔽层，与两端连接电缆相比降低了系统阻抗㊂。

另一方面，如果电缆只有一个主换位段，则其与两端连接的等效电缆相比差异较小，且是屏蔽层与导体互相耦合及屏蔽层转位的结果。

明白电流在故障期间的行为后，我们要去了解电压发生了何种变化。可以看到，对于两端连接电缆而言，对于与此现象相关的高电流，相间耦合是多么的重

㊀ 简单起见，我们不考虑接线盒及其阻抗。

㊁ 部分电流继续在大地中流动，直到到达电缆末端。电流分配取决于经典电路理论给出的阻抗值。对于含几个主换位段的电缆亦然。

㊂ 对于绝大多数暂态现象，合适的故障仿真需要一个精确的模型。仿真这一现象时的一个常见错误是接地。屏蔽层的连接应反映真实系统，通常所有三相连接在一起，具有共同的阻抗。根据软件的不同，以不同的工作模块划分工程时，也要注意接地。

要。我们现在需要知道，屏蔽层换位如何影响结果。

我们已经看到，对于接地电阻较高的情况，屏蔽层中的电流相当小。因此，屏蔽层交叉互联几乎不影响结果，电压波形大致与两端连接的等效电缆在同一点发生故障时的电压波形相同。对于接地电阻较低的情况则并非如此，因为在屏蔽层中流过的电流更多。我们考虑仅有一个主换位段的电缆和具有两个主换位段的电缆在如图 4.51 所示位置发生故障。由于返回电流经过的电阻较小，具有两个主换位段的电缆短路电流较大。

不过两种结构中的直流电流（如果存在的话）相似，因其取决于接地，意味着电压和电流之间的相位差也相似。此外，与交流分量相比，直流分量电流会很小，且与分析不相关。

具有两个主换位段的电缆屏蔽层中的电流比仅有一个主换位段的大。不过在故障点和送端间的路径上两种结构的电流相近，因为两者的阻抗也相似。

知道这一点后，我们可以推测单相接地故障（SPGF）期间电压如何沿着电缆增加。一方面，具有两个主换位段的电缆导体电流较大，在另一导体中感应电压；另一方面，其屏蔽层电流也较大，感应与前述极性相反的电压，从而限制了电压的增加。不过，导体电流大于屏蔽层电流的总和。因此，与具有一个主换位段的电缆相比，具有两个主换位段的电缆正常相电压通常增幅更大。

大多数情况下如此，但也取决于故障发生的位置。考虑到如图 4.51 所示的两种情况，具有一个主换位段的电缆的一个正常相电压变化比某一相更大，而对另一相并非如此。原因在于，对大约在中点的故障，只有一个主换位段时，从故障点流向送端的返回电流不会流入上部电缆的屏蔽层中。因此，屏蔽层电流在此相感应的电压低，大部分感应电压来自故障导体中的电流。所以，对于具有一个主换位段的电缆，该相中的电压比具有两个主换位段的等效电缆更大。不过显然，这与故障位置高度相关，需要具体情况具体分析。

总而言之，我们可以看到，这种表现与两端连接电缆相似，因电压值的差异而有所不同。

4.10.3 连接了并联电抗器的电缆

我们之前已经看到连接了并联电抗器的电缆断电时波形如何改变。该波形不再是衰减的直流波形，而是在谐振频率下振荡衰减的交流波形。

断路器因故障打开时，正常相也会发生同样的情况。我们现在需要知道电流和电压的大小是否受并联电抗器的影响。答案取决于并联电抗器的安装位置、阻抗以及断开瞬间电压和电流的大小。

我们从分析断路器断开之前的故障期间波形变化开始。故障期间的电压和电流相似，在并联电抗器系统中略低。正常相导体上可以看到这种差异，但不足以影响短路电流的大小。因此，在有或没有并联电抗器的情况下，正常相电压大致相同。这和并联电抗器安装在电缆的哪个位置无关。

为了解释断开后波形的表现，我们首先分析电路的简化版本。图4.52显示了一个单相电路，可以看作断开后瞬间一个正常相的简化版本。其中，C 为电缆电容，R 为电缆电阻，L_S 为并联电抗器电感。

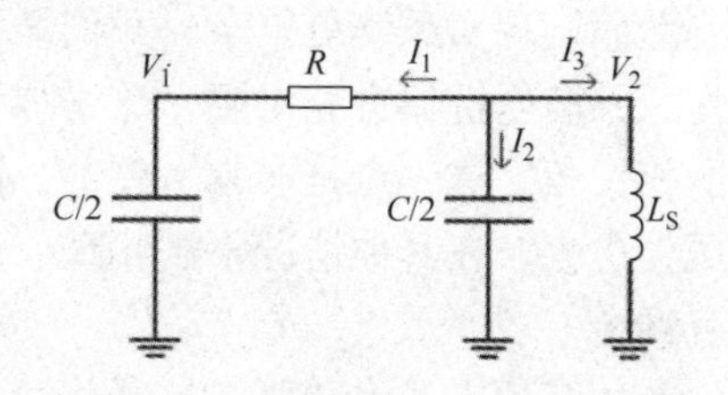

图4.52　断开后瞬间的单相等效电路

电路数学解表明，V_1 的理论最大值由式（4.58）给出。

$$V_1 = \sqrt{V_{\text{Avg}}^2 + V_{\text{I\_Sh}}^2} \tag{4.58}$$

$$V_{\text{Avg}} = \frac{V_1(0) + V_2(0)}{2} \tag{4.59}$$

$$V_{\text{I\_Sh}} = I_{\text{Sh}}(0)\sqrt{\frac{L}{C}} \tag{4.60}$$

式（4.58）表明，断开后电路电压的大小取决于并联电抗器的电感值和断开时刻。两种极端的情况是，电压处于峰值时断开电路，则并联电抗器中电流为零；或者相反，电压为零时断开电路，则并联电抗器中电流处于峰值。现实中，断路器通常只在0A时断开。

并联电抗器安装在电路另一侧电压点 V_1 时，该公式仍有效。这是一个重要的结果，因其允许我们得出结论：并联电抗器的位置影响断开后波形的幅度。

这一点可以通过 V_2 幅值大于 V_1 来证明[㊀]。这意味着，除了极端情况（即并联电抗器电流在断开瞬间为0A时），如果并联电抗器安装在电压点 V_2 处，则式（4.60）中电流 I_{SH}（0）的值总是较大。因此我们可以得出结论，如果并联电抗器安装在 V_2，断开后的电压更大。

我们可以将这一结论应用于并联电抗器安装在电缆中的情况。我们已经看到，有时正常相电压沿导体增加。因此，如果并联电抗器安装在断开瞬间电压较大的点，过电压应会较大。在我们之前使用的示例中，就是并联电抗器安装在离送端最远的位置；在更现实的情况下，则是并联电抗器安装在首先断开的那一端[㊁]。

我们已经看到并联电抗器的位置影响波形，但还未与不装并联电抗器的等效系统进行比较。式（4.60）告诉我们，并联电抗器的电感越大，断开后的电压

㊀ 这是正常断电时 V_1 和 V_2 相似值的主要区别。

㊁ 应记住，故障期间电压沿着正常相导体从通电端到开路端增加。

就越低，因为$I_{SH}(0)$的值与L成反比。没有并联电抗器相当于L为无穷大，则结论是并联电抗器会增加过电压。

然而，现实系统更复杂，我们无法不进行仿真而预测发生什么。比如我们应记住，并联电抗器也有电阻，这增加了阻尼；并联电抗器也改变了电压和电流之间的相位角，这一点是非常重要的。因此在某些情况下，如果并联电抗器存在，电压会更大，在其他情况下则相反。

相互耦合

前述分析未考虑并联电抗器相间相互耦合。如考虑相互耦合，单相接地故障（SPGF）中可能会出现一个有趣的现象，并导致更大的过电压。

为了演示这一现象，我们假设故障发生在 A 相并联电抗器附近。这种情况下，进入并联电抗器故障相的电流是导数为零的直流电流。结果是，A 相不会在其他两相中感应电压，因而在并联电抗器各相之间造成不对称，使正常相电压升高。

这说明较高的过电压不是故障的直接后果，而是 A 相未在另外两相感应电压的结果。换言之，单相接地故障（SPGF）期间获得的较高过电压等于在 BC 两相之间只有互感情况下获得的过电压。这些结果的推论是这种现象只能出现在单相接地故障（SPGF）上。如果多相出现接地故障，则会有数个相出现直流电流，而且没有相互感应的电压。

如果故障位于并联电抗器几公里外，该推理依然适用，不同之处在于会有电流在故障相中流动。此电流非常低，几乎不会在其他两相中感应出任何电压。

不过我们应记住，电压的增加取决于几个因素，如互感值和相间断开的时间（见 4.6 节）。

图 4.53 通过三种不同情况来例证这一现象。在这三种情况中，并联电抗器都连接在电缆的送端，且与电缆一起断电。图 4.53a 为相间具有 -0.05H 相互耦合的并联电抗器正常断电，即没有故障。图 4.53b 为单相接地故障，但并联电抗器没有互相耦合。最后在图 4.53c 中，并联电抗器中发生单相接地故障和互相耦合。可以看到，当并联电抗器相间存在相互耦合时，工频过电压（TOV）更高，持续时间更长。

4.10.4 其他网络设备短路的影响

我们已经看到直接连接到理想电压源的电缆发生单相接地故障（SPGF）期间的电压和电流波形，不过更常见的是连接到变压器的电缆发生故障。

我们分析一个连接到变压器的电缆的短路情况。通常情况下，断路器安装在电缆和变压器之间。首先我们考虑两侧都有中性点接地的星—星形联结变压器，变压器电源侧有一个不饱和理想电压源。如前所述，我们对单相接地故障

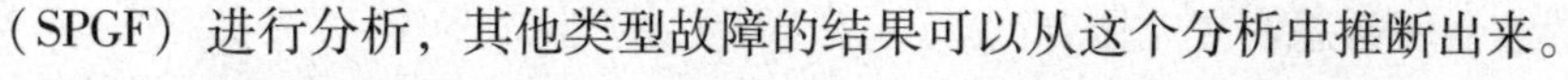

（SPGF）进行分析，其他类型故障的结果可以从这个分析中推断出来。

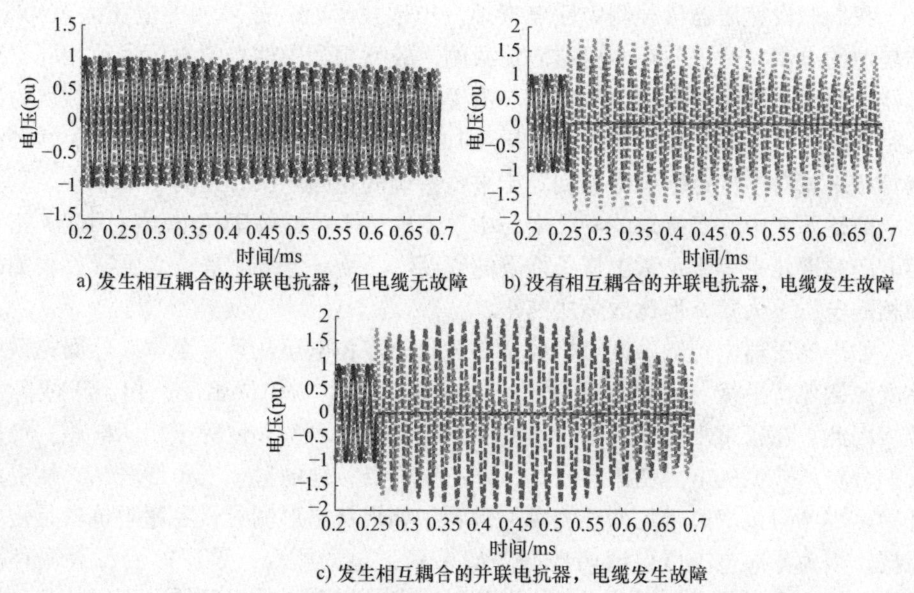

a) 发生相互耦合的并联电抗器，但电缆无故障　b) 没有相互耦合的并联电抗器，电缆发生故障

c) 发生相互耦合的并联电抗器，电缆发生故障

图 4.53　不同连接结构的电缆断电后电缆送端电压

此电路可以看作在电缆和电源之间有一个大电感。因此，短路期间的电流小于电缆直接连接到理想电压源时的电流。同样，故障期间屏蔽层中的电流也较小。由于故障电流较小，正常相导体和屏蔽层上的感应电压也较低。

另一个区别在于故障相电缆送端的电压。在前一个例子中，送端电压即电源电压。在此例中，由于电源和电缆之间存在电感，故障相送端的电压大大降低。因此，安装有断路器的电缆送端与故障点之间的电压变化较小，导致断路器断开后电压变化也较小。

把所有这些信息放在一起，我们可以得出结论，当电缆连接到中性点接地的星—星形联结变压器时，电缆断电后的电压增加是较低的。请记住，对于较大的接地电阻，电压增加与接地模态有关，这取决于当前较低的屏蔽层电压。对于较低的接地电阻或接地网，我们发现电压增幅较小甚至不增加的原因之一是故障相电压变化较低，甚至比有变压器时更低。

这个解释对于有两个中性点接地的变压器都是有效的，即使在故障期间变压器也可以看作一个电感。下一步是看如果一个中性点未接地的星—星形联结变压器会发生何种情况。我们都知道在这种条件下，零序电流不能在变压器的一次侧和二次侧之间进行循环。我们也知道，故障期间大部分电流是零序电流。因此，和变压器两个中性点都接地时相比，现在的故障电流非常小。所以我们认为，对于低电流的情况这种接法更好，只是正常相电压会出现一个“问题”，即故障期间会升高，也会使暂态恢复电压升高。

我们假设变压器负载侧中性点接地。出现故障时，故障相的电压大致为零，亦是地的电位。这说明在变压器的负载侧，故障相和中性点的电压大致相同。变压器电源侧必须有相同的电压关系。由于电源侧中性点不接地且变压器被认为连接到理想的电压源，所以中性点电压增加到等于负载侧短路相电源电压。因此，正常相中相对中性点电压增加到等于平衡系统的相间电压，约为1.73pu。

前述两个中性点接地的例子中，中性点电压不可能等于相电压。因此，正常相电压幅度几乎等于正常工作条件下的幅度[⊖]。另一个结论是，变压器负载侧故障相的电压不为零，但比故障之前小。

如果变压器电源侧中性点接地，负载侧故障相电压几乎降至零。然而，系统在电源侧保持平衡，因此负载侧中性点电压与电源侧相位相反，相当于故障相位。因此，在正常工作条件下，负载侧正常相电压再次大致等于相间电压。最后我们分析最典型的电力变压器联结，即有中性点接地的星—三角形联结，从电流开始。零序阻抗取决于从变压器哪一侧看。如果从星形侧看，零序阻抗就是短路阻抗，因为零序电流可以流向地面。如果从三角形侧看，零序电流没有循环路径，阻抗几乎无限大。因此，星—三角形联结或三角—星形联结是不同的；如将电缆安装在变压器星形侧，则短路电流较大。最后一种情况下，变压器负载侧电流与有两个中性点接地的星形联结相似。

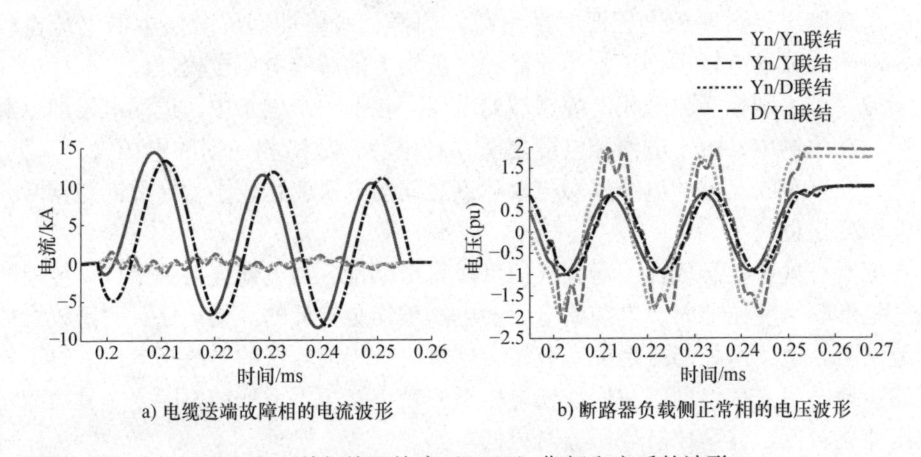

a) 电缆送端故障相的电流波形

b) 断路器负载侧正常相的电压波形

图4.54 单相接地故障（SPGF）期间和之后的波形

之前给出的关于电压的解释依然有效。如果电缆连接到三角形侧，则故障相电压降为零，且正常相电压幅度增加到大约等于典型相间值（1.73pu）。如果电缆连接到星形侧，则电压与有两个中性点接地的星形连接电压相似。

⊖ 应记住，屏蔽层和导体中的电流很低，并且由于相互耦合电压几乎不增加。

关于饱和影响的最后一点是，我们认为变压器连接到理想的电压源，因此饱和度对波形影响不大。在更弱的电网中，这一点将不再成立。

图4.54显示了不同变压器联结类型在单相接地故障（SPGF）期间和之后的电流和电压波形。可以看出，当变压器负载侧是一个中性点接地星形联结时，故障相电流较大；当变压器负载侧是三角形联结或中性点不接地星形联结时，正常相电压较大。

在一些波中存在的谐波取决于故障时刻的电流和电压值及系统电感和电容元件之间的相互作用。

研究这种现象时，我们必须考虑的另一个因素是变压器绕组和套管的对地电容。

图4.55a显示了故障期间电路简化图，其中电感表示变压器，电容表示变压器中的接地电容。故障期间，断路器闭合时，两端故障相电压都为零。断路器打开时，断路器负载侧的电压仍为零，但是电容器电压趋向于和电源电压相等，而电源电压在断开瞬间电源电压不为零，由此触发一个暂态过程，其波形在第2章解释过。因此，暂态恢复电压更陡，重燃的可能性更大。

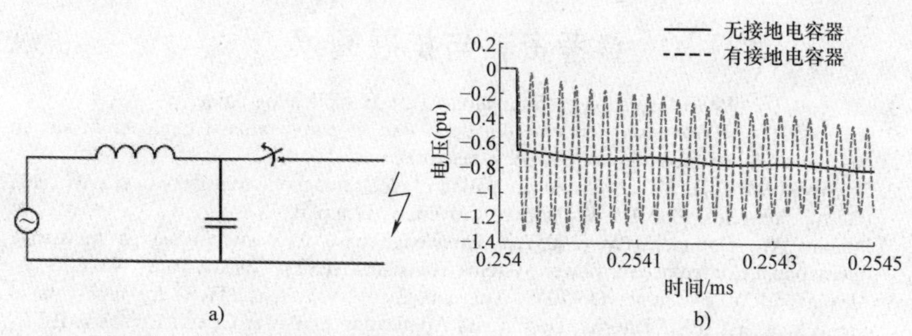

图4.55　用于分析暂态恢复电压（TRV）和对应模拟电压的简化电路

这个推理过程对于正常断开或无变压器时也有效。不过，如果该位置没有变压器，则断路器电源侧的接地电容将大大降低。

图4.55b显示了两个中性点接地的星—星形连接中，断路器电源侧有和无接地电容器时故障相的暂态恢复电压（TRV）。对于有接地电容器的模型，可以看到断路器电源侧的暂态波形，而对于无接地电容器的模型则看不到。

最后还有一点值得一提，图4.55b所示波形在仿真中没有看到。在仿真中，断路器是一个理想模型，闭合时阻抗极小，打开时阻抗极大。在更现实的模型中，断路器两端之间还应有一个电容器，两侧各有一个接地电容器。这些电容器会影响暂态并减少波形之间的差异。

4.10.5　总结

我们已经看到了连接结构、接地电阻以及接地网的存在如何影响故障期间和故障后的电流和电压。结果表明，由于相互耦合的作用，正常相电压在故障期间增加，故障之后也可能增加，取决于接地电阻值或接地网是否存在。

通常，接地电阻越大，电压瞬变和过电压就越大。另一方面，接地电阻减小时，短路电流幅值增加，在有接地网时最大。

如果电缆连接到并联电抗器，则断开后正常相电压是衰减的交流波。过电压可能大于没有并联电抗器的等效电缆，取决于电路参数。如果并联电抗器安装在断路瞬间电压较高的一端，则过电压增幅较大。因此，如果并联电抗器位于先断开的一端，过电压就会更大。

我们也看到变压器如何影响波形以及联结类型如何改变波形。仿真短路时应始终对变压器的接地电容进行建模，因为这将使暂态恢复电压（TRV）更陡，并增加重燃或再起弧的可能性。

我们只研究了单相接地故障（SPGF），不过所有理论基础已经打好，读者可以用其分析不同类型的故障以及故障的位置如何影响结果。我们建议在线下载示例，并根据可用教程进行研究，其中可以看到电缆不同点的波形以及不同参数如何影响波形。

参考资料与扩展阅读

1. IEC 60071-2 (1996) Insulation co-ordination—Part 2: application guide
2. IEE 60071-4 (2004) Insulation co-ordination—Part 4: computational guide of insulation co-ordination and modelling of electrical networks
3. Da Silva FMF (2011) Analysis and simulation of electromagnetic transients in HVAC cable transmission grids. PhD Thesis, Aalborg University, Denmark
4. Ibrahim AL, Dommel HW (2005) A knowledge base for switching surge transients. International Conference on Power Systems Transients (IPST), Canada, Paper No. 50
5. Alexander RW, Dufournet D (2008) Transient recovery voltage (TRV) for high-voltage circuit breakers. IEEE Tutorial: Design and Application of Power Circuit Breakers. IEEE-PES General Meeting
6. Liljestrand L, Sannino A, Breder H, Thorburn S (2008) Transients in collection grids of large offshore wind parks. Wind Energy 11(1):45–61
7. Ferracci P (1998) La Ferroresonance. Cahier technique n° 190, Groupe Schneider
8. Greenwood Allan (1991) Electrical transients in power systems, 2nd edn. Wiley, New York
9. Van der Sluis L (2001) Transients in power systems. Wiley, New York
10. IEC 60056-1987-03 (1987) High-voltage alternating-current circuit-breakers
11. IEEE guide for the application of sheath-bonding methods for single-conductor cables and calculation of induced voltages and currents in cable sheaths, IEEE Std. 575 (1988)
12. IEEE application guide for capacitance current switching for AC high-voltage circuit breakers, IEEE Std. C37.012 (2005)
13. IEEE Guide for the protection of shunt capacitor banks, IEEE Std. C37.99 (2000)
14. Cigre Joint Working Group 21/33 (2001) Insulation co-ordination for HV AC underground cable system. Cigre, Paris
15. Cigre Working Group B1.18 (2005) Special bonding of high voltage power cables. Cigre, Paris
16. Cigre Working Group C4–502 (2013) Power system technical performance issues related to the application of long HVAC cables. Cigre, Paris

第 5 章　系统建模与谐波

5.1　引言

在前一章中，我们对几种电磁暂态现象进行了分析和研究。然而，大多数例子都是简单的系统，仅由电缆、电压源和变压器组成。实际系统复杂得多，包括多条线路、变压器、并联电抗器、发电机等。

在本章中，我们将解释在研究不同现象时如何确定建模的深度。要做到这一点，我们将使用丹麦西部 2030 年规划高压电网的一部分[㊀]。

这个网络有几个特点，使它成为下面章节中给出的解释的理想选择。在 2030 年，丹麦西部输电网将会完全接入 150kV 电压等级地下电缆，但是架空线将沿用 400kV 电压等级。根据现行的电网规划，电网将会包含 114 条 165kV 电缆，总长 2627.3km，27 条 400kV 架空线，总长 1215.4km，以及 36 台 165/400kV 变压器。图 5.1 展示了网络单线图。

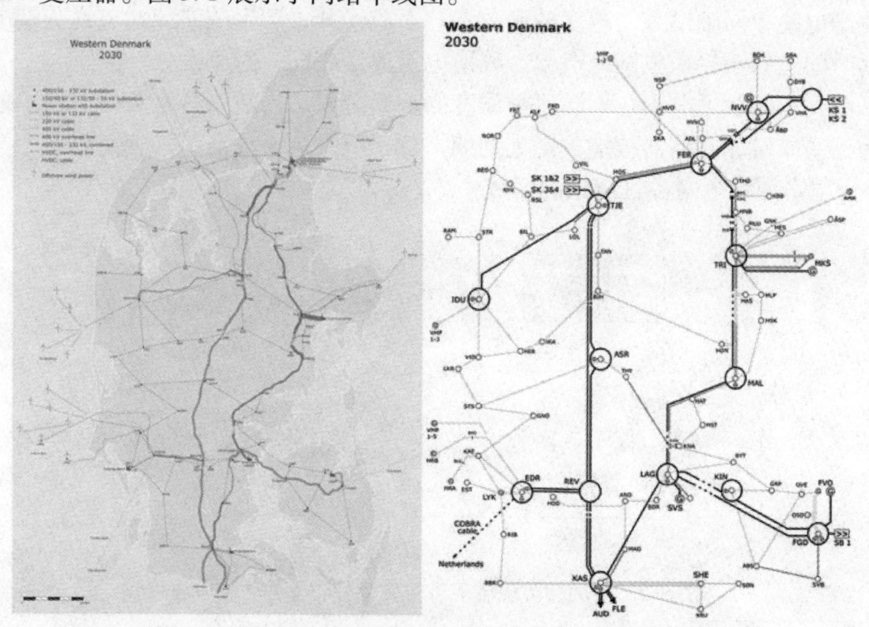

图 5.1　丹麦西部电网 2030 年规划（来源：Energinet. dk）

㊀　Energinet. dk。

5.2 开断分析的建模深度

5.2.1 理论背景

建模的深度，即感兴趣的节点后面母线的数量，必须包含在仿真模型中，对仿真结果有较强的影响。一方面，如果模型没有足够的细节，结果是不准确的，而另一方面，如果有太多的细节，仿真将需要过长的时间来运行。因此，一个最小化模型中的线路和母线的数量在保证精度下能节省大量时间，同时也带来更好的经济性。然而，为了尽量简化模型，我们首先需要知道我们在研究什么，其次是如何简化。

当研究过载电压或重燃时，我们研究一种估计所需建模深度的方法。在研究中，我们假设最坏的情况，在开关瞬间在断路器触头的电压是最大的。如果断路器触头电压在开关瞬间为0，由于没有产生瞬态波，所以不需要对网络进行建模，除非我们研究共振，我们将会在5.3.2节中学习如何研究。

我们在4.3节已知电缆通电/重新通电不在通电/重新通电瞬间达到的峰值电压，而是在数百微秒后。

对于一个孤立的电缆，即理想电压源，在电压峰值打开，瞬间最大电压幅值通常是电缆中同轴模态的速度的函数，它对应于开关产生的波到达电缆受端的第二次时间。对于接入电网的电缆，峰值电压通常在同一时刻发生[1]。

图5.2显示了电压在不同建模深度的重燃阶段。当断路器触头的电压差最大且等于2pu时，断路器被迫重燃半周期。对于所有这4种情况，它使用一个 $N-1$ 等价网络表示电网各自模拟的区域[2]。

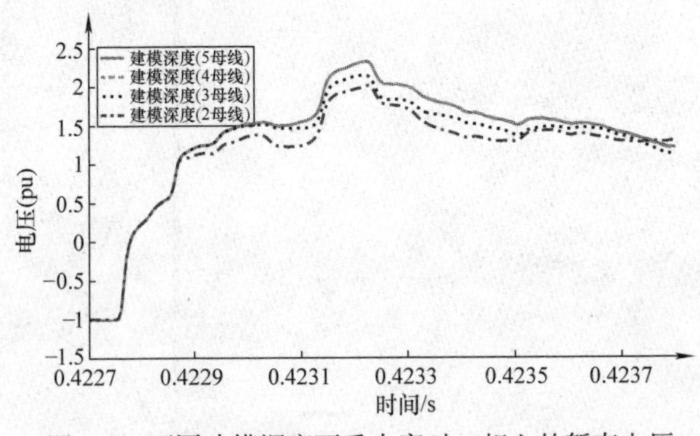

图5.2　不同建模深度下重击穿时一相上的暂态电压

---

[1] 在5.2.4节和5.2.5节做了解释。

[2] 有关等效网络的更多信息，请参见5.2.6节。

正常通电的电压波形与图5.2相似，但由于断路器触头初始电压差较小，振荡幅度较小。对于我们来说，重要的结果是对于真实现象和所采用的建模深度，峰值电压出现在同一时刻。

通常峰值电压瞬态与建模深度和通电现象无关，即正常通电或重燃。另一方面，峰值电压的大小非常依赖于现象的类型（由于初始瞬间的断路器触头处的初始电压差）和建模深度。下一步是了解为什么建模深度影响峰值电压的值。

当电缆通电/重新通电时，会产生两个或多个波。其中一个波传播到通电的线路中，而另一个波传播到连接被通电的电缆的送端的线路中。这些波的大小取决于线路各自的浪涌阻抗。

如果是交叉互联电缆，传播到相邻线路中的波的一部分反射到这些线路的末端和结合点处。然后这些反射波折射到影响波形的电缆中。

图5.3显示了在电磁暂态过程中波如何传播的简单示例。注入相邻线路中的波（Ⅰ中的实线）被反射回线路末端（Ⅱ），然后折射到被通电的电缆（Ⅲ－Ⅳ）中。

为了使相邻母线的反射在峰值过电压之前到达通电电缆（Ⅴ）的受端，母线必须处于低于接通和峰值电压瞬间之间波浪行进距离的一半的距离。如果在预期峰值瞬间（Ⅵ）之前波到达电缆受端，波形和峰值电压都会发生变化。

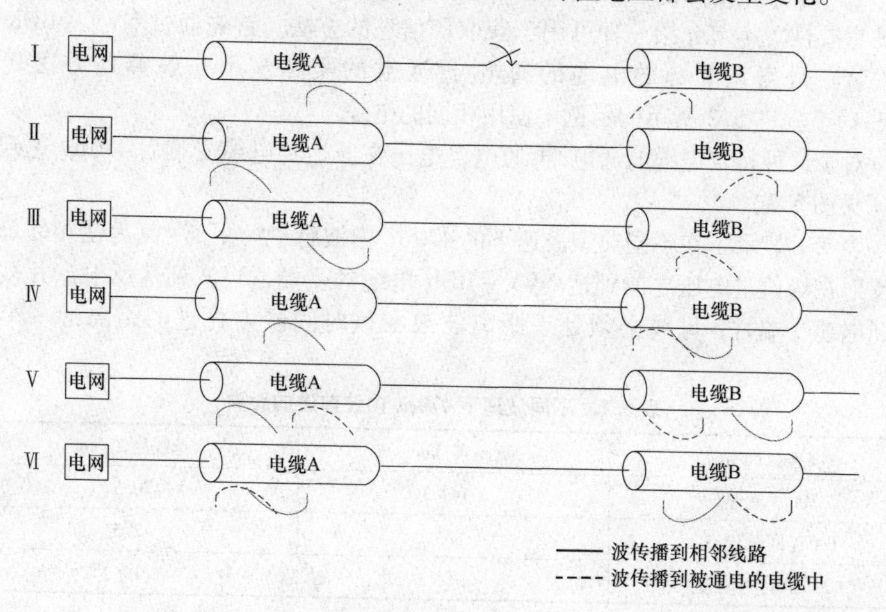

图5.3　在通电瞬间产生的波的反射和折射

回到图5.2我们可以看到，2母线波形在大约0.4229s处从另一个波形发散。

该模型在2个母线之后具有等效强网络，这相当于具有负信号的高反射系数。因此，在2母线模型中，波以相反极性几乎完全反射回来，而在其他模型中它们仅部分反射回来。结果，对于具有2母线深度的电压在0.4229s变低。同样的情况发生在3母线深度模型，大约在0.423s电压降低，然而它只发生在4母线深度模型的峰值电压瞬态之后。因此，可以得出结论，对于该特定示例，为了获得准确的结果，将需要具有4母线深度模型。结果是特别相关的，因为现有的IEC标准60071-4建议采用2母线深度模型，因为它对于大多数情况是准确的[㊀]。

相邻电缆中的反射也可能影响峰值电压发生的时刻，即使通常这种情况不会在正常条件下工作的电网中发生。然而，有两种情况可能不是这样：

1）反射波正巧在预期峰值（同轴模态波或护套间模态波）之后到达电缆；

2）架空线安装在电缆附近。

这两种情况将在本章后面进行分析。

还应该注意到，我们将要学习的估计方法不适用于弱网络或模拟黑启动操作。

5.2.2 建模深度的计算

上一节介绍了峰值电压如何取决于建模深度，以及了解哪些线路/母线要建模的重要性。本节介绍一种可用于获取该信息的方法。首先通过NVV-BDK母线安装在丹麦东北部的电缆的通电/再通电的实际演示来解释该方法（见图5.1）。在图5.2所示的示例中使用相同的电缆。

对于这种特定电缆的通电/再通电，电压在波达到电缆受端后470μs达到峰值（见图5.2）。

表5.1显示了在不同典型波速下的470μs内波行进的距离[㊁]。为使相邻母线的反射在峰值过电压之前到达NVV-BDK电缆的受端，当波到达反射点并被反射回电缆受端时，母线必须处于距离波浪在该时间段内行进的距离的一半的距离。

表5.1 不同波速下470μs内波前进的距离

波速/(m/μs)	距离/km	母线距离/km
300（光速）	141	70.5
180（同轴模态）	85	42.5
80（护套间模态）	38	19

㊀ 我们不打算说这个标准是错误的，只是一些配置需要小心进行，并且要一直批判仿真中获得的结果。

㊁ 表中所示的同轴模态和护套间模态的速度略大于通常的速度，以减少错误估计建模深度的风险。

可以应用不同的方法。最糟糕的情况是考虑到波速等于光速，并将距离 NVV 母线 70.5km 的所有线路建模。这是一个不正确的方法，因为在电缆中，波速约为光速的一半。因此，这种方法将导致过多的建模和更长的仿真时间。

当架空线位于被重新通电的电缆附近时，情况将发生变化。在这种情况下，架空线中的波以接近光速的速度行进。在这个例子中，165kV 网络是纯电缆网络，波速是电缆的同轴模态速度。

因此，通过了解电网配置，以及系统不同线路中的波速和达到第一个峰值所需的时间，可以估算所需的建模深度。作为一个例子，如果电缆都具有完全相同的特性，即所有的波速都相同，我们知道有必要将所有的电缆和母线模拟成距离等于或低于被通电电缆的长度。

下一步是了解如何使过程自动化，以便我们不需手动计算所有情况下所需的距离。

通常，实用程序具有包含整个网格的 PSS/E 文件或等效文件。该文件包含有关所有电网设备（线路、并联电抗器、变压器、发电机、负载等）的信息，母线的特性和相互之间的连接关系。

该文件可用于获取网络布局，并设计与网络相当的两个矩阵，其中一个包含母线之间的距离，另一个包含各线路中的波速。

图 5.4 显示了 NVV 母线附近网络的一部分，其等效距离矩阵如式（5.1）所示。波速矩阵等效于式（5.1）所示的矩阵，但包含每条线路的波速而不是长度。母线之间的距离通常可以直接从描述网络的文件中获得，但是对于波速是不可能

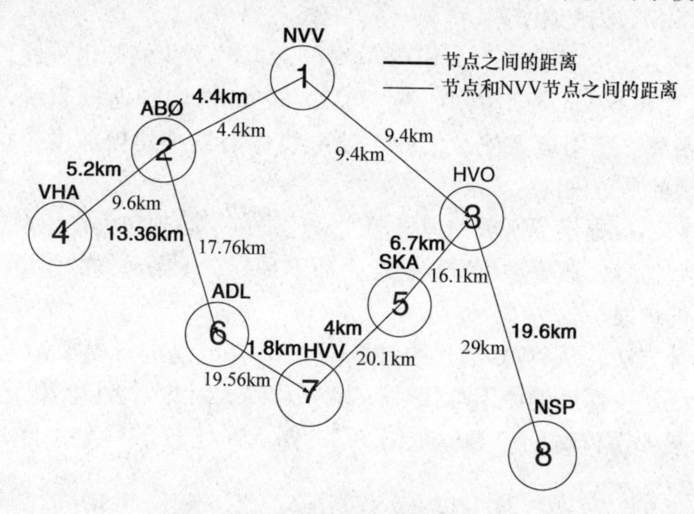

图 5.4　在被限制节点附近的母线

的，因为这些文件通常用于稳态研究，并且缺少关于线路拓扑关系信息。一个解决方案是使用略大于平均波速度值的值，例如电缆和架空线路的同轴速度分别为180m/μs 和 280m /μs，或者创建一个额外的文件，其中包含不同线路中的精确波速。另一种可能性是使用集总参数近似波速，然而，使用这种方法只能获得同轴模态速度的近似值。

通常，仅需要对电压等级与要切换的电缆相同的元件进行建模。因此，矩阵和设计的模型只需要包含具有相同额定电压的母线[1]。

$$
\begin{array}{c@{}c}
 & \begin{array}{cccccccc} B1 & B2 & B3 & B4 & B5 & B6 & B7 & B8 \end{array} \\
\begin{array}{c} B1 \\ B2 \\ B3 \\ B4 \\ B5 \\ B6 \\ B7 \\ B8 \end{array} &
\left[\begin{array}{cccccccc}
0 & 4.4 & 9.4 & 0 & 0 & 0 & 0 & 0 \\
4.4 & 0 & 0 & 5.2 & 0 & 13.36 & 0 & 0 \\
9.4 & 0 & 0 & 0 & 6.7 & 0 & 0 & 19.6 \\
0 & 5.2 & 0 & 0 & 0 & 0 & 0 & 0 \\
0 & 0 & 6.7 & 0 & 0 & 0 & 4 & 0 \\
0 & 13.36 & 0 & 0 & 0 & 0 & 1.8 & 0 \\
0 & 0 & 0 & 0 & 4 & 1.8 & 0 & 0 \\
0 & 0 & 19.6 & 0 & 0 & 0 & 0 & 0
\end{array}\right]
\end{array}
\tag{5.1}
$$

使用描述系统的矩阵，我们可以编写一个代码，在矩阵中搜索所有可能的路径，直到一定的深度。为了安全起见，我们应该选择比我们预期的更大的深度（例如，7－8 条母线通常是高压网络的安全数量）。

然后，我们计算所有路径，这些母线位于距离电缆通电/重新通电以后峰值时间的0.525 倍以内的距离[2]。

当将这种方法应用于 NVV－BDK 电缆的通电时，我们知道，我们必须将所有电缆都包含在 67km 的距离内，对于 180 m/μs 的同轴速度来说，这相当于712.5μs 的距离。使用该方法，估计 4 条母线作为最小建模深度，我们已经在图 5.2中看到的是正确的。

估计方法不仅提供了所需的建模深度，还提供了必须包含在模型中的精确母线。使用这些信息，该模型可以被优化，而不是具有 4 条母线的建模深度，它可以只有必要的母线。

根据估计方法，从 NVV 侧开始对 NVV－BDK 电缆进行模拟，需要 14 条母线，而 4 母线建模深度的使用总共对应 29 条母线。因此，将模型优化为仅 14 条母线将显著减少模拟时间。类似于图 5.2，图 5.5 比较了具有 4 母线建模深度

---

[1] 然而，当变压器在建模区域内部或边界时，变压器以及变压器另一侧的母线应包括在模型中。

[2] 理想情况下，它将为0.5，但是在预期峰值时间之后立即反射到达电缆的情况下给出了安全裕量，这可以增加电压幅度。

（29 条母线）的模型和仅使用所需的 14 条母线的模型的电缆受端电压。两个模型的电压峰值幅度是相同的，并且模型之间的差异仅出现在峰值时刻之后。

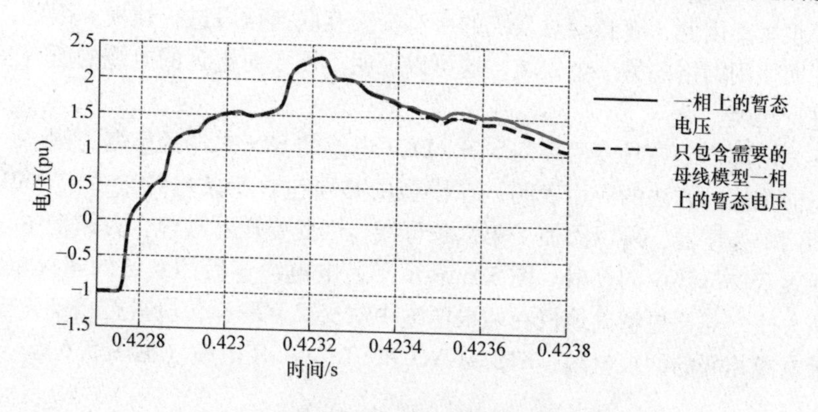

图 5.5　4 母线建模深度

5.2.3　交叉互联换位段的建模

我们现在知道如何估计模型中应有的线路数量。然而，如果这些线是交叉互联的电缆，它们可能有一些次换位段。因此，知道是否可能最小化模型中次换位段的数量也将有助于减少仿真时间。

对于一些电磁暂态现象的仿真确实需要对所有交叉互联换位段的精确建模，因为暂态期间的波可以在交叉互联点上反映出来。我们在 4.3 节和 4.8.1 节中看到了换位点的反射如何影响连接到理想电压源的电缆的波形和峰值电压，特别是因为主换位段的接地。必须要对通电电缆中的所有交叉互联换位段进行建模，但在相邻电缆就不是这样。

我们已经在 4.3.4 节看到，同轴模型电压不影响屏蔽层中的电压，而取决于蔽层电压的护套间模态电压影响导体中的电压。因此，只有在护套间模态有足够的时间到达这些屏蔽层并在电压峰值瞬间之前返回到被通电的电缆时，才需要对屏蔽层进行精确的建模㊀。

我们还看到，护套间模态的传输速度低于同轴模态的传输速度。因此，在某些情况下，不是所有仿真模型中的电缆都需要有所有主换位段的详细模型，而可以将主换位段的数量减少到一个甚至更改为两端连接。

为了估计哪些交叉互联换位段需要精确建模，我们使用与用于计算建模深度相同的方法，但是用每个电缆的同轴模态速度代替护套间模态速度，可以大约估

㊀ 假设我们关注电压的精确仿真。对于需要考虑由同轴电流产生的护套间模态电流情况不同。

算出考虑了安全裕度的速度 80m/μs㊀㊁。

对于 NVV - BDK 电缆中重燃的具体示例，由于安装在 NVV 节点附近的所有电缆都很短，因此，有必要对系统的所有交叉互联换位段进行建模。因此，该理论被证明使用网络的另一个领域，这可以证明不需要对更远的电缆的所有互联换位段进行建模。

该方法以安装在丹麦西部的 STS - LKR 电缆的 STS 末端的重燃为例。

先前描述的方法的应用表明，在模型中必须包含 5 条母线。由于 ASR 母线连接到两个变压器，所以添加了第六条母线，因此变压器被包含在模型中，并且适当地表示该母线中的反射。图 5.6 显示了通电电缆背后的系统的建模单线图。根据该方法，需要更精确地仅在两根电缆中对交叉互联换位段进行精确建模，即与重燃电缆相邻的两根电缆：STS - GNO 和 STS - ASR 电缆（见图 5.6）。

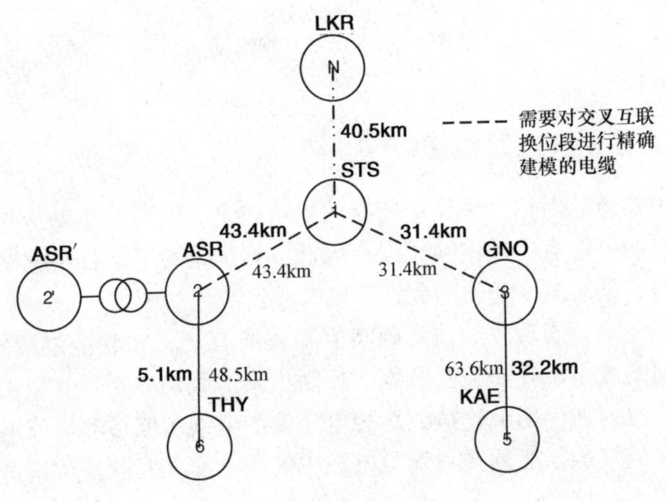

图 5.6　模拟系统的单线图

示例

为了简化分析和比较，系统尽可能保持简单，并且认为系统的所有电缆只有两个交叉互联主换位段。

以三种不同的模型进行比较：

模型 1：通电电缆模型有两个主换位段，所有剩下的电缆用一个主换位段建模；

模型 2：等同于模型 1，但是毗邻 STS 节点（STS - GNO 和 STS - ASR）的两

㊀ 通常为 80m/μs 以下（例如，对于 3.4.2 节所示的例子，为 60m/μs 左右）。

㊁ 我们应该记住，如果我们有足够的信息可用，我们可以使用每根电缆的精确的护套间模态。

根电缆用两个主换位段建模，而剩下的电缆只有一个主换位段；

模型 3：等同于模型 2，但是还有两根电缆（GNO - KAE 和 ASR - THY）用两个主换位段建模。

根据所提出的理论，模型 1 的详细程度不够，模型 2 具有精确地模拟最大电压峰值所需的最低水平，而模型 3 具有最详细的程度。

图 5.7a 显示模型 1 和模型 2 的 STS - LKR 电缆重新通电后在受端的电压。图 5.7b 显示模型 2 和模型 3 的结果是一样的。

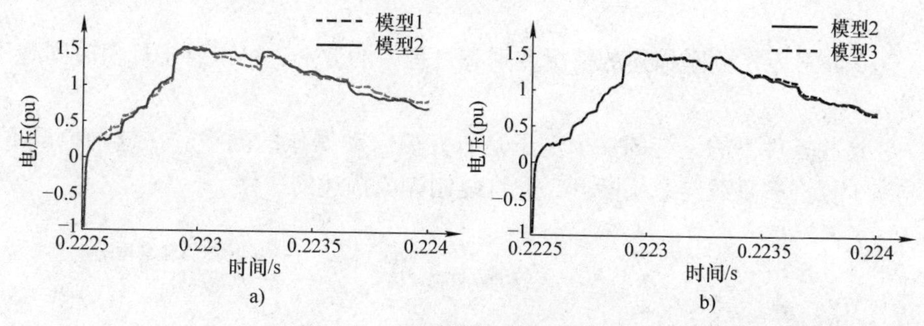

图 5.7　重燃期间电缆受端电压

结果证实了该方法的准确性。模型 1 和模型 2 之间的差异在峰值之前是可见的，而模型 2 和模型 3 之间的差异只在峰值瞬间后才可见。因此，没有必要对两个最外层电缆的所有主换位段进行详细的建模，以获得峰值电压的精确值。

5.2.4　可能的误差

之前所提出的方法假定当瞬变波第二次到达电缆的受端时峰值电压出现，并且该瞬间与网络无关。由于网络中的低和/或高反射系数的组合，或者由于不同的阻抗产生的放大效应，所以不总是正确的。可能的例子为系统有：

1）很少的线；

2）连接点的低反射系数，意味着电缆是串联的，在这些点处几乎没有负荷/发电机；

3）安装在电缆附近的架空线。

前两种情况如下所述，而最后一种情况将在下一节中进行说明。

在不精确的演示中，我们使用一个仅由两根电缆组成的系统，即电缆 A 和电缆 B，两端连接在一起。电缆的特性是相同的，即两者的浪涌阻抗相同，它们与连接到理想电压源的电缆 A 串联连接。电缆 B 通电的过程验证了上一节中所提方法的不精确性。

电缆 B 被通电，一个波传播到其中，而另一个波传播到电缆 A 中。传播到电缆 B 中的波被反射回电缆受端，并且最终到达电缆连接点。通常，波的一部分将马上反射回电缆 B，瞬态峰值电压将在反射波到达电缆受端时反射回电缆 B。

然而，电缆具有相等的浪涌阻抗，在连接处没有其他连接。因此，在连接点实际上没有波反射㊀，并且瞬态波完全折射到电缆 A 中。这种情况通常不会发生在正常系统中，其中部分波由于线路和变压器也连接到该节点而被反射回电缆。

波在电缆 A 中传播到达其送端，在那里它以相反的极性反射回来㊁，并且最终将到达电缆 B 的受端。峰值电压将在此瞬间发生，即在最初预期的峰值电压时刻。

图 5.8 显示了刚刚描述的情况在瞬态过程中的波形，可以看出峰值时间晚于预期。

在这些条件下的系统的一个例子是研究黑启动操作的网络。在这种情况下，发电减少，许多负载与系统断开，允许复制先前描述的条件。

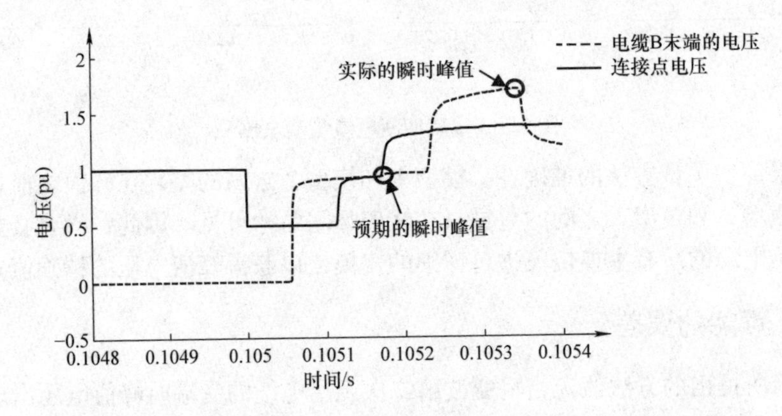

图 5.8　电缆 B 通电期间，电缆 B 末端的电压和连接点电压示例

如果峰值过电压在预期瞬间之后，则有必要再次估计新的峰值电压瞬态的建模深度。因此，在我们的模拟中，我们总是需要确认峰值电压处于预期的时刻。

然而，有时，预期时刻之后的过电压可能不是真实的，而是模型中简化的结果。

图 5.9 显示了网络简化。为了保持简单性，网络从一个母线深度减少到一根电缆。Eq. B 表示连接到节点的较低/较高电压水平。Eq. A 表示从电缆 A 的送端看到的整个等效网络。

Eq. C 是 Eq. A 与电缆 A 串联后再与 Eq. B 并联。这样，Eq. C 的阻抗总是比 Eq. A 的阻抗小。

㊀ 由于电缆屏蔽层接地，存在一个很小的反射。

㊁ 我们认为该点处存在一个理想电压源。

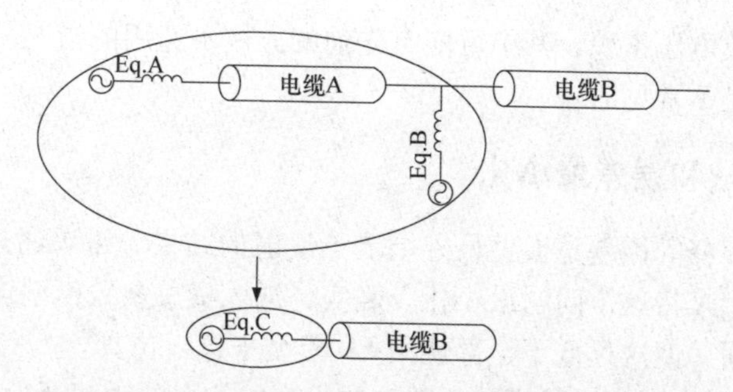

图 5.9　可能出现的网络简化，这里 Eq. C 相当于电缆 A 与 Eq. A 串联后再与 Eq. B 并联

等效网络的阻抗越小，反射系数越大，反射波也越大。因此，具有较少节点的模型将在边界节点中具有较大的反射系数，并且在预期时刻之后更有可能显示过电压。此外，仿真模型中节点数越多，边界节点中的反射越晚，电缆被通电/重新通电时波到达电缆受端前的阻抗也越大。

因此，当使用更复杂的模型时，不可能看到使用简单模型的模拟中出现的后期过电压。这种情况的例子如图 5.10 所示，该仿真是让同一根电缆重新通电，而简单模型在大约 0.225s 时出现更大的过电压，复杂模型则不出现这种过电压，这使得我们得出结论：过电压不是真的存在，是由于模型的过度简化而产生的。

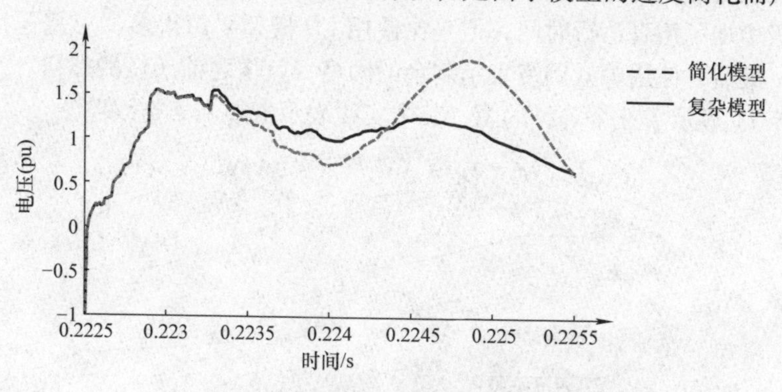

图 5.10　断电以后电缆受端的电压

重要的是要注意，原则上，如果在根据先前解释的方法计算出的模型在预期时刻之后没有看到过电压，则它就不应该存在于更复杂的模型中，即使有更多的母线使得反射系数较小。因此，先前解释的方法提供了精确的结果，因为我们可以检测出过电压在预期瞬间之后的情况。在这些情况下，应再使用估计法，但要用新的峰值时间。应该注意，当在更复杂的模型中进行仿真时，这种过电压可能会消失。

然而，可能有一些特殊的结构；更准确地说，带有许多不同电特性的短电缆的区域可能导致电压累积，其中可能有先前的方法不适用的情况。然而，这种结构在输电网中是不常见的。

5.2.5 扩展法和误差最小化

上一节中解释的误差是模型最外层节点反射的结果。可以通过综合 FD 模型和集总参数模型来将这个问题最小化。确实，加入集总参数模型增加了系统复杂性和仿真的时间，但这远低于全部使用 FD 模型来进行仿真。

FD 模型的仿真通常比等量的集总参数模型的仿真的时间至少长 10 倍，还要加上设计 FD 模型所需的额外时间。当存在交叉互联电缆时，一个仿真模型可以轻松拥有数十种 FD 模型。在这种情况下，在总仿真时间内几乎可以忽略不计添加的集总参数模型仿真所需要的时间。

像以前一样，与通电/重新通电的电缆相邻的电缆用最多的细节建模，即 FD 模型和所有次换位段都用精确长度建模，随着距离的增加电缆仍然通过 FD 模型建模，但只有一个等效的主换位段或理想的交叉互联。根据上述方法，现在可以完成建模。

在进行仿真时，为了避免会导致预期峰值之后的不准确结果的高反射性，并且这可能误导我们，增加了第三级，其中电缆/线路通过集总参数模型建模。这个第三级增加了仿真运行时间，但是比使用 FD 模型要短得多，对总运行时间影响很小。最后，使用等效网络表示剩余的网络，就像之前所做的那样。

图 5.11 显示了三个等级的图，其中实线表示电缆和架空线路。

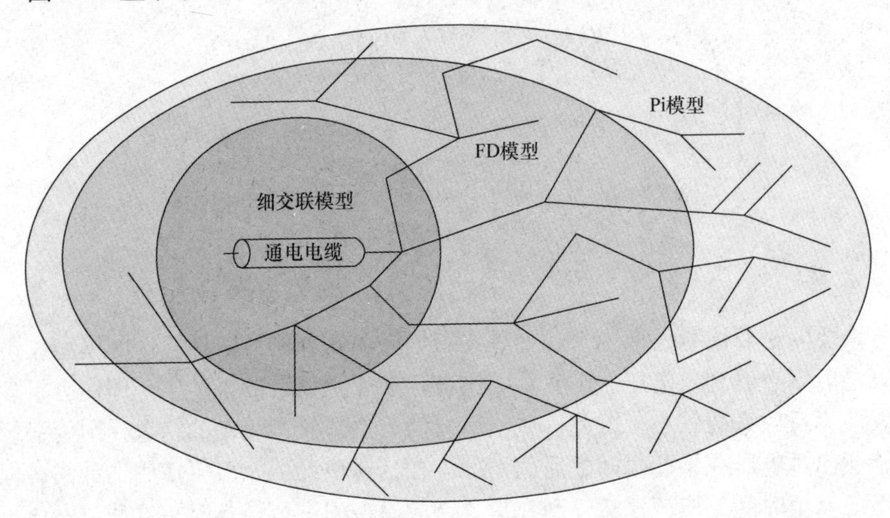

图 5.11　具有三级细节的最终估计方法图

问题是如何定义由集总参数组成的第三级的深度。

更有效的方法是通过集总参数从一开始就建立一个额外级，即一个1母线深度。这种方法增加了用户在结果中的可信度，只需少量的模拟运行时间的增加。

然后，验证峰值过电压是否在预期瞬间之后。如果是，则添加另一个级进行建模，并重复该过程。如果想要完全安全，则可以通过集总参数对剩余网络进行建模，但通常不需要高级细节。

因此，总而言之，模型应该具有最接近开关电缆的第一区域，具有完整的建模细节，即使用FD模型，并且所有交叉互联的换位段都包括在模型中。第二个区域，仍然使用FD模型，但交叉互联简化为一个交叉互联主换位段。第三个区域，一个母线深度和集总参数模型。这降低了错误估计高过电压的可能性，牺牲了相对小的计算量增加。2端口或N端口边界等效网络代表这三个区域之外的系统。

5.2.6　等效网络

以前我们已经讨论过几次使用等效网络，但是我们还没有描述它们。

用于设计等效网络的最常用方法之一是1端口等效网络。该方法包括电压源与*RL*阻抗串联，计算出网络各边界母线短路阻抗的稳态频率。有时在母线上附加浪涌阻抗，增加并联负载，这提高了等效网络的高频响应，但是代价是频率响应较低。

另一种可能性是N端口等效网络。在这种方法中，1端口网络通过集总参数线相互连接，提供了更准确的系统表示。

在任何情况下，边界节点处的等效网络的阻抗远低于实际上连接到这些节点的线路的阻抗。结果，反射波的大小比实际的大，因而可能产生误导性的结果。因此，必须使等效网络距离通电线路一定距离。

等效网络的另一个重要参数及其到感兴趣节点的距离是它如何影响频率响应。我们将在5.3.2节中处理这个问题。

5.2.7　包含电缆和架空线的系统

到目前为止，我们有一种可以用来估算所需建模深度的方法，但是我们还没有提到在被建模区域附近安装架空线路的情况。一个架空线路的存在对于建模很重要，因为在对模型的深度进行估计时，由于在电缆—架空线连接处的反射和折射，所以在估计建模深度时，这是一个额外的困难。

三种可能的不同场景：

1）场景1：架空线路在所建模区域内；

2）情景2：架空线路与建模区域相邻，即架空线路是不包括在模型中的第一行；

3）情景3：架空线路远离建模区域。

场景1不是问题，因为架空线路将始终包含在模型中。考虑到架空线路中的波速比电缆中的波速更高，我们只需要小心处理即可。

当面对情景2时，需要将架空线路包括在模型中以及紧邻架空线路的电缆，因为当电压波从电缆流入架空线路时，电压波被放大，其后的反应可能会改变峰值电压的大小。

场景3稍微复杂一点，但是，只要我们按照标准来分析模型和结果，前面部分中描述的方法就依然可以使用。

引起关注的原因是当波从电缆流向架空线时的电压放大问题。当我们对模型进行第一次评估时，我们可以看到模型的边界来自于架空线路。如果距离很远，我们可以认为架空线不会影响结果[⊖]，因此我们不需要将它包含在模型中。如果架空线没有装设得很远，我们将扩展我们的模型以便将架空线的影响包括在内，但是如果使用集总参数，将不会增加模拟运行时的时间。

集总参数模型包含了线路的浪涌阻抗的信息，并显示了电压放大问题。此外，当使用集总参数模型时，通常需要更大的电压变化。在FD模型中，由于趋肤效应和邻近效应，存在比等效的集总参数模型更大的阻尼，并且由于集总电容和电感器的存在，电压振荡在集总参数模型中也更大。

因此，当将这个模型仿真时，我们可以看到，在预期的峰值瞬间是否存在过电压。然而，由于使用了集总参数加剧了过电压，我们需要用FD模型来替换集总参数模型，然后再进行模拟，以验证过电压是真实的还是由于简化模型的误差而产生。

5.3　电缆系统的谐波

5.3.1　引言

计算一个电缆网络给定点的频谱，与计算等效的架空线网络在相同点处的频谱有很大的不同。

第一，电缆网络在较低的频率上有共振点。因此，不良的共振现象更有可能发生在电缆网络中。

第二，电缆高频率的幅值较低。因此，在电缆网络中，频率越高阻尼越小。

因此，在使用电缆时理解这些差异很重要。此外，频谱也可以提供关于暂态

⊖ 所谓的长距离是相对被通电线缆的长度而言的。对于一条1km长的电缆，10km就是长距离，但对于一条50km长的线缆，就不是长距离。

的信息，它是一个有价值的工具，可用于绝缘配合的研究。

5.3.2 频谱估计

在 3.5 节中，我们研究了独立的电缆的频谱，但通常我们想知道网络的某个点的频谱，以验证在非期望频率下是否存在谐波相关的问题或共振。

然而，除非有频率扫描场测量可用，否则在不通过 FD 模型设计一个大的网络区域的情况下，做一个准确的 FD 网络是不可行的。因此，简化是必要的。

常规的做法是将系统分为两个区域，一个具体的研究区域和一个外部网络区域。举个例子，我们在 5.2 节中看到的方法就是这个经典原则的演变。

用于外部网络建模的传统方法是将原始网络的频率响应与一个集总参数网络相匹配。除了不完全准确外，从分析的区域中可以看到该方法还存在一个问题，即需要知道系统的频率响应。如果有必要，可以对一个小型系统进行操作，但对于大型系统则不行。

正如我们以前见过的那样，具体区域的大小，或者换句话说，模型的深度，影响了模拟结果。我们还发现，在电缆中使用的连接类型也会影响到它的频谱。5.2 节提供了在模拟开关过电压时设计具体网络的指导原则，但不适用于共振现象，这将引出我们下一个问题。当我们估计一个给定的网络母线的频谱时，我们需要把多少细节放在我们的模型中？

在这种情况下，通常的做法是：

1）设计一个从要研究的点到两个或三个母线的距离的具体系统，并将其余的输电网等效为一个网络；

2）重复前面的点，但是在母线的具体区域增加建模深度；

3）比较两种系统的频谱；

4）重复该过程，直到频谱之间的差异在所考虑的频率周围是最小的。

类似 5.2 节，可以使用不同的建模方法：

1）设计了一个等效网络：细节区域用 FD 模型建模。外部网络通过等效网络建模（这种方法将被称为 Di - Eq，其中 i 是细节区域的建模深度）；

2）整个系统或至少其大部分被建模：细节区域使用 FD 模型，外部网络通过集总参数方法，对于较低的电压等级，使用 N 端口等效网络[⊖]（这种方法将命名为 Di - L，其中 i 是细节区域的建模深度）。

除了比较这两种建模方法，在使用交叉互联电缆时，还应考虑频谱中主换位段数量的影响，因为它的简化可以显著降低模拟时间和模型复杂度。

图 5.12 比较了前面描述的两种建模方法的频谱；使用 N 端口等效网络进行

⊖ 例如，如果我们要对一个输电网络建模，我们不会对下级配电网络建模，而是采用等效网络。

Di－Eq 建模方法。通过 FD 模型建模的电缆在两个模型中都是相同的，区别在于剩余网络的建模。模拟网络采用的是丹麦西部计划到 2030 年建成的输电网络。

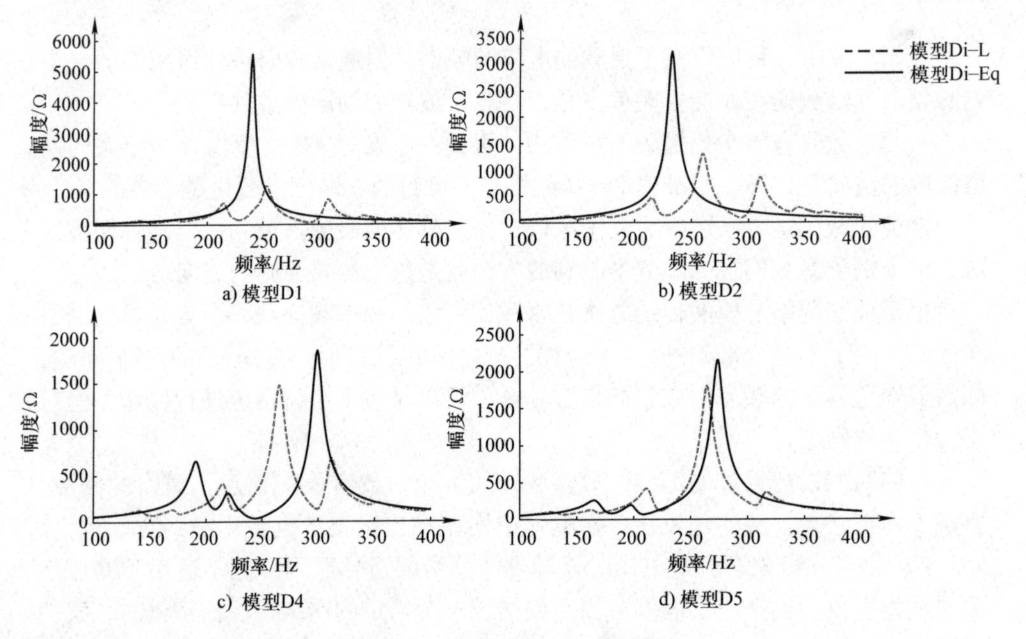

图 5.12　不同建模方法的频谱

对于 150kV 网络中的某个点获得频谱，其中 22.1km 交叉互联电缆连接到移相变压器（LEM 节点），与图 3.22 所示的示例相同，这将导致产生低频谐振点。电缆在受端打开，以便频率检测器显示电磁暂态激发的频率（更多见 5.3.3 节）。

观察频谱表明：

1）L 网的共振频率数量等于或高于等效 Eq 网的共振频率数量；

2）Eq 网中主谐振频率（～250Hz）下的阻抗值大于等效的 L 网；

3）建模深度对 Eq 网频谱影响比 L 网频谱影响更大；

4）只有具有 5 个母线建模深度的模型对于这两种建模方法才都有类似的结果。

当整个网络被建模时，Eq 网总是比相应的 L 网简单得多，特殊情况例外。随着模型深度增加，线路数量等模型中的元素也增加了，其次是增加了 N 端口外部的等效网络。结果，预计有越来越多的共振点。

L 网包含所有网络的发电机、变压器和负载，当模型深度增加时，唯一的区别在于某些电缆的建模，这些电缆从集总参数模型变为 FD 模型。从而，模型深度的增加并不会影响 L 网的频谱，就像在 Eq 网中一样。前述的推论是，Eq 网模型可能需要对网络的大面积进行建模提供准确的结果。

L 网方法的仿真预期比等效的 Eq 网模型慢。然而，Eq 网需要更多通过 FD 模型建模的电缆，以提供准确的结果。FD 模型电缆的仿真通常比相应的集总参数电缆的仿真慢 10 倍。此外，如果电缆是交叉互联的，那么 FD 模型电缆的仿真就是 $10\times x$ 倍慢，其中 x 为次换位段的数量。因此，与常识相反，L 网精确的模拟往往比 Eq 网更快。

假设我们决定使用 L 网，我们仍然需要决定具体网络和外部网络的规模（假设我们不打算模拟整个网络）。对于这些情况并没有明确的规则，工程师需要依靠他/她的经验。最保险的方法是继续使用以前介绍的方法，即增加网络的大小，直到频谱停止改变。然而，我们知道使用集总参数模型并不是很费时。因为大多数模拟负担都在 FD 模型中。因此，用集总参数模型对大区域进行建模通常是比较明智的，利用 FD 模型对要研究的点附近的一个小区域进行灵敏度分析。

概要

我们已经看到，L 网具有比 Eq 网更高的精度还有对建模深度变化较不敏感的优点。这些结论是预期之中的，并不奇怪。

不同的是，我们正在研究电缆网络的频率，而不是更常用的架空线网络的频率。通过 FD 模型对电缆的模拟比对架空线的模拟更耗时。因此，对于具有数十根电缆的具体区域而言，使用 L 网比 Eq 网的模拟耗时相对较少。例如，我们可以在图 5.12 中看到，D2 – L 比 D5 – Eq 模型结果更准确，并且模拟耗时较短。

因此，建议使用 L 网而不是 Eq 网，因为 L 网以牺牲了相对较小的模拟增加时间的代价，获得了更精确的结果。

这种增加 FD 模型模拟的电缆数目的经典方法，可以获得所需的建模深度，直到频谱停止变化为止。在获得频谱之后，也可以对结果进行一些数学处理，并设计出相同频谱的新模型，但计算更简便。

5.3.3　频谱和电磁暂态

我们知道许多电磁暂态都与高频有关。因此，在某些情况下，如果我们能够从频谱中预测电磁暂态的频率，有助于我们能够调谐或模拟到该频率范围，并验证模拟结果。

为了表明我们处理问题的原理，我们专注于电缆供电。我们已经看到了暂态波形主要与电缆长度、相邻电缆的长度以及反射/折射系数有关。网络中某一点的频谱取决于相同的因素，因此我们可以使用频谱来提供电磁暂态过程中所期望的信息，并计算暂态频率。

举个例子，如果电缆长度增加，当没有被反射的波传播的距离增大时，暂态的频率就会减小。类似地，如果电缆的长度增加，电容和电感也增加，则谐振频率将降低。

方法

在相同的电缆通电情况下，我们应该获得相同的频谱。因此，通电电缆应在送端连接到网络，但在受端断开。在电缆受端获得频谱，将电缆连接到网络的其余部分闭合。

暂态频率对应于并联谐振点频谱。主频率通常是第一个并联共振点，通常也具有较大的幅度。

我们都知道，暂态的不同频率分量的幅度取决于通电瞬间的电压。因此，频谱除了给出相关频率的信息，并不会对暂态及其暂态的幅值提供任何信息。

关于如何获得暂态波频率的最后一个注释。暂态通常持续时间很短，因此，使用快速傅里叶变换（FFT）不能提供准确的结果。通常使用短时傅里叶变换或小波变换获得的结果更好。

5.3.4 灵敏度分析

现有的 IEC 标准 IEC－62067 和 IEC－60840 允许一些电缆层厚度存在高达10%的偏差[㊀]。这些变化可能对暂态波形和频谱都有很大的影响，我们认为暂态波形和频谱是相关的。

可以有把握地说，除了短路之外，电缆的屏蔽层和外绝缘的厚度对电缆的外绝缘没有大的影响。因此，只对电缆线和绝缘层的厚度进行了改变，并对其频谱进行了估算[㊁]。各层需要分别分析，这意味着在导体厚度的偏差中，只有导体的厚度发生了变化。

图 5.13 显示了在使用模型 D2－L（见 5.3.2 节）时，绝缘厚度变化 5% 的频谱，类似的变化也会出现在其他的建模深度上。绝缘厚度的增加导致电容的减少。因此，当绝缘厚度增加，厚度减小时，共振频率就会增加。

电缆绝缘厚度的变化将导致在约 250Hz 谐振频率发生比其他谐振频率更大的变化。约 250Hz 的谐振频率是电缆变压器相互作用的直接结果。因此，在这种谐振频率下，电缆的变化更明显。

阻抗幅值的变化并不是线性的。例如，在第一个共振点（约 210Hz）处，绝缘厚度减小，阻抗幅值增加，但是在主共振点（约 250Hz）处，情况却相反。

电容的增加通常伴随着谐振频率处阻抗的降低，例如并联的 LC 电路。在约 210Hz 处的相反运行状况是由变压器后面的网络的高电容和电感来解释的，包括

㊀ 记住，这些值可能随着将来标准的更新而改变。

㊁ 我们要记住层厚上的变化也对应于电阻率和介电常数的变化，就像在第 1.1 节中所看到的那样。

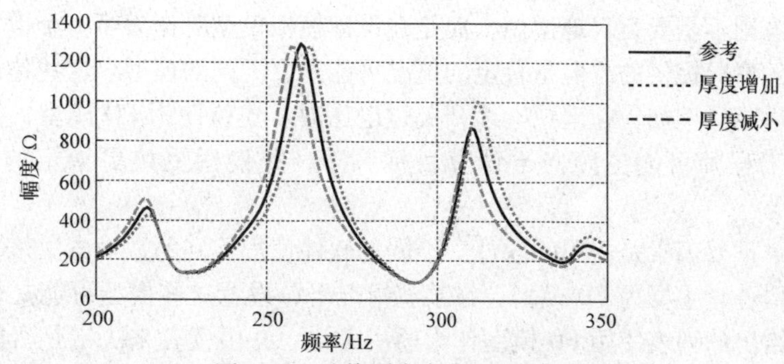

图 5.13　绝缘厚度变化 5% 的频谱

在特定频率下的变压器。

这个例子表明，即使在标准的允许范围内，频谱的变化仍然是相当显著的，它可能是励磁或无励磁谐振频率之间的差异，也就是说在有或没有非常高的电流/电压之间。

5.3.5　结论

结果表明，频谱和暂态谐波含量呈正相关。因此，模拟谐振的建模深度可以基于从要模拟的节点上看到的频谱进行模拟。

经典的方法适用于大多数类型的仿真，它用来比较频谱以增加建模深度，当频谱停止变化时停止。然而，基于电缆网络总的仿真时间大多是一个用 FD 模型模拟电缆数量的函数。结果表明，用集总参数模型对外部网络建模不代表整个仿真时间的大幅度增加，而频谱的精度则显著增加。

当导体或绝缘体的厚度发生变化时，电缆电容会发生变化，但几乎不受其他参数变化的影响。因此，如果数据表的值不正确或介电常数和电阻率常数未被正确校正，则频谱将受到影响。

总频率偏差取决于所使用的模型，但是使用更复杂的模型不会导致较低的频率偏差。

5.4　研究不同现象的电缆模型的类型

对不同现象的研究需要不同的模型。虽然很显然 FD 模型通常是更准确的模型，但这些模型的缺点是需要更多的计算机算力，而且与其他模型相比，它们更难于建模。

因此，对于哪种类型的模型更适合每种现象，制定准则将会有很大的帮助。这些准则在之前已做了部分介绍，但将所有准则整合在一起是更有帮助的，这也是本节的目标。

这些准则不是要盲目地遵循，而是在设计模拟模型时作为第一个参考。它们是为通用的情况提供的，但是特定的情况可能需要不同的模型。这些建议也有一定的安全边际。例如，在模拟电缆开关过电压时，建议使用 FD 模型，但一个更有经验的工程师可能更倾向于计算目标频率，并使用更快更稳定的 Bergeron 模型。

另一个重要因素是使用的软件。不同的软件使用不同的数学方法来实现模型的建模和拟合，主要为 FD 模型，在某些情况下，设置这些模型可能是相当困难的。下面给出的列表使用 FD 模型作为通用术语，并由读者来决定是否能够验证这些模型。

还需要考虑模拟的稳定性。模型越复杂，发生数值问题的概率越高。因此，在建模庞大或复杂的系统时可能需要使用更简单的模型。

然而，最后一切都归结到一个重要的问题上：结果需要多精确？

开关过电压一般低于最大限制电压。因此，一个简单的模型可以毫无问题地使用，因为一定程度的不准确性是可以接受的。此外，由于高频的阻尼更低，无频率依赖模型提供比 FD 模型更高的过电压。因此，使用更简单的模型进行第一组仿真是很典型的，如果获得的结果接近或超过定义的阈值，则使用更复杂的模型进行仿真。

同样的推理也可以应用于建模深度。我们已经看到，节点较少的模型往往会产生更高的过电压。因此，在第一组仿真中可以使用更简单的模型，如果结果接近或超过定义的阈值，则使用更复杂的模型重复仿真。

对于共振频率来说，重点是电缆和周围设备在谐振频率上的阻尼，因此，确定谐振点的频率，并对该频率进行精确的建模是很重要的。

表 5.2 针对不同的电磁现象提出了不同的电缆模型的使用类型，建模时应采用的连接方式和建模深度等细节。

表 5.2　不同类型的仿真时建议采用的电缆模型

现象	模型	连接细节	建模深度
开关过电压	FD 模型	参见 5.2.3 节	取决于电缆长度：参见 5.2.5 节
缺零	Bergeron 或集总	无要求	目标电缆
断电	Bergeron 或集总	无要求	1 母线
重燃	FD 模型	参见 5.2.3 节	取决于电缆长度：参见 5.2.5 节
串联谐振	FD 模型与集总的混合①	无②	参见 5.3.2 节
并联谐振	FD 模型与集总的混合①	无②	参见 5.3.2 节
铁磁谐振	FD 模型与集总的混合①	无②	参见 5.3.2 节

（续）

现象	模型	连接细节	建模深度
故障	Bergeron	所有故障电缆	1 母线
频率扫描和谐波源	FD 模型与集总的混合	无③	参见 5.3.2 节

① 对共振来说，知道安装在附近的设备的阻尼是非常必要的。因此，建议使用同样的模型进行频率扫描。

② 连接方式在谐振点处改变阻抗的大小。因此，如果在谐振频率处，应重新为主换位段建立合适的模型进行仿真。

③ 高频除外（参见 3.5 节）。

5.5　开关暂态仿真的系统方法

在本书的几个章节中已经演示了一些现象。同时提出了研究不同电磁暂态过程的方法。

本节展示了用于研究电缆中电磁暂态或实现绝缘协调的原理图。

本节提出的方法是一种通用的方法，它必然适用于正在研究的系统。对于许多网络配置来说，其中的几个步骤是不必要的，而其他的则需要更详细的模型或研究。因此，强烈建议不要盲目地遵循下面描述的方法，而是使用所获得的知识来预测更危险的情况。

该方法分为几个阶段，从电缆设计和验证到具体现象的仿真。这也表明书中的每一步都可以找到更详细的解释。

阶段 1——设计电缆

第一阶段包括一个或多个电缆的设计和验证。

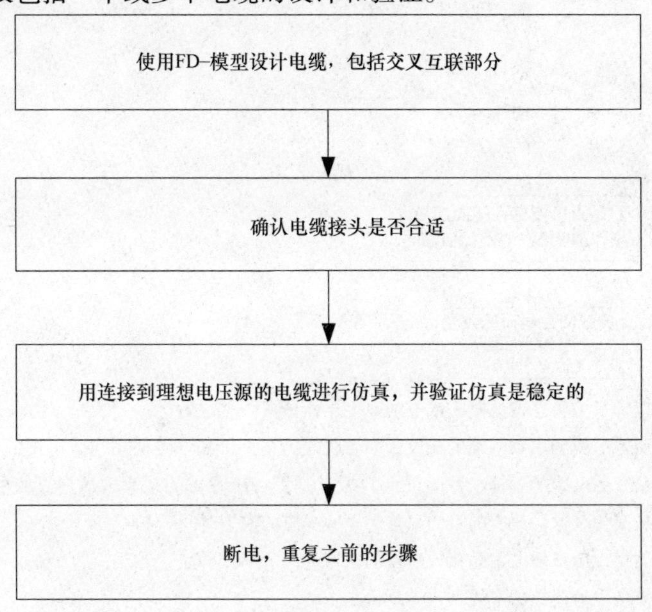

Matlab 代码可以在网上找到，它可以用来验证该模型的设计是否合理，拟合是否准确。该代码的输出是电缆的串联和导纳矩阵，以及各自的频谱。这些结果可以与使用 EMTP 类型软件的结果进行比较。

阶段 2——仿真（共振）

第二阶段是设计网络并验证可能存在的共振。

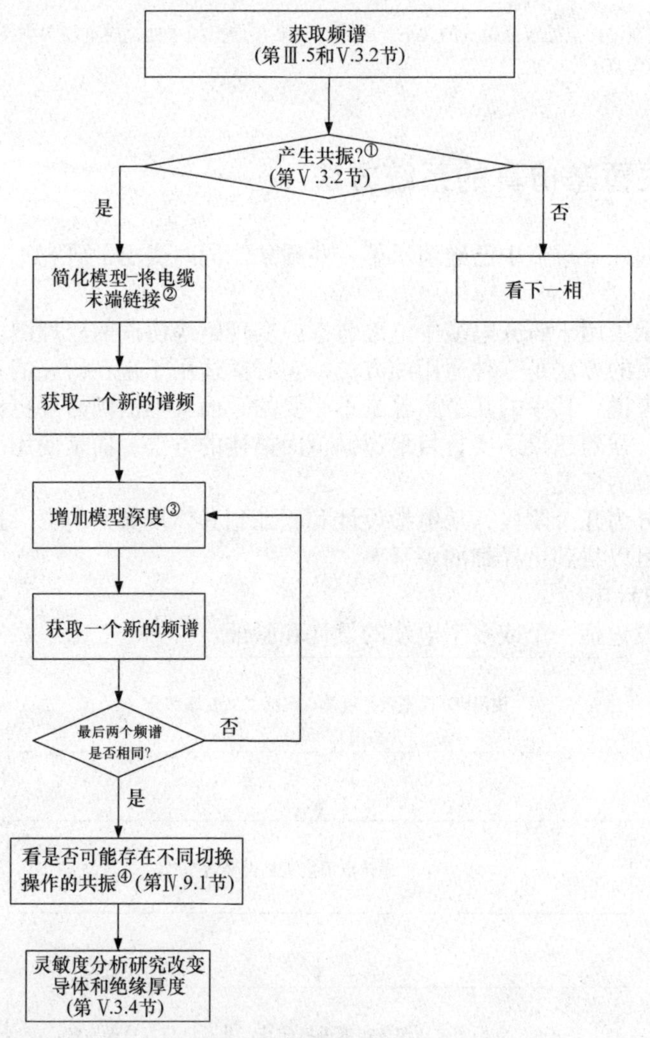

① 谐振，可以理解为稳态谐波励磁或电缆—变压器谐振。

② 变化依靠所考虑的频率和电缆的长度。一个很好的第一个测试是使用在线可用的 Matlab 代码来模拟系统中最长的电缆的频谱，并验证低共振点是否在所考虑的频率区域内。如果在这个区域内，电缆不应被简化。这种改变的目的只是为了减少总的模拟时间。

③ 为了研究共振，应该增大集总参数建模的区域。

④ 使用两个模型中最简单的形式。

阶段 3——通电和断电模拟

第三阶段是模拟不同的开关操作，以验证电压和电流不越限。

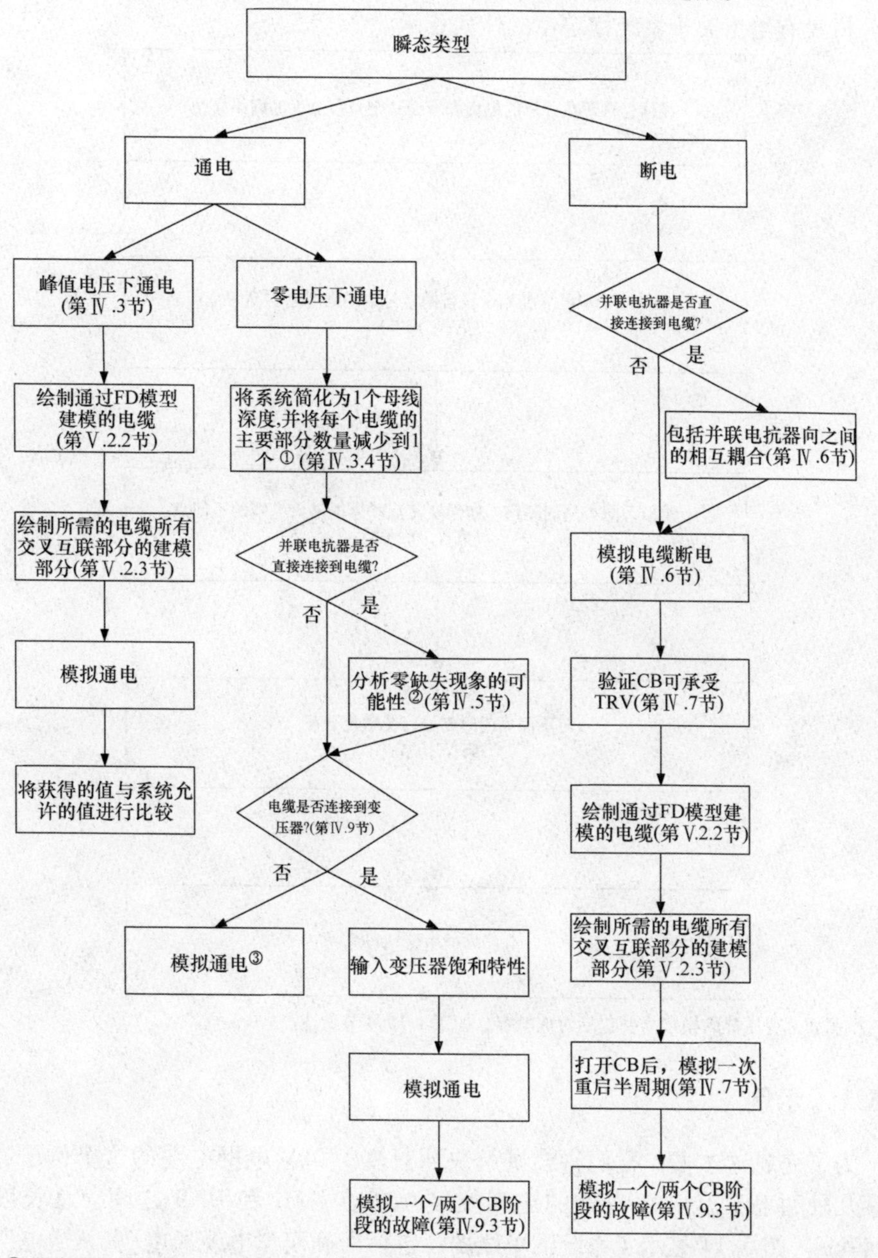

① 此步骤不是必须的，但会降低总模拟时间而不失准确性。如果有必要重复模拟几次，那么此步骤是必要的。

② 简单的第一个验证包括看看并联电抗器是否补偿了电缆产生的无功功率的 50% 以上。

③ 在这种情况下，任何不期望的现象都没有出现。

阶段 4——故障

最后一部分是研究短路怎么影响波形。请记住，本书着重于电磁暂态，并且该分析没有给出关于系统稳定性的任何指示。

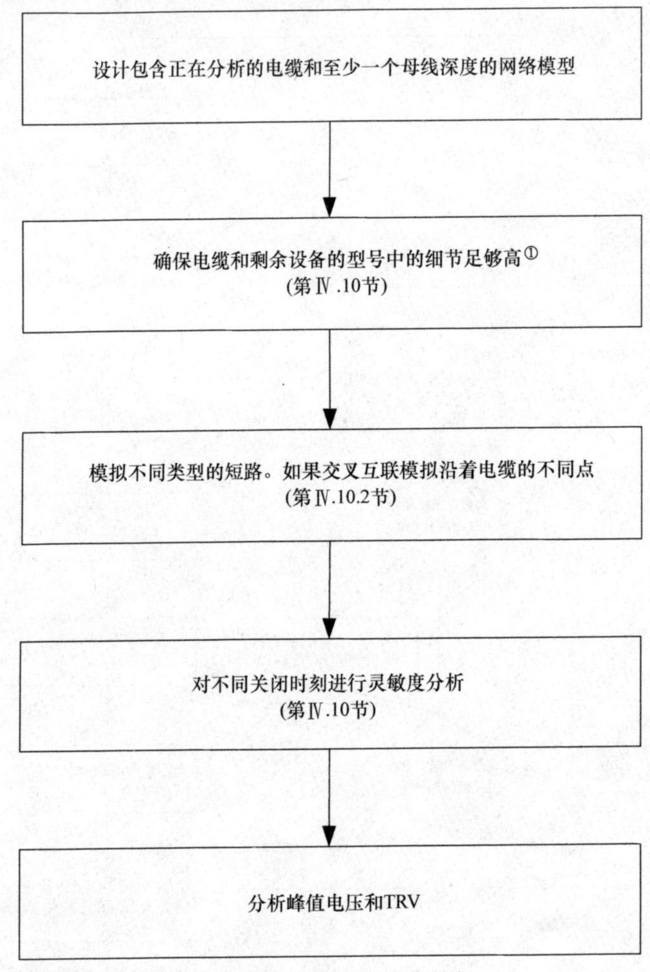

① 例如，变压器的模型需要包括对地电容，如第 4.10.4 节所述。

5.5.1 示例

为了完成这本书，我们将尝试解决西丹麦 150kV 电网电缆的这个例子，并观察几种暂态现象。所讨论的电缆安装在节点 KAG 和 HNB 之间，总长度为 20.49km。图 5.14 显示了系统的单线图，包括准确模拟电缆通电/重新通电所需的相邻电缆。

为了显示不同的现象，在演示的某些部分将略微修改电网。

阶段 1

1）电缆和相邻的电缆使用数据表进行设计，并进行所需电阻率和介电常数的校正（第 1.1 节）；

2）所有电缆的装配是足够的，并且模拟是稳定的。电缆通电到最大峰值电压之间的时间为 360μs，对应于 KAG – HNB 电缆的同轴模式速度为 170m/μs；

电缆模型是足够的，它可以用在更复杂的模拟中。

阶段 2

1）使用包含整个网络的文件，在模拟电缆通电期间必须包括估计线路在模型中的数量。该方法表明，除了通电线路外，还需要在模型中包含其他三条线（见图 5.14）。

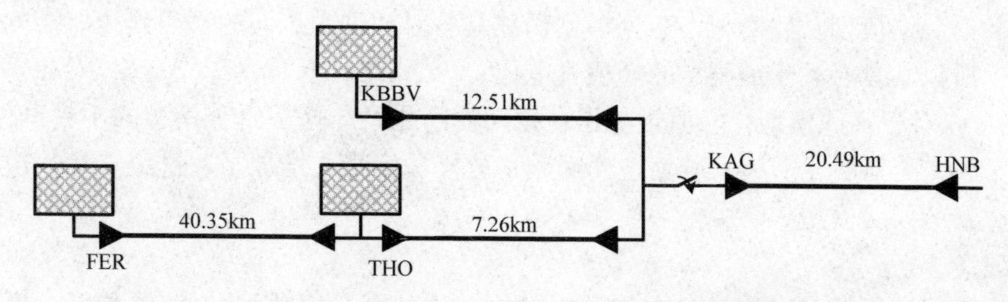

图 5.14　距离 KAG 节点最多两个节点的单线图

2）该方法还表明，需要对所有电缆的连接部分进行精确的建模。确切地说，不必要在 FER 和 THO 之间的 40km 电缆所有连接部分进行精确建模，因为靠近 FER 母线的主换位段不会影响波形，但为了简单起见，我们没有进行精确建模；

3）建立模型

图 5.15 展示了 4 种不同建模方法的通电瞬变期间的电压波形：

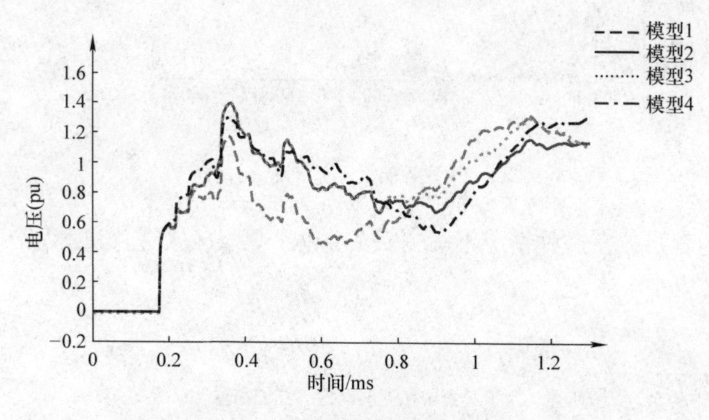

图 5.15　4 种不同模型的电缆通电

① 该系统建模过于简化，不包括 FER – THO 线（模型 1）；

② 只有所需要的节点被包括在模型中（模型 2）；

③ 该系统建模过度，包含比所需更多的节点（模型 3）；

④ 相当于模型 2 优化的模型，但与 KAG – HNB 电缆相邻的电缆在末端互联而不是交叉互联。通电的电缆保持交叉互联（模型 4）。

从模拟中得出如下结论：

① 4 个模型的峰值时刻是相同的；

② 优化模型和过详细模型，峰值电压的幅度是相同的。这两种模型仅在峰值之后开始偏离，大约为 0.75s；

③ 在模型 4 中可以清晰地看到互联的影响，此外，这是与剩余模型产生偏离的第一个模型。然而，由于该模型仍然具有对同轴模态波的适当建模所需的深度，所以其具有大于模型 1 的峰值过电压；

④ 对于某些模型，峰值过电压在预期瞬间之后。这是由于模型的不精确性，如第 5.2.4 节所述。为了避免这个问题，建模深度将会增加，通过集总参数模型建立新的线路模型[㊀]。

阶段 3

不同型号的 FER – THO 电缆受电端的频谱如图 5.16 所示。该图显示，模型越细致在共振点的幅度越小，如 5.3.2 节所述，表明不同建模方法的暂态频率。

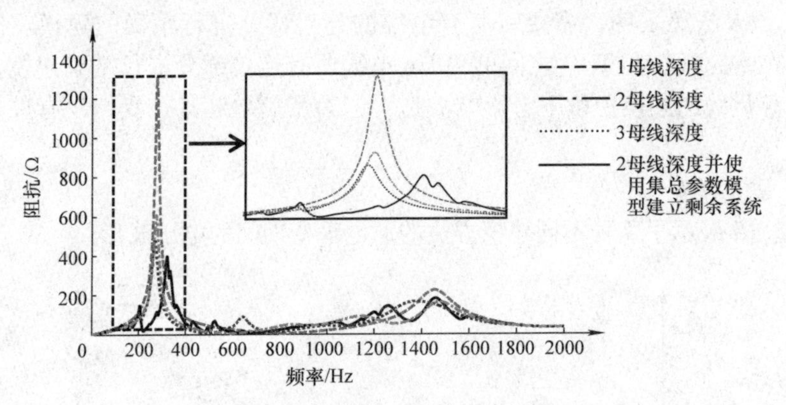

图 5.16 电缆受电端的系统频谱

频谱还表明，在这种情况下无需关心谐振，因为在更真实的模型中，共振频率的幅度会更小。

㊀ 如之前的 5.2.5 节所述，为了避免这种不准确性，我们需要比必要更多的线路。在这个例子中，这不是为了模拟该问题而故意为之的。

阶段 4

为了增加可能出现的现象，安装了 31Mvar 并联电抗器来补偿电缆上 80% 的无功功率。并联电抗器与电缆一起通电，可能会发生缺零现象。

图 5.17 显示当电缆在零电压下通电时，存在缺零现象。电缆既不靠近变压器也不连接在电网的薄弱点。因此，没有其他问题存在。

图 5.17 还比较了精细模型和简略模型的波形，在简略模型中，电缆连接到理想电压源并在两端连接而不是交叉互联。比较表明，对于这种具体现象，我们可以使用简略模型，而不会损失精度，除了在第一个毫秒内，但这与缺零现象无关。我们可以通过使用 Bergeron 模型甚至集总参数模型来简化建模，结果仍然是准确的。

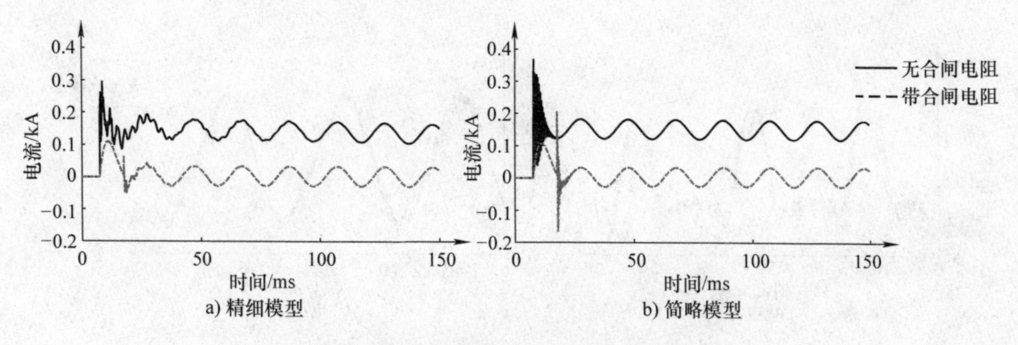

图 5.17　在电缆通电期间通过断路器的电流

电缆—变压器系统的通电

在进入下一阶段并模拟系统的开断之前，我们考虑将变压器连接到电缆，并观察暂态波形如何受到影响。我们会说，第一时刻在电缆的输电端连接一个 165/165 kV 的变压器，在第二时刻，即我们将模拟可能的串联和并联谐振。我们将模拟不同建模细节的两种现象。分析的模型有：

1）模型 1：整个网络通过集总参数模型进行建模，使用 FD 模型对所考虑的点周围的区域进行建模。通过 FD 模型建模的电缆是以前包含在模型中用于模拟通电的电缆；

2）模型 2：连接到所考虑的点的电缆是通过 FD 模型建模的，并使用 N 端口等效网络；

3）模型 3：只包括电缆和变压器。网络的其余部分是通过戴维南等效建模的；

图 5.18 和图 5.19 显示了三种型号的电缆—变压器系统通电期间的一个相上的电流和电压。这两种现象的精确模拟都需要所考虑的点频谱的准确图像，这需要对系统进行大面积建模，但无需使用 FD 模型，如 5.3.2 节所述。这通常在阶

段3中完成，这时在频谱中看到共振。

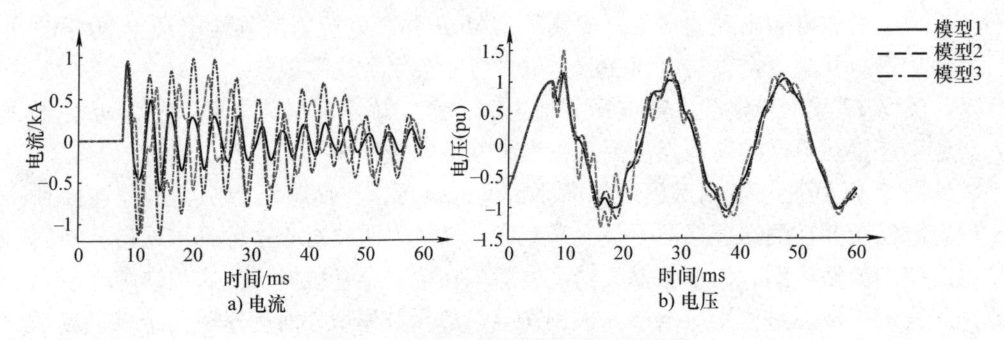

图5.18 通电—串联谐振期间的波形

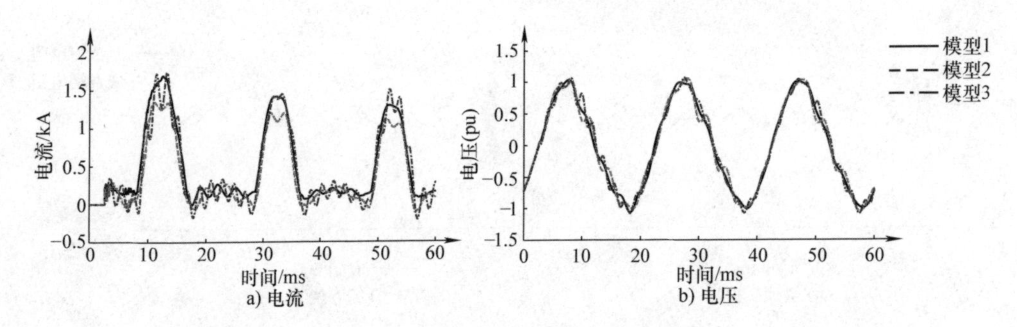

图5.19 通电—并联谐振期间的波形

两个图都验证了这个理论，当比较参考波形（实线）与其他两个波形时，会看到很大的差异。

断电

我们研究电缆和并联电抗器的正常开断，正如重燃类似于正常的通电，且使用统计操作来找到最坏的情况。我们的目标是看到开断期间的波形，以及可能因并联电抗器的相间互耦而引起的过电压。我们知道，对于这种现象，我们只需对电缆和并联电抗器进行建模，从而提高仿真速度。

然而，在模拟开断之前，必须要验证电缆的拟合参数。经常可以看到，在断路器开断后，电压和电流升到无穷大。这种不稳定性是电缆模型中的拟合误差导致的。验证模型精确性的一种方式是绘制所有频率模型的 Hermitian 矩阵的特征值，并验证没有负特征值，这很关键。另一种解决方法是简单地使用试错法，更改电缆的拟合参数和时间步长，直到误差消失。

这不是个大问题，由于电压和电流都以指数增长，我们能很容易地看到模拟中的一些错误。然而，在某些情况下，当在模拟电缆和并联电抗器的开断时，波形仍然不准确。问题在于它们不会增加到无穷大，而是与其他情况下可能产生的波形相似，这使得检测误差变得更复杂。

图5.20显示了这种误差。在这两种情况下，它都是模拟同一根电缆和并联电抗器的开断，这是电缆的拟合参数的唯一区别。图5.20a是不精确的，图5.20b是精确的。我们知道，第一个例子是不精确的，因为快速衰减需要通过低阻抗的方式来接地，这在模型中不存在。然而，对经验较少的工程师来说，这可能具有挑战性，他们往往相信模拟结果。有时观察到的另一种情况是，当这种耦合不存在时，波形像相间存在互耦一样振荡。

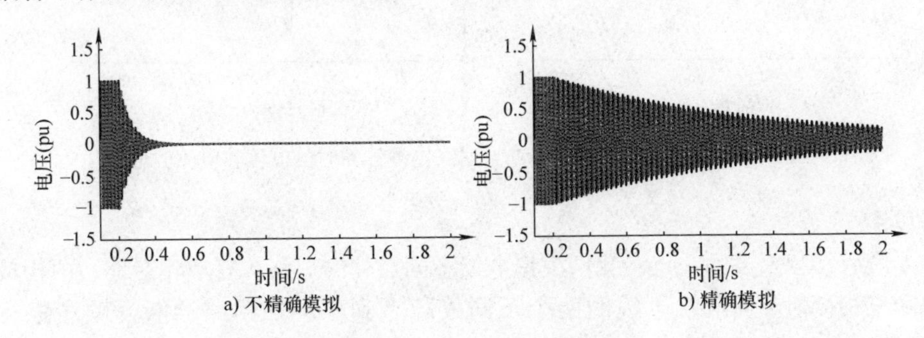

图5.20　开断期间电缆送端电压

处理这个问题的一个方法是模拟不同拟合参数的开断，查看结果是否正确。然而，最重要的是始终质疑结果，并验证它们是否符合预期。

我们现在可以模拟并联电抗器相间互耦的电缆的开断。图5.21显示了在开断期间电缆送端电压，并且可以在一个相位中观察到过电压以及多个频率的存在。

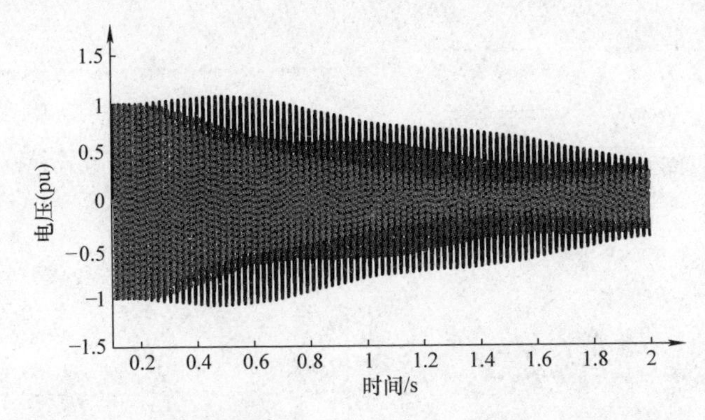

图5.21　开断期间电缆送端电压，考虑了并联电抗器的相间互耦（MAB = −0.05H；MBC = −0.05H；MAC = −0.03H）

图5.22显示了电缆因故障开断期间的电压和电流波形。模拟是在有和没有变压器的情况下完成的，以便查看是否存在铁磁谐振。模拟结果表明，在这种情

况下，不用考虑铁磁谐振。

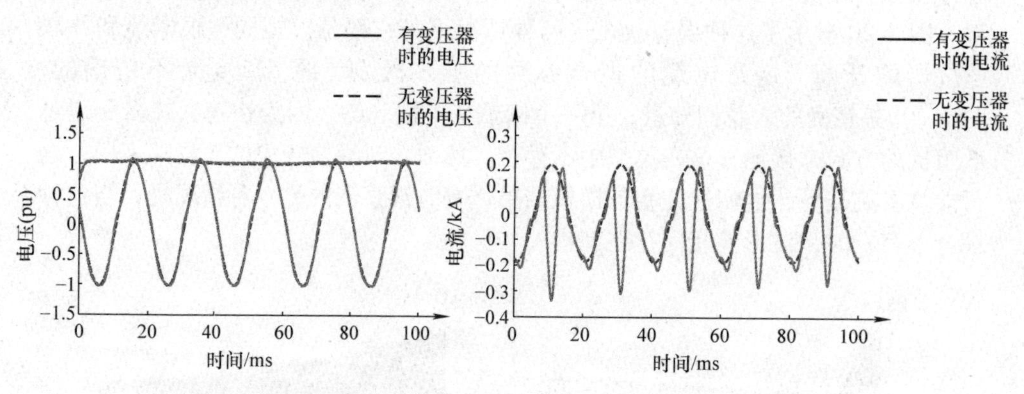

图 5.22　当断路器的一相未断开时，电缆开断时的电压和电流波形

阶段 4

最后，且重要的一点，我们模拟电缆不同点处的短路。有单相接地、两相接地和三相接地。通常就电缆的两个不同故障点和不同的断路器断开顺序进行模拟。

图 5.23 仅显示了单相接地和两相接地故障，有并联电抗器和无并联电抗器，并考虑到 KAG 侧的断路器最后打开；剩下的案例可以通过下载在线 PSCAD 仿真文件完成。

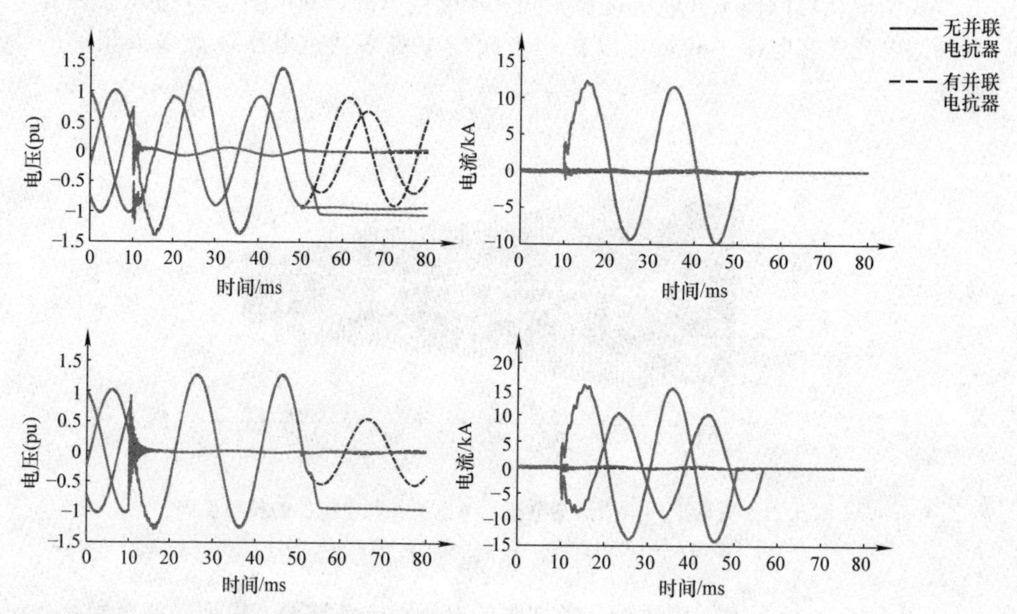

图 5.23　单相接地故障（上）和两相接地故障（下）期间的电压（左）和电流（右）

参考资料与扩展阅读

1. Morched AS, Brandwajn V (1983) Transmission network equivalents for electromagnetic transients studies. IEEE Transactions Power Apparatus Syst 102(9):2984–2994 September 1983
2. Wiechowski W, Børre Eriksen P (2008) Selected studies on offshore wind farm cable connections—challenges and experience of the danish TSO. In: Conference on IEEE-PES General Meeting, Pittsburgh
3. Martinez-Velasco Juan A (2010) Power system transients—parameter determination. CRC Press, Boca Raton
4. Watson Neville, Arrillaga Jos (2003) Power systems electromagnetic transients simulation. IEEE Power and Energy Series, United Kingdom
5. Arrillaga Jos, Watson Neville (2001) Power system harmonics, 2nd edn. John Wiley & Sons, England
6. IEC 62067 (2004) Power cables with extruded insulation and their accessories for rated voltages above 30 kV (Um = 36 kV) up to 150 kV (Um = 170 kV)—test methods and requirements, 3rd edition
7. IEC 60840 (2001) Power cables with extruded insulation and their accessories for rated voltages above 150 kV (Um = 170 kV) up to 500 kV (Um = 550 kV)—test methods and requirements, 1st edition
8. IEC TR 60071-4 (2004) Insulation co-ordination–Part 4: Computational guide of insulation co-ordination and modelling of electrical networks
9. Cigre Joint Working Group 21/33 (2001) Insulation co-ordination for HV AC underground cable system. Cigre, Paris
10. Cigre Working Group C4–502 (2013) Power system technical performance issues related to the application of long HVAC cables. Cigre, Paris
11. Cigre Brochure 39 (1990) Guidelines for Representation of Network Elements when Calculating Transients, Working Group 02 (Internal overvoltages) Of Study Committee 33 (Overvoltages and Insulation Coordination), Cigre, Paris